“十三五”国家重点出版物出版规划项目

光电子科学与技术前沿丛书

光电转换导论

褚君浩　杨平雄/著

科学出版社
北京

内 容 简 介

本书围绕光电转换过程,从物质运动形态互相转化的角度介绍光电转换的一般理论体系和科学技术知识,提供了从基础科学知识到工程技术和应用的桥梁。全书共8章,分别为:概述;物质运动形态转换的一般规律;光电转换过程的经典描述;光电跃迁理论;光电转换材料;光电子器件与原理;智能化光电功能系统;最后介绍了光电转换和智慧地球、低碳地球建设,讨论光电信息传感和光电能量转换在建设智慧地球和低碳地球从而实现人类可持续发展中的意义。

本书可作为光电领域的科研工作者和企业产品开发人员的参考资料和工具书,也可作为高等院校相关专业的教师、高年级本科生和研究生的教学参考书。

图书在版编目(CIP)数据

光电转换导论/褚君浩等著. —北京:科学出版社,2020.11

(光电子科学与技术前沿丛书)

“十三五”国家重点出版物出版规划项目 国家出版基金项目

ISBN 978-7-03-066553-9

Ⅰ.①光… Ⅱ.①褚… Ⅲ.①光电技术—高等学校—教材 Ⅳ.①TN2

中国版本图书馆CIP数据核字(2020)第209087号

责任编辑:许 健/责任校对:谭宏宇
责任印制:黄晓鸣/封面设计:殷 靓

科学出版社 出版
北京东黄城根北街16号
邮政编码:100717
http://www.sciencep.com

南京展望文化发展有限公司排版
苏州市越洋印刷有限公司印刷
科学出版社发行 各地新华书店经销

*

2020年11月第 一 版 开本:B5(720×1000)
2020年11月第一次印刷 印张:15 3/4
字数:318 000

定价:120.00元

(如有印装质量问题,我社负责调换)

“光电子科学与技术前沿丛书”编委会

丛书序

光电子科学与技术涉及化学、物理、材料科学、信息科学、生命科学和工程技术等多学科的交叉与融合，涉及半导体材料在光电子领域的应用，是能源、通信、健康、环境等领域现代技术的基础。光电子科学与技术对传统产业的技术改造、新兴产业的发展、产业结构的调整优化，以及对我国加快创新型国家建设和建成科技强国将起到巨大的促进作用。

中国经过几十年的发展，光电子科学与技术水平有了很大程度的提高，半导体光电子材料、光电子器件和各种相关应用已发展到一定高度，逐步在若干方面赶上了世界水平，并在一些领域实现了超越。系统而全面地梳理光电子科学与技术各前沿方向的科学理论、最新研究进展、存在问题和发展前景，将为科研人员以及刚进入该领域的学生提供多学科交叉、实用、前沿、系统化的知识，将启迪青年学者与学子的思维，推动和引领这一科学技术领域的发展。为此，我们适时成立了“光电子科学与技术前沿丛书”编委会，在丛书编委会和科学出版社的组织下，邀请国内光电子科学与技术领域杰出的科学家，将各自相关领域的基础理论和最新科研成果进行总结梳理并出版。

“光电子科学与技术前沿丛书”以高质量、科学性、系统性、前瞻性和实用性为目标，内容既包括光电转换基本理论、有机自旋光电子学、有机光电材料理论等基础科学理论，也涵盖了太阳能电池材料、有机光电材料、硅基光电材料、微纳光子材料、非线性光学材料和导电聚合物等先进的光电功能材料，以及有机／聚合物光电子器件和集成光电子器件等光电子器件，还包括光电子激光技术、飞秒光谱技术、太赫兹技术、半导体激光技术、印刷显示技术和荧光传感技术等先进的光电子技术及其应用，将涵盖光电子科学与技术的重要领域。希望业内同行和读者不吝赐教，帮助我们共同打造这套丛书。

在丛书编委会和科学出版社的共同努力下，“光电子科学与技术前沿丛书”获得2018 年度国家出版基金支持并入选了“十三五”国家重点出版物出版规划项目。

我们期待能为广大读者提供一套高质量、高水平的光电子科学与技术前沿著作，希望丛书的出版有助于光电子科学与技术研究的深入，促进学科理论体系的建设，激发科学发现，推动我国光电子科学与技术产业的发展。

最后，感谢为丛书付出辛勤劳动的各位作者和出版社的同仁们！

“光电子科学与技术前沿丛书”编委会

2018 年 8 月

前言

光电转换是自然界最基本的现象之一，是物质运动形态相互转换的重要内容。人类认识物质运动形态转换的规律，就可以促进技术发明，从而实现丰富多彩的工程应用。光电转换导论主要讨论光电转换现象的一般规律及其器件应用。

自然规律的获取要通过科学实验，还需要有科学思想的指导。科学思想是随着人类认识自然过程和生产实践经历的积累而发展的，也包含着科学家的灵感。自然规律的描述包括定性描述和定量描述，如果能够定量地描述规律，用函数关系来表达，就更为精准地描述了自然规律。规律的发现除了认识自然的意义，更为重要的是能够被用来提升技术水平，或者用于制备器件，应用于各类光电系统。这也是“光电子科学与技术前沿丛书”的写作意图。

本书主要按照上述指导思想来构筑写作框架。本书首先讨论智能时代背景下光电转换的物理现象和器件应用的一般描述，然后阐述物质运动形态转换的一般规律、光电转换过程的经典描述、光电跃迁理论、光电材料、光电转换器件、光电功能系统，最后讨论光电转换和智慧地球、低碳地球建设。

在写作过程中，越方禹参与了第 3 章的编写，商丽艳参与了第 4 章的编写，李亚巍参与了第 5 章的编写，白伟参与了第 6 章的编写，陈凡胜和杨静参与了第 7 章的编写，孙琳参与了第 8 章的编写。在编写过程中还得到林铁、陶加华、张传军、李俊辰、胡琸悦、陈周霞、倪歆玥、刘欣、余书田、钟离等的帮助。在此一并致谢。

本书可以供大学生、研究生、教师、科研工作者、企事业工作者和对光电转换感兴趣的读者阅读参考。

作　者

2020 年 5 月

目 录

丛书序

前言

第 1 章 概述 …… 001

1.1 智能时代背景下的光电技术 …… 001

1.2 光电转换的物理现象 …… 004

1.3 光电转换规律促进器件技术 …… 010

第 2 章 物质运动形态转换的一般规律 …… 017

2.1 守恒定律 …… 017

2.1.1 经典力学基础 …… 017

2.1.2 物质运动的微观基础 …… 021

2.2 热力学规律 …… 029

2.2.1 热力学基本概念 …… 029

2.2.2 热力学基本定律 …… 030

2.2.3 状态函数和热力学势 …… 033

2.3 条件和制约 …… 035

2.3.1 力学约束 …… 035

2.3.2 熵增加原理 …… 037

2.3.3 热动平衡判据 …… 039

第3章 光电转换过程的经典描述 …… 042

3.1 响应函数 …… 042
3.2 基本物理过程 …… 053
3.3 经典描述 …… 066

第4章 光电跃迁理论 …… 076

4.1 能带理论 …… 076
4.2 光电跃迁 …… 080
4.2.1 带间直接跃迁过程 …… 085
4.2.2 带间间接跃迁过程 …… 086
4.3 自旋调控 …… 089
4.3.1 自旋的描述 …… 089
4.3.2 Rashba 自旋轨道耦合 …… 092
4.3.3 Dresselhaus 自旋轨道耦合 …… 092
4.3.4 自旋相关的磁输运现象 …… 093
4.3.5 半导体低维体系的自旋轨道耦合现象 …… 096

第5章 光电转换材料 …… 109

5.1 光电信息材料 …… 109
5.1.1 半导体光电信息材料 …… 109
5.1.2 热释电及铁电材料 …… 111
5.2 光电能量材料 …… 114
5.2.1 无机光电能量材料 …… 114
5.2.2 有机光电能量材料 …… 127
5.3 其他功能材料 …… 131
5.3.1 拓扑结构材料 …… 131
5.3.2 声光和磁光材料 …… 135

第6章 光电子器件与原理 …… 142

6.1 电光器件 …… 142
6.1.1 电光效应 …… 142
6.1.2 Pockels 池相位调制器 …… 144
6.2 发光二极管 …… 144
6.2.1 LED 分类 …… 145

6.2.2 LED 工作原理 …… 145
6.2.3 LED 半导体材料 …… 146
6.2.4 LED 的特性参数 …… 148
6.3 激光二极管 …… 150
6.3.1 激光二极管受激辐射原理 …… 150
6.3.2 激光二极管特性 …… 152
6.3.3 半导体量子激光器 …… 154
6.4 半导体光电器件 …… 155
6.4.1 光电探测器 …… 155
6.4.2 光电探测的物理效应 …… 156
6.4.3 光电探测器的性能参数与噪声 …… 161
6.4.4 光电探测器类型 …… 168
6.4.5 典型光伏型光电探测器 …… 169
6.4.6 新型光电探测器探索与原理 …… 177
6.5 自旋光电器件 …… 183

第7章 智能化光电功能系统 …… 186
7.1 光电信息获取转换系统 …… 186
7.1.1 红外遥感 …… 187
7.1.2 光纤通信系统 …… 196
7.1.3 光电制导系统 …… 203
7.2 光电能量转换系统 …… 213
7.2.1 太阳能光伏能量转换系统 …… 213
7.2.2 太阳能光热电能量转换系统 …… 218

第8章 光电转换和智慧地球、低碳地球建设 …… 224
8.1 光电信息获取和智慧地球 …… 224
8.2 光电能量转换与低碳地球 …… 228
8.3 光电转换研究展望 …… 233

第1章

概　述

1.1 智能时代背景下的光电技术

波及全球的以信息化及其与新能源技术、智能化体系构建技术和先进制造技术等深度融合为特征的新工业革命，正在向我们走来。如同18世纪以机械化为特征的第一次工业革命、19世纪以电气化为特征的第二次工业革命、20世纪以信息化为特征的第三次工业革命，21世纪人类将开启以智能化为特征的第四次工业革命[1,2]。

光电科学技术是智能化技术中重要的核心技术，在传感器、物联网、云计算、大数据、机器人、3D打印、知识工作自动化、网络安全、虚拟现实、人工智能、创新设计等方面有重要应用。新的工业革命将以信息科学技术高度发展为基础，以信息技术和多领域物质科学技术的深度融合为特征，并由智能技术、能源科学、制造技术、材料科学、生物技术等一系列的科学发现与技术发明共同推动。未来几十年，以建设绿色低碳地球、智能智慧地球、实现人类可持续发展为目标，在现代智能科学技术、量子信息技术、新能源与能源互联网技术、智能化复杂体系构建技术和智能化先进制造技术等方面将带动相关产业呈现大发展局面。

新工业革命由多科学与技术领域交叉推动。当代基础研究如材料科学、生命科学、物理科学、化学科学等蓬勃发展多点开花。而且科学发现和技术发明，呈现出交互发展的特征，基础研究凸显重要意义。就以现代信息技术来说，其源头是量子力学，没有量子力学就没有固体能带理论，就没有半导体科学技术，就没有晶体管和大规模集成电路，就没有计算机和今天的信息技术。人类总是先在观察或实践中发现规律，在此基础上又发明技术，进而推动应用发展。人们发现了质能关系、发明核技术；发现了受激辐射规律，发明了激光技术；发现了巨磁阻规律，实现了高密度磁存储技术；发现了光纤中光传输规律，发明了光通信技术；发现了半导体光跃迁规律，发明了半导体照明技术；等等。没有昨天的基础研究，就没有今天的技术应用。光电科学与技术就是以科学发现科学规律为基础，促进技术发明与工程应用。

智能化新潮流推动人类走向智能时代，它基于信息时代又超越信息时代。信息时代是以计算机和互联网为基础，达成了人与人之间的沟通、通信、信息共享的目标，把全世界连成了“地球村”。而智能时代则是在信息时代的基础上，由于信息融合实体世界，把人类的智慧融入了实体物质世界，从而达到人与物、物与物之间的联系沟通。人的互联可以借助文字、声音，但物的互联就一定要有传感器。通过传感器，物的相关信息才能传递到信息处理中心，才能通过模型和大数据的分析，作出判断。实时信息获取技术、信息传输技术、信息的分析判断和决策技术是物联网的重要基础。智慧地球=互联网+物联网+智慧分析，物联网是智慧地球、智慧城市的基础，传感器又是物联网的基础。物联网是要把所有物品通过信息传感设备与互联网连接起来，然后进行智能化识别和管理。这也就是把“物”的信息通过传感器接收，形成“物”信息的网络，并与互联网结合。这样就构成一个互联网虚拟大脑：由音频采集器构成虚拟听觉系统，由视频采集器构成虚拟视觉系统，由空气传感器、水系传感器、土壤传感器等构成虚拟感觉系统，由各种家用设备、办公设备以及生产设备构成虚拟运动系统，等等。这些系统构成的虚拟大脑的神经系统，形成物联网信息网络，信息流进入信息处理中心，基于各类模型，可以进行智能化信息处理与判断，并融入互联网，形成计算机、手机、人及各类反应系统的结合互动。所以，完整的物联网技术是和材料技术、传感技术、通信技术、大数据分析技术、物理过程的模型技术、控制技术密切相关的。物联网智能化要素及其在智慧城市、智慧能源、智慧交通、智慧物流、智慧医疗、智能制造、智能家居、智能机器人的应用，推动人类迈向智能时代。

各类传感器在物联网技术中具有举足轻重的地位。传感器是物质不同运动形态、光、声、热、电、磁等互相转换的器件。安置在桥墩里的压力传感器可以感知桥墩的应力、安置在地下岩石中的传感器可以感知岩石内应力情况、安置在身上的传感器可以实时感知身体器官的状况、安置在煤矿里的传感器可以感知矿井中有害气体的浓度。没有各类传感器就不能实现信息的获取，也就不能进一步整合信息、应用信息。传感器是物联网产生信息的源头，是物联网的眼睛、鼻子、耳朵、舌头、皮肤，他们比人的眼睛、鼻子、耳朵、舌头、皮肤更灵敏，是人体五官的延长和功能扩展。有了先进传感器，才能对环境、水、空气、土壤和植物等进行实时监控，才能建立无线传感应急监控设备，应用于地铁、商场、车站、园区等人类活动的各类场所。因为在智慧城市的模式里，公共场所应该安装有许多灵敏的传感器，可以实时获得信息，以无线传输信号的方式把信息传输到信息分析处理中心，它相当于人的大脑，信息在这里根据对不同的物理的、化学的、生物的、过程的模型或大数据分析，作出判断，及时采取措施。这里“对不同的物理的、化学的、生物的、过程的模型或大数据分析”就是人的智慧的融入，是智能化的核心。

光电传感器件是当代前沿研究领域之一，具有重大的应用需求[3]。除了可见光传感器以外，涉及紫外、红外以及太赫兹波段的光电传感材料及其焦平面阵列探测器。焦平面阵列光电探测器是当代最先进的光电传感器，它通过光辐射在固体材料敏感元阵列中通过光子能量传感激发光生载流子获取信息，并经信号处理，可以以凝视方式直接获取目标物体在不同波段的图像及光谱，进而对目标物进行识别、定量分析及监控。其主要应用于航空航天遥感对地观测、精确制导、预警卫星、夜视，以及地面、水域、气象、工农业生产在位测量和环境安全实时监视，同时也用于对微小物体如生物细胞等成像光谱测量研究。

光电传感器件研究的重点主要是制备更大规模的焦平面阵列器件、制备双波段甚至多波段焦平面阵列器件、提高器件工作温度、扩展器件工作的波段等。研究工作包括在低温工作的窄禁带半导体红外焦平面和半导体低维结构红外焦平面，在室温下工作的铁电薄膜红外焦平面，以及工作在 X 线、紫外波段、太赫兹波段的探测器。当前要解决的关键科学问题是：研究光电传感材料的生长，以及组分和杂质缺陷的分布、行为和控制；研究光电传感材料的光电激发动力学；研究双色、多色焦平面的分波段光电跃迁和器件设计；研究焦平面器件性能的稳定性和失效机理。同时要研究提高器件工作温度的机制和途径，解决进一步提高焦平面的规模的关键科学技术问题，以及进行新型传感器探索研究。这些问题的解决是发展物联网传感技术的关键。

日益增加的应用需求是光电传感材料和器件研究的主要驱动力。光电传感器的主要功能是获得目标物的“形像”“热像”和“谱像”。从获取目标物的形像，可以知道目标物是否存在，知道目标物的外部形状；从获取目标物的热像，可以知道目标物的温度分布；从获取目标物的谱像，可以根据事先测量研究并建立的模型知道目标物的物质组成。这些关于目标物的“形像”“热像”和“谱像”的信息，进入物联网的信息流。

光电传感器件研究的核心，就是功能物质系统中光电转化、电光转化、光光转化过程及其规律和控制方法的研究。这种对自然界物质运动形态转化过程的认识是光电传感材料器件设计与制备的指导。当前，物联网对各类光电传感器件，如大规模红外焦平面、红外单光子探测器、太赫兹波探测器及紫外探测器，需求日益增加。特别是关注以下方面的技术：发展大规模焦平面阵列；提高红外传感器件工作温度及室温工作器件；扩展传感器工作波段及多波段器件；发展光、热、电、磁、分子、质量、应力及单光子等多种传感技术。

利用物质不同运动形态互相转换的规律，发展多种类信息传感、多频谱信息传感以及它们的融合技术也是重要研究热点。当前需要发展多种类涉及物质运动形态转化的传感器，红外、紫外、X 线、γ 射线、压力、振动、声响、磁敏、化学、生物、单光子等传感器，同时要发展多频谱信息传感技术。多传感、多频谱信息融合技术采集多种传感器信息，进行综合处理，从多频谱的角度获得目标的各种参数信息，包括构成陆、海、空、天四维广域无线传感系统。多传感、多频谱信息获取和传感以及信息融合技术将在物联网得到实际应用。先进红外探测和传感技术可以获取目标物体的红外光谱和其他特征谱及其图像，而这些信息可以用来对目标物进行识别、定量分析及监控，既可用于宏观对象，如地面、水域、气象，也可用于微小物体，如生物细胞、单个原子、单个分子；既可用于静止目标，也可用于运动物体。同时还要发展微小压力传感技术。触觉传感器在远程操作系统中将得到实际应用。通过（无线）网络将人类触觉信息进行远程传递和相互作用，可在航空航天、模拟训练、远程诊疗救护、战场和反恐排险等领域得到应用。微型触觉传感器阵列及其反馈系统具有分辨率高、易于集成、适于曲面贴装等特点。未来还有可能开发出单分子和单原子级的传感器技术。采用高分辨能力的谐振式传感器机理，采用纳机电系统（NEMS）技术，研制出对微观质量、力或角动量等敏感的传感器，可以获取单细胞、单分子、单原子一直到单电子自旋角动量的信息。

未来若干年固态红外/可见光/紫外焦平面成像传感器可望获得应用。固体紫外探测器可采用 GaN 基宽禁带半导体制备的紫外波段光电传感元件。纳米/微晶硅芯材料与有机发光二极管（OLED）耦合、半导体材料、铁电材料等都是可能的研制传感器的材料。固态红外/可见光/紫外焦平面成像传感器可以用于多波段、多光谱的辐射测量，从空中研究地球表面植被、环境、大气、地质等。同时可以用于对空中多个复杂目标的识别。在环境监测、卫星通信、空中目标探测等军民两用领域有迫切需求。

集成微仪器型传感器也将获得发展。采用 MEMS 微型化集成技术，将磁共振测量仪、隧道显微镜、光谱气体分析仪等具有敏感检测功能的大型科学仪器系统制成器件大小的传感器样式。可以携带到很多场合进行敏感检测。此外，利用大量敏感器集成阵列进行综合判断的技术开发成功。将很多种类的敏感器单元集成一体，采用神经网络等算法，实现多参数检测后自动进行分析综合。同时器件具有学习和记忆功能。用这样的高度智能传感器来进行综合复杂的感应和判断。这些方面都是物联网的重要信息获取和处理系统。

1.2 光电转换的物理现象

宇宙中物质具有不同运动形态，不同运动形态互相转换，呈现无限丰富多彩的图景。光、声（机械）、热、电、磁、量子乃至生命运动等都可互相转化。人们在观察和认识物质的这些运动形式时，发现规律，运用规律又发明技术，对应于机械技术、光技术、声技术、热技术、电技术、磁技术、分子技术、核技术、量子技术、生物技术等。这些技术分别或者集成起来在多类工程任务中得以应用，涉及机械工程、土木工程、热力工程、电子工程、光学工程、能源工程、环境工程、生物工程、航空航天工程、海洋工程、地质工程等，成为构建现代社会的物质基础。

光和电是物质重要的基本运动形态，它们相互转换，人类最早看见的光电现象是大自然雷雨云放电的闪电现象。后来在实验室观察到光电效应,那是由德国物理学家赫兹于1887年发现的,1905年爱因斯坦给出正确的解释。光照射到某些物质上,会引起物质的电性质发生变化。人们发现两种现象:一种现象是光照射在物质表面,当入射光的频率高于一定值时,可能产生电子逸出物质表面的现象,这类效应叫光电子发射,发生在物体表面,也称外光电效应;另一种现象是光入射到物质内部,产生光生电荷,使物质的导电能力发生变化,叫光电导效应,或在物体两端产生电压,又称光生伏特效应(光伏效应)。光电导和光伏效应,也称为内光电效应,在半导体中特别明显。

人们利用半导体光电转换现象,可以制备光电器件,使光和电互相转化。在各类光电器件中呈现着光电转换过程,并通过器件结构设计操控光电转换过程,努力实现功能最佳化。光电导器件呈现着半导体电学特性的光敏性,光电池和光电探测器呈现着半导体光伏效应,半导体电致发光器件呈现着电光转换过程等,这是三种比较普遍的光电现象。

1. 光电导现象

半导体材料受到光照射时,若光子能量大于或等于半导体材料的禁带宽度,就吸收入射光子能量,激发出电子-空穴对,使载流子浓度增加,半导体的导电性增加,电阻值降低,这种光电现象被称为光电导效应。

光敏电阻变化现象很普遍。许多半导体材料有光电导现象,如硅、锗、硫化镉(CdS)、碲化镉(CdTe)、硫化铅(PbS)、锑化铟(InSb)、非晶硅等,它们的电阻值随光照度的强弱而改变,入射光加强,电阻会减小,当光照停止,其电阻值又恢复原值。利用这一现象可以做成光敏电阻(亦称光电导管)。光敏电阻器可以用于光的测量、光的控制和光电转换。由于光敏电阻的灵敏度高,允许的光电流大,体积小,重量轻,寿命长,可应用在各种自动控制装置和光检测设备中,例如硫化镉光敏电阻对可见光敏感,用硫化镉单晶制造的光敏电阻对X线、γ射线也敏感;硫化铅和锑化铟对红外线光敏感。利用这些光敏电阻可以制成各种光探测器。又例如早期的胶片有声电影,在影像胶片边缘有声带部分,可以把声和影配合一致,声带的制作也是应用了光电效应。影片摄制完后,要进行录音,录音时利用压电效应可以把声音的变化转变成电信号,电信号再产生光的变化,这样把声音的“光像”摄制在影片的边缘上,这就是影片边上的音道。放映电影时,用强度不变的光束照射音道,影片在移动过程中,通过音道的光也就不断变化;变化的光射向布置好的光敏电阻,就在电路中产生变化的电流,通过扬声器就可以把“声音的光学照片”还原成声音。

把半导体做成pn结二极管,在反偏压时会有光电流现象。半导体pn结二极管加正偏压时低阻,加反偏压时高阻,在反向电压作用下,如果没有光照,反向电流极其微弱(一般小于0.1 μA),也叫暗电流;但有光照时,由于光激发产生载流子,反向电流会迅速增大到几十微安,称为光电流,从光电流的大小可以感知光的强弱，这就成为光电二极管。光电二极管工作在反向电压作用下，制备光电二极管尽量使 pn 结的面积相对较大，以便光电二极管接收入射光。光生载流子的数量与光强度有关，因此光的强度越大，反向电流也越大。光的变化引起光电二极管电流变化，这就可以把光信号转换成电信号，成为光电传感器件。光电二极管可用于近红外探测器及光电转换的自动控制仪器中，还可以作为光导纤维通信的接收器件。

在光电二极管的基础上可以做成光电三极管，它具有对光电流的放大功能。光电三极管的结构与普通三极管相同，但基区面积较大，便于接收更多的入射光线。入射光在基区激发出电子−空穴时，形成基极电流，而集电极电流是基极电流的 β 倍，因此光照便能有效地控制集电极电流。光电三极管比光电二极管有更高的灵敏度。

光电三极管可以采用硅材料制作，硅器件暗电流小，温度系数也较小。硅光电三极管是用 n 型硅单晶做成 n－p－n 结构的。管芯基区面积做得较大，发射区面积做得较小，入射光线主要被基区吸收。入射光在基区中激发出电子与空穴。在基区漂移场的作用下，电子被拉向集电区，而空穴被积聚在靠近发射区的一边。由于空穴的积累而引起发射区势垒的降低，其结果相当于在发射区两端加上一个正向电压，从而引起了倍率为 $\beta+1$（相当于三极管共发射极电路中的电流增益）的电子注入。

2. 光生伏特现象

光生伏特现象，指光照使半导体 pn 结或半导体与金属结合的不同部位之间产生电位差的现象。它是由光子激发电子、光能量转化为电能量，从而在光照射时产生电动势，在电路两端形成电压。利用光生伏特效应可制作太阳能电池、光敏二极管、光敏三极管和半导体位置敏感器件传感器等。

太阳能电池能够把光能转换成电能。太阳光电池实质上是一个大面积的半导体 pn 结，p 区的正电荷向 n 区扩散，n 区的负电荷向 p 区扩散，在 pn 结界面形成一个由 n 侧面指向 p 侧面的内建电场，阻止扩散进一步进行，形成一个随遇平衡。当光线照射在半导体上，如果光子能量与禁带宽度相当，就会激发出电子和空穴，如果电子空穴有足够长的寿命，没有互相复合，并有幸进入界面部分，就在空间电荷层内建电场作用下被相互分离。电子向 n 区侧、空穴向 p 区侧运动。通过界面层的电荷分离，将在 p 区和 n 区之间产生一个向外的可测试的电压。半导体材料的光吸收系数越大、光生载流子寿命越长、空间电荷层内建电场越强、界面层即电池面积越大，就会有更多的光能转换为电能。

光电池的光电转换现象涉及许多方面。首先，涉及光谱特性。光电池对不同波长的光的灵敏度不同。光谱响应峰值所对应的入射光波长是不同的，硅光电池波长在 0.8 μm 附近，硒光电池在 0.5 μm 附近。硅光电池的光谱响应波长范围为 0.4～1.2 μm，而硒光电池只能为 0.38～0.75 μm。可见，硅光电池可以在很宽的波长范围内得到应用，太阳能电池要把太阳光谱中不同谱段的能量都能转化为电能，就要很好地选择材料。其次,涉及光照强度。光电池在不同光照度下,其光电流和光生电动势是不同的,它们之间的关系就是光照特性。短路电流在很大范围内与光照强度呈线性关系,开路电压(即负载电阻 RL 无限大时)与光照度的关系是非线性的。因此,用光电池作为测量元件时,应把它当作电流源的形式来使用,不宜用作电压源。再次,涉及温度特性。因为半导体特性与温度相关,光电池的开路电压和短路电流就会随温度变化。用于测量的光电池就要考虑温度漂移,会影响到测量精度或控制精度。所以就要定量研究各种光电池开路电压和短路电流随温度变化的规律。

3. 电致发光现象

最早看见的电致发光现象是雷电,放电发光。电流流过导体发热再引起发光,又是一种电致发光。半导体中电子空穴复合,也会引起发光。半导体发光器件是一种将电能转换成光能的器件,它包括发光二极管、红外光源、半导体发光数字管等。

发光二极管是最主要的电光转换器件。发光二极管的管芯也是一个 pn 结,并具有单向导电性。pn 结加上正向电压时,电子由 n 区扩散到空间电荷区与空穴复合而释放出能量。这些能量大部分以发光的形式出现,因此,可以直接将电能转换成光能。发光二极管的发光波长,由半导体材料及掺杂成分而定。根据使用要求通常制作蓝色、绿色、黄色、红色等颜色的发光二极管。发光二极管可以很方便地使用,它工作电压很低(1.5~3 V),工作电流很小(10~30 mA),耗电极省,可作信号图像显示,也可作为照明光源。近年来 LED 照明已经成为一个重要的研究和产业领域。

光电转换和电光转换还可以组合利用。把半导体发光器件和光敏器件组合封闭装在一起就组成了具有电—光—电转换功能的光电耦合器。给耦合器输入一个电信号,发光器件就发光,光被光接收器件接收后,又转换成电信号输出。因为输入与输出之间用光进行耦合,所以输出端对输入端没有反馈,具有优良的隔离性能和抗干扰性能。光电耦合器又是光电开关,这种光电开关不存在继电器中机械点易疲劳的问题,可靠性很高。光电转换和电光转换的组合利用还可以提供多种选项。例如,用量子阱结构把红外光转换为电信号、电信号注入半导体发光器件转换为可见光信号,可见光信号就可以用可见光硅器件探测。这就把一个红外探测问题变成一个可见光探测问题。所以,通过物质材料器件结构的选择和设计可以实现多种形式的光电转换、电光转换,以及它们的组合应用。

在物理上,光电转换可以从光和电的基本属性来认识。光具有波动性和粒子性,即波粒二象性。光可以用光量子来描述,也可以用电磁波理论来描述。光电效应则表明了光的粒子性。光电效应实验发现,只要光的频率 ν 大于某个阈值,哪怕光照能量再小,也会有电子从金属表面逸出。而光的频率如果低于该阈值,则再大的光照能量也无法产生光电子。光电效应表明,光的能量不能无限分割,最小能量

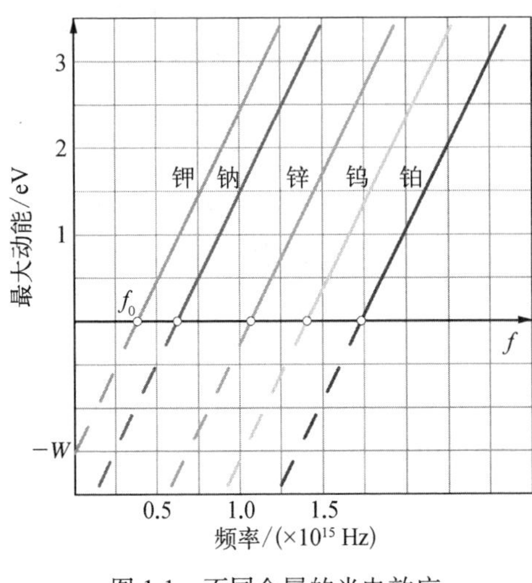

图 1.1　不同金属的光电效应

是 $h\nu$。对于不同的金属,电子从表面逸出所需的能量是不一样的(图 1.1)。

光也可以用电磁波理论来描述。电场、磁场、电磁波都可以用麦克斯韦(Maxwell)方程组描述。变化的电场、变化的磁场相互循环激发,形成电磁波,电场强度和磁感应强度都符合波动方程。在真空中电磁波的速度等于光速。真空中电磁波具有平面波解。该解的电磁场分布如图 1.2 所示,可以看出电磁波是横波,除了有振幅、频率、波长、波矢、位相等波的基本参数,还有偏振特性。麦克斯韦方程组可以很好地描述真空中和介质中电磁波的特性。电磁波与物质相互作用后,描述电磁波特性参数本身及其空间分布和时间分布,包含了物质信息。采用光的量子理论和电磁波理论可以很好地从物理上理解光与物质相互作用和光电转换的现象,也为光电转换的操控和应用提供科学依据。

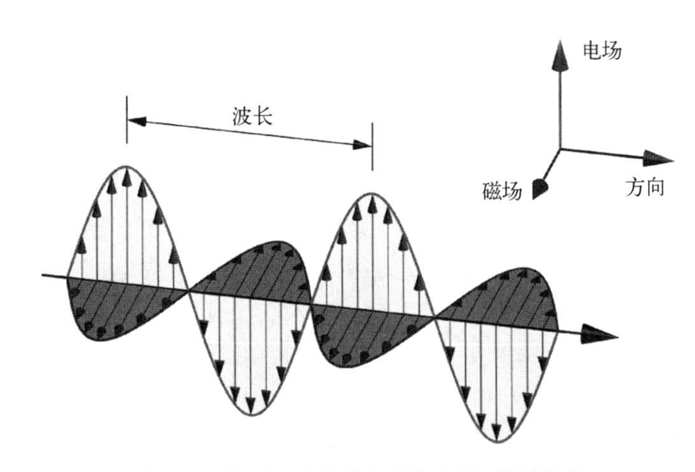

图 1.2　平面波形式的电磁波电场、磁场分布

在数学上,Maxwell 方程组,也可以用矢量势和标量势来描述,矢量势的旋度表示磁感应强度,标量势的梯度则由电场强度和矢量势随时间的变化决定。而矢量势与标量势又服从洛伦兹规范。用矢量势和标量势表达的 Maxwell 方程更为简洁,可更好地描述电磁场的特性。这样的表述不仅具有在数学表达上的意义,还具有深刻的物理内涵。按照矢量势和标量势的 Maxwell 方程,矢量势会影响电子波函数的位相。空间中某一点即使磁感应强度为零,只要有矢量势的存在就可以影

响电子的传输。Aharonov－Bohm效应描述了这一现象(图1.3)。设想一个直径很小长度非常长的通直流电的螺线管,螺线管中产生磁场,管外磁场为零。而磁感应强度是矢量势的旋度,螺线管外虽然零磁场,但存在矢量势,它会影响电子波函数的位相。让一束电子射向双缝,分两路行进,在屏幕上形成干涉条纹。如果在双缝后放置这样的通电螺线管,磁场仅存在管中,在电子行进途中并无磁场,但存在矢量势。实验居然观察到干涉条纹的变化,说明正是由于矢量势的存在影响了两路电子波函数的位相。这一效应在凝聚态物质微纳结构中有许多现象。所以,数学推演和物理世界有一个内在深刻的联系。

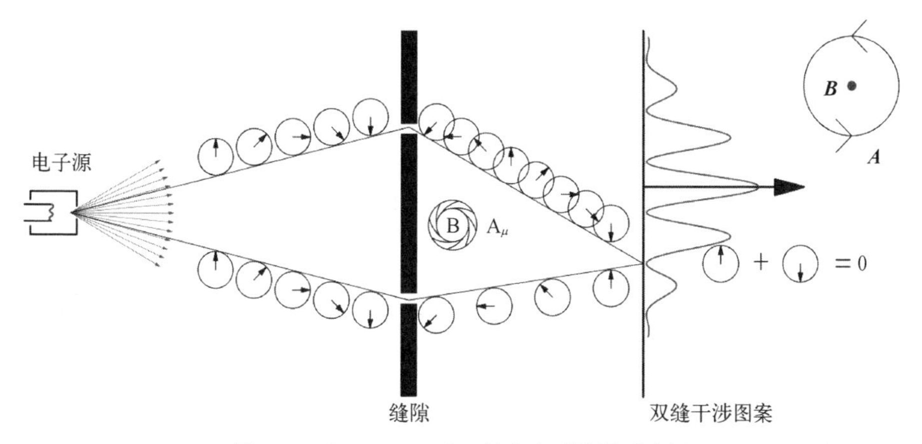

图1.3 Aharonov－Bohm效应实验装置示意图

电是一种物理学现象,它的物质基础是电荷。电荷存在一个基本单位,密立根油滴实验测量出了该基本单位大小。汤姆逊在实验中发现电子,其电量刚好等于电荷基本单位。科学家通过各种实验发现,原子是由带正电的原子核与带负电的电子组成。原子得到或者失去电子,相应的物质就会带电。导体中电子挣脱原子核束缚,在原子间自由移动,就会形成电流。宏观上,电磁场与电荷的相互作用是通过洛仑兹(Lorentz)定律来描述,电荷受到的力与电场强度有关,也和磁感应强度与电荷运动速度的卷积有关。库仑定律描述了两个电荷之间相互作用,最初认为能量存储在两个电荷中,相互作用是超距的。进一步研究表明两个电荷产生电场,电荷通过电场相互作用,由电场存储能量。场的描述和超距相互作用在计算电荷相互作用的数值上是一样的,但物理图景是不同的。按照场的描述,能量的存储和传输都由电磁场来承载,而超距相互作用由电荷承载。例如在图1.4中,电源到负载的能量传输是由电磁场驱动的,电荷在电路中的速度有限,而空间中的电磁场以光速传播,电磁场所到之处,电荷被驱动,能量也传达。电场可以独立于电荷存在,可以通过变化的磁场产生电场。同样也可以通过变化电场产生磁场。交变的电场和磁场可以形成电磁波,能量也随之传播。

在微观范围,电子也呈现波动性,也具有波粒二象性。电与光存在着天然的内在联系。

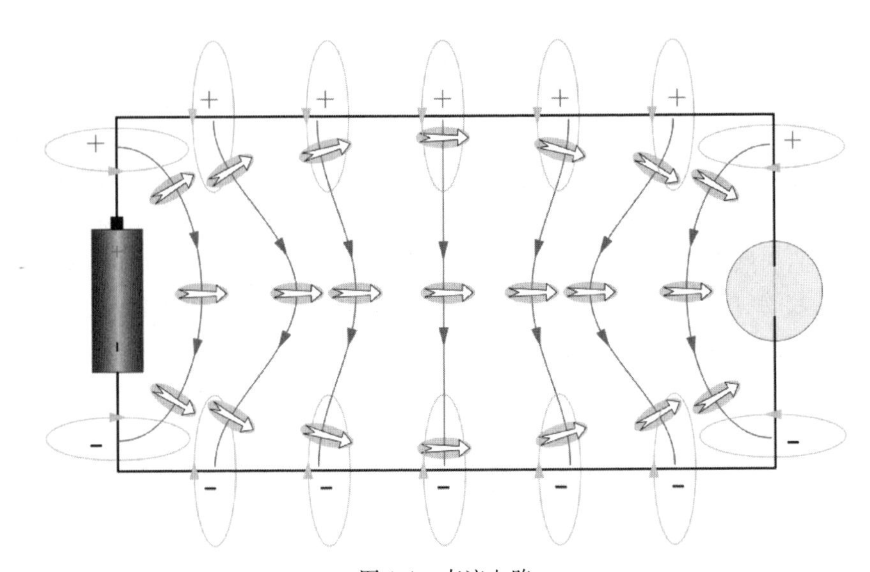

图 1.4　直流电路

非闭合线是电场分布;闭合线是磁场分布;空心箭头是 Poynting 矢量场

光电转换在微纳结构中的表现以及在生命物质中的表现会是一个重要研究领域。

1.3　光电转换规律促进器件技术

光电转换现象研究和规律的获得,为光电功能器件的研制提供科学源泉,也是光电器件持续发展提高水平的根本依据。光电转换现象的应用要通过凝聚态物质构建的器件来实现。半导体材料是实现光电转换的最佳凝聚态物质。20 世纪以来,晶体管的发明应用以及集成电路的发展是信息时代的重要基础,它们都基于半导体技术。半导体是指电阻率介于导体(10^{-6} ~ 10^{-4} Ω/cm)和绝缘体(>10^{10} Ω/cm)之间的材料。半导体的主要特征有:通过调节杂质掺杂浓度,半导体的电阻率可以在很大范围内变化;半导体电阻率随着温度、光照、气体、压力、磁场等都会产生影响。半导体产业包括集成电路、光电器件、分立器件、传感器等方面。它们的发展都是在科学规律发现的基础上,实现技术发明,进而推动了产业发展。比较典型的光电器件如太阳能电池、红外探测器、X 线测器、γ 射线探测器、LED,以及 OLED 等都通过以半导体为代表的凝聚态物质来实现,在科学发现的基础上实现技术发明,然后在产业需求的推动下,不断促进科学技术发展,进而推动产业发展。

下面以太阳能电池为例进行说明[4,5]。

太阳能电池利用光生伏特效应将太阳光能转变成电能。1839 年法裔科学家 A.E. Becoquerel 发现光生伏特效应,他在用不同波段的光照射到电解液中的电极时发现电极处会产生光生电流。1883 年美国科学家 Charles Fritts 在硒半导体薄膜上镀上一层金属薄层,制得半导体-金属结,可以把太阳能转化为电能,虽然效率在1%左右,但是一种突破。1930 年,由 Schottky 提出 Cu_2O 势垒的光伏效应理论。1941 年 Russell Ohl 用 Si 材料发现了光伏效应,这是重要进展,他在 1946 年申请了太阳能电池的专利。到了 1954 年,美国贝尔实验室制备了第一块 Si 单晶太阳能电池,效率为 6%。该实验室是 pn 结奠基人、诺贝尔物理学奖得主 Shockley 的实验室,他们在发现规律的基础上,非常迅速地发展技术。四年之后,到了 1958 年,美国制备了 pn 型单晶硅电池并被用于航空领域。由 1954 年开始直至 1960 年,由 Prince、Loferski、Wysocki、Shockley 等陆续发表一系列文章,系统地讲述了以 pn 结为基础的太阳能电池工作原理,包括能带、光谱响应、温度、动力学和效率之间的理论关系。

1963 年,日本 Sharp 公司生产出商业化的 Si 电池组件。1970 年,苏联 Alferov 等人研制第一块 GaAs 异质结太阳能电池。1972 年的 IEEE 国际会议上,第一次把光伏电池的地面应用列为一个分会。在 1973 年的光伏大会上很多国家考虑到世界石油危机,提出应该把光伏也作为可再生能源。美国 Delaware 大学用硫化亚铜太阳能电池组件,建造世界上第一个太阳电力住宅。1974 年,日本宣布开始实施“阳光”计划。1980 年,第一个效率大于 10%的 CuInSe 电池在美国制出;同年由 RCA 的 Carlson 研制出来的非晶硅太阳能电池效率达 8%。1981 年,在 Saudi Arabia 建立了 350 kW 的聚光电池矩阵。美国斯坦福大学给出在 200 个太阳下聚光电池效率大于 25%的报道。1987 年,太阳能电池动力汽车也开始出现。

到 20 世纪 80 年代单晶硅太阳能电池效率达 20%、多晶硅电池效率达 14.5%、砷化镓电池效率达 22.5%、硫化镉电池效率达 9.15%。1990 年,太阳能电池公用电力并网发电系统技术研究成熟,德国提出“2 000 个光伏屋顶计划”。1994 年,美国 NREL 发布 GaInP/GaAs 两端聚光多结电池,效率大于 30%。1995 年,德国、日本及欧盟正式启动“光伏示范”计划。1996 年,瑞士 Gratzel 发表了 11%效率的染料敏化固/液电池的报道,开拓了太阳能电池新研究领域。1998 年,美国 NREL 宣布薄膜 CuInSe 电池效率达 19%,第一个 GaInP/GaAs/Ge 三结聚光电池宣布在 1 号空间站应用。1999 年,世界累计建立光伏电站达 1 000 MW;M. Green 研究组发表单晶硅电池效率 24.7%,创世界纪录。2000 年的澳大利亚奥林匹克运动会大规模地应用了太阳能电池。随后,并网发电得到发展,可以省去光伏电站所必需的辅助设施。此后,硅基薄膜电池以及硅基薄膜相关的单晶硅异质结电池技术逐渐成熟,效率稳定提高。

进入 21 世纪以来,无论是晶硅电池、薄膜化合物半导体电池、多结聚光电池、钙钛矿结构电池、有机无机结合电池等都得到很快的发展。光伏电站和分布式光伏应用发展迅猛。所有这些发展都是基于科学规律的发现促进了技术的进步。统计表明近十几年世界范围内的太阳能电力供给保持了 20%~30%的年增长率。到 2019 年底,中国累计太阳光伏装机达到 200 GW,全球 500 GW。晶体硅电池占据太阳光伏发电的主导地位。其中薄膜电池组件拥有相对较小的份额，但是绝对增长量有显著提高，其中 a－Si、CdTe 和 CIGS 电池组件已经实现了商业化量产。近十几年，由于一系列创新性研究成果（包括新材料、新结构和新工艺）的引入，薄膜太阳能电池的光电转换效率取得了显著的提高。其中小面积 CdTe、CIGS 和 PSC 薄膜太阳能电池的转换效率都大于 22%[6-8]。一些“绿色”吸收层材料的薄膜光伏电池技术的研究也异常活跃，例如 Sb_2Se_3、CZTS。薄膜太阳能电池技术也呈现出加速发展的趋势。下面几种薄膜太阳能电池是人们主要关注的。

非晶硅（a－Si）薄膜的能带值在 1.7 eV 附近，光吸收系数高（约 10^5 cm^{-3}），几微米厚度的 a－Si 薄膜就能够吸收绝大多数入射太阳光，是理想的太阳能电池吸收层材料。另一方面 a－Si 的无定形态是一种短程有序结构，体内存在大量的悬挂键，使电荷载流子的传输距离短而且复合严重。虽然氢钝化非晶硅（α－Si：H）可以减少悬空键密度几个数量级，改善少数载流子扩散长度，但是仍然存在严重的光致衰退效应（Staebler-Wronski，S-W），稳定性差。目前薄膜太阳能电池的最高转换效率较低（a－Si：10.2%，μc－Si：11.9%），市场处于萎缩状态。硅薄膜太阳能电池的发展方向是 a－Si/μc－Si 叠层太阳能电池和硅异质结薄膜太阳能电池。2015 年 Matsui 等报道调整等离子体化学气相沉积的速率可以降低 a－Si：H 吸收层亚稳态缺陷的数量和增大能带值，实现 a－Si/μc－Si 叠层太阳能电池转换效率 12.7%。Sai 等引入了具有六边形酒窝阵列的纹理基板实现了更好的光捕获，实现 a－Si/μc－Si/μc－Si 叠层薄膜太阳能电池转换效率 13.6%。

碲化镉（CdTe）是Ⅱ－Ⅶ族化合物半导体，闪锌矿晶体结构，具有较高的可见光吸收系数（$>10^{-5}$ cm^{-1}），能带值 1.45 eV，理论转换效率 29%。1972 年 Bonnet 和 Rabnehorst 发展了 CdTe/CdS 异质结薄膜太阳能电池，通过气相沉积制备 CdTe 薄膜，高真空蒸发制备 CdS 薄膜，电池效率为 6%。1993 年 Britt 等通过控制 CdTe/CdS 界面的 Te、S 扩散形成 $CdTe_xS_{1-x}$ 界面过渡层，降低界面缺陷，改善性能，得到 15.8%的电池效率。

First Solar 公司、Toledo 和 CSU 等通过 Se 掺杂 CdTe 薄膜形成 CdSeTe/CdTe 渐变带隙结构的吸收层，钝化 CdTe 薄膜前表面，延长电荷载流子寿命，提高开路电压，同时增加 CdTe 薄膜太阳能电池的近红外光谱响应。稳定的背部接触并没有明显的整流，由于已知的金属材料的功函数均小于 CdTe（5.8 eV），如果 CdTe/金属电极界面形成肖特基势垒接触，将会严重影响 CdTe 太阳能电池的 J－V 性能。First Solar 选取 CdTe/ZnTe：Cu/Metal 后堆栈结构，通过高掺杂 ZnTe：Cu（6 at%）缓冲层调制 CdTe/ZnTe 界面价带匹配和空穴在高载流子浓度 ZnTe 层的低阻隧穿，使 CdTe 和金属电极形成准欧姆接触，同时在导带的 CdTe/ZnTe 界面形成电子反射，降低电子在背表面的复合。First Solar 的电池器件证明，采用 CdTe/ZnTe：Cu/金属电极结构可以改善欧姆接触性能，钝化 CdTe 吸收层背表面和增大载流子寿命，提高电池器件的 V_{oc} 和 FF。2016 年，First Solar 公布 FTO/Buffer/CdSeTe/CdTe/ZnTe

BC/Metal 结构电池器件的冠军转换效率达到 22.1%[6]。2017 年,科罗拉多州立大学也报道了 FTO/ZMO/CdSeTe/CdTe/Cu/Te 结构的电池器件实现 19.1%的转换效率[9]。

由于 CdTe 薄膜太阳能电池的 J_{sc} 已经达到 31.69 mA/cm^3,接近理论极限。CdTe 薄膜太阳能电池效率从 22%到 25%的技术路线主要聚焦于提高 V_{oc} 大于 1eV,目前的技术创新主要集中在以下两个方向:① 提高 CdTe 薄膜 p 型掺杂浓度,达到 10^{16}~10^{17} cm^{-3},比效率为 22.1%的冠军 CdTe 电池掺杂浓度高 2 个数量级。② 提高多晶 CdTe 薄膜的载流子寿命到与单晶 CdTe 的寿命相当,或者更高。主要集中在 CdTe 材料缺陷和掺杂、薄膜表面和体钝化等。2016 年,Burst 等对单晶薄膜 CdTe 进行磷(P)掺杂,得到 p 型电荷载流子(空穴)浓度 5×10^{16} cm^3,载流子寿命 100 ns,电池器件的开路电压大于 1 eV。采用 MBE 外延,沉积出厚度为 1 000~1 500 nm 的n 型 CdTe 层,采用 MgCdTe/CdTe 双异质结钝化,并与 p 型 a - SiC_y:H 构成异质结太阳能电池,其 CdTe 吸收层的载流子寿命提高到 3.6 μs,开路电压 1.11 V,电池器件的转换效率 20.3%。

铜铟镓硒[Cu(In,Ga)Se_2,CIGS]是Ⅰ-Ⅲ-Ⅵ族化合物半导体,黄铜矿晶体结构,是 $CuInSe_2$ 和 $CuGaSe_2$ 的混晶半导体,通过改变 Ga、In 元素的含量,其能带值可以在 1.02~1.67 eV 范围内连续可调,CIGS 薄膜具有高可见光吸收系数($\approx10^{-5}$ cm^{-1}),理论最高转换效率大于 30%。1976 年,Kazmerski 等首次制备 $CuInSe_2$/CdS 异质结薄膜太阳能电池,光电转换效率达到 4.5%。CIGS 通常采用预制层硒化工艺制备,首先采用溅射或者热蒸发制备 Cu(In,Ga)Se_2 预制层,然后在 Se 气氛中硒化退火。1981 年,Mickelsen 等发明了多元共蒸发沉积 $CuInSe_2$ 多晶薄膜的技术,制备的薄膜太阳能电池光电转换效率达到 9.4%。1988 年,Mitchell 等采用硒化法研制出光电转换效率为 14.1%的 $CuInSe_2$ 薄膜太阳能电池。1994 年,Gabord 等发明了共蒸发三步法制备的 CIGS 薄膜晶粒尺寸显著增大,改善了 CIGS 薄膜的质量,不仅提高了电池器件的开路电压,并且由于 Ga 元素纵向上的浓度梯度分布形成了能带梯度,提高了对光生载流子的收集,光电转换效率达到 16.4%。2010 年,ZSW 公布总厚度 4 μm 效率为 20.3%的 CIGS 太阳能电池。

近十几年,为了制备更高效率的 CIGS 薄膜太阳能电池,引进半导体工业先进技术,采用了一系列的新工艺,例如:碱金属掺杂、无镉宽带隙半导体缓冲层、Ga 梯度分布以改善吸收层的载流子收集。在 1993 年就有报道 Na 离子掺杂可以增大 CIGS 吸收层的 p 型受主浓度,提高开路电压 V_{oc} 和填充因子 FF。2013 年,EMPA 采用 CIGS 吸收层的 NaF 沉积后处理工艺,实现效率为 20.4%的柔性聚合物 CIGS 薄膜太阳能电池。ZSW 和 Solar Frontier 发现重碱金属 Ka、Rb、Cs 离子掺杂则有更好的效果,通过 CIGS 吸收层的 KaF、RbF、CsF 沉积后处理工艺分别达到 22.3%、22.6%和 22.9%的转换效率。KaF 的沉积后处理可以降低缓冲层界面和吸收层界面的载流子复合,增加吸收层的电荷载流子浓度。Rb 和 Cs 可以排斥晶界处的 Na

和K,导致晶界处的Cu缺失,形成晶界势垒,排斥空穴,起钝化晶界的作用。Solar Frontier采用硒化后硫化的双退火工艺得到Ga和S在CIGS层纵向的双梯度分布,在CIGS吸收层背表面有富集的Ga,上表面有富集的S,减少了CIGS/Mo和CIGS/buffer界面的载流子复合,增大电池器件的短路电流和开路电压。采用无镉的宽禁带半导体薄膜缓冲层可以有效利用紫外光谱区入射光,增大电池器件短波量子响应。2018年Jakapan采用ZnMgO: Al/ZnMgO工艺得到电池器件效率20%的。2019年2月Solar Frontier采用(Zn,Mg)O/Zn(O,S,OH)工艺得到电池器件效率23.35%[10]。

基于有机金属-卤化物的钙钛矿太阳能电池(metal halide perovskite, PSC)是一种新兴的薄膜太阳能电池技术。金属-卤化物钙钛矿是一类具有ABX_3结构的材料,其中金属正离子B占据八面体中心,X位于八面体顶点,金属正离子A位于相邻八面体间隙。对于PSC太阳能电池,X通常是一价卤素阴离子I^{-1}、Br^{-1}或Cl^{-1}的化合物,这些材料具有合理的带隙,以达到最佳的光吸收。A是单价金属阳离子(如Cs^+、Rb^+)或者特定的有机官能团{如$(CH_3NH_3)^+$,缩写MA^+或者$[CH(NH_2)_2]^+$,缩写FA^+}。B是二价阳离子,一般是元素周期表的IVA簇(Pb^{2+}、Sn^{2+})。PSC太阳能电池源于染料敏化太阳能电池。2009年人们发现在液体基染料敏化太阳能电池结构中,亚甲基铵、卤化铅钙钛矿吸附在纳米二氧化钛表面上,可产生转换效率约为3.4%的光电流。2012年固态卤化物钙钛矿太阳能电池的转换效率突破10%。2017年PSC太阳能电池最高转换效率达到22.7%,显示了诱人的发展前景。如果PSC太阳能电池快速商业化的主要障碍大面积沉积、长期稳定以及铅污染对环境可能造成的影响等能够在合理的时间内解决,PSC太阳能电池组件因其高效率、低成本而具有巨大的经济潜力,是下一代太阳能电池应用市场的希望。

单结PSC薄膜太阳能电池的转换效率逐渐接近Shockley - Queisser极限。大幅度提高转换效率的途径之一是发展PSC双结叠层太阳能电池。例如,如果双结叠层太阳能电池的顶电池和底电池的能带值分别为1.14 eV和1.73 eV,根据一个标准太阳光谱计算的理论转换效率可以达到36.7%。钙钛矿具有可调节能带值(1.2~2.3 eV)可以作为顶电池高能带吸收层,c - Si、CIGS、低能带钙钛矿薄膜可以作为底电池低能带吸收层。当前PSC双结叠层太阳能电池取得的进展包括如下几项:

1) PSC/PSC叠层太阳能电池:2017年,Rajagopal等选取0.82 eV的$[MA_{0.9}Cs_{0.1}Pb(I_{0.6}Br_{0.4})_3]$作为顶电池吸收层,1.22 eV的$(MAPb_{0.5}Sn_{0.5}I_3)$作为底电池吸收层,ITO/PEDOT: PSS作为连接层制备效率达到18.5%的PSC/PSC叠层太阳能电池[11]。

2) PSC/c - Si叠层太阳能电池:2018年,Sahli等得到PSC/c - Si两端叠层太阳能电池最高效率25.2%[12]。2018年,Oxford PV宣布其PSC/c - Si四端叠层太阳能电池的效率达到28%[13]。

3) PSC/CIGS 叠层太阳能电池：钙钛矿(1.2~2.3 eV)和 CIGS(1.02~1.67 eV)具有连续可调的能带值,满足高效双结叠层太阳能电池顶电池和底电池吸收层的能带要求。2018 年,Han 等采用带隙 1.59 eV 的半透明 PSC 太阳能电池为顶电池,带隙 1.00 eV 的 CIGS 薄膜太阳能电池作为底电池,底电池 TCO 层[i－ZnO 和 B 掺杂ZnO(BZO)]作为叠层电池可导连接层,得到转换效率为 22.1%的 PSC/CIGS 两端叠层太阳能电池[14]。2018 年,ZSW 发布其 PSC/CIGS 两端叠层电池组件的转换效率达到 24.6%[15]。

通过各类薄膜太阳能电池物理过程的规律性研究,在此基础上深入理解薄膜太阳能电池的光吸收和光电转换,光生载流子的传输和损耗,载流子的收集等机制。在实验上针对消除影响电池效率的各种损耗开展技术创新和工艺改进。例如,利用宽带隙无镉缓冲层以增加紫外光区的利用率,同时调整缓冲层和吸收层的导带能带匹配,吸收层薄膜表面和体钝化工艺,满足吸收层梯度带隙、梯度组分或者梯度晶格常数等要求的工艺和结构,稀有元素和有毒元素的吸收层替代技术,例如铜锌硒硫(CZTS)、硒化锑(Sb_2Se_3)薄膜太阳能电池;减少稀有元素和有毒元素用量的技术,吸收层高浓度载流子的掺杂工艺,例如 CdTe 薄膜的 P、As 掺杂,CIGS 薄膜的碱金属掺杂技术;高效双结叠层太阳能电池技术,例如 PSC/c－Si、PSC/CIGS 等双结叠层太阳能电池;吸收层和金属电极的欧姆接触技术,例如上层配置结构 CdTe/金属电极欧姆接触,下层配置结构 CdTe/金属电极欧姆接触及其高温稳定性,上层配置结构 CIGS/金属电极欧姆接触等。

由此可见,在过去的十几年里,由于一系列创新性研究成果(新材料、新结构和新工艺)的应用,薄膜太阳能电池技术取得巨大的发展,转换效率得到很大的提高。在高效电池器件制备中越来越注重半导体工业先进技术引进(例如掺杂、钝化、能带调控等),并取得显著成效。薄膜太阳能电池组件的转换效率得到很大提高,产业化也取得了很大进展。今后薄膜太阳能电池技术仍然需要进一步发展新的技术创新,进一步提高转换效率才能满足新能源产业技术和市场的要求。

从太阳能光伏技术发展,可以看到从光电转化现象到太阳能电池技术发明,进一步到推动产业发展,都要从基础的规律研究入手。其他各类光电器件的发展也都遵循这一途径。

参考文献

[1] 褚君浩.中国科学院学部咨询报告：关于新工业革命的思考与对策[R].北京：中国科学院学部,2016.
[2] 褚君浩,周戟.迎接智能时代[M].上海：上海交通大学出版社,2016.
[3] 褚君浩.传感器和信息检测技术新进展,中国科学院高技术发展报告[J].北京：科学出版社,2008：60－67.
[4] 国家自然科学基金委员会,中国科学院.中国学科发展战略：太阳能电池科学技术[M].北京：科学出版社,2019.

[5] 张传军,褚君浩.薄膜太阳能电池研究进展和挑战[J].中国电机工程学报,2019,39(9):2524-2528.

[6] First Solar Press Release. First Solar Achieves yet another cell conversion efficiency world recor [EB/OL]. https://fr.enfsolar.com/news/11091/first-solar-achieves-yet-another-cell-conversion-efficiency-world-record [2019-12-18].

[7] Wu J L, Hirai Y, Kato T, et al. New world record efficiency up to 22.9% for Cu (In,Ga)(Se,S)$_2$ thin-film solar cell [C]. Proceedings of the 7th World Conference on Photovoltaic Energy Conversion (WCPEC-7), Waikoloa, HI, USA, 2018.

[8] Yang W S, Noh J H, Jeon N J, et al. High-performance photovoltaic perovskite layers fabricated through intramolecular exchange [J]. Science, 2015, 348(6240): 1234-1237.

[9] Burst J M, Duenow J N, Albin D S, et al. CdTe solar cells with open-circuit voltage breaking the 1V barrier [J]. Nature Energy, 2016, (1): 16015.

[10] Solar Frontier K. Solar frontier achieves world record thin-film solar cell efficiency of 23.35% [EB/OL]. www. solar-frontier. com/eng/news/2019/0117-press. html[2019-4-10].

[11] Rjagopal A, Yang Z B, Jo S B, et al. Highly efficient perovskite-perovskite tandem solar cells reaching 80% of the theoretical limit in photovoltage [J]. Advanced. Material, 2017, 29(34): 1702140.

[12] Sahli F, Werner J, Kamino B A, et al. Fully textured monolithic perovskite/silicon tandem solar cells with 25.2% power conversion efficiency [J]. Nature Materials, 2018, (17): 820-826.

[13] Oxford PV. Oxford PV perovskite solar cell achieves 28% efficiency [EB/OL]. Oxford OX5 1QU, United Kingdom, 2018. https://www. oxfordpv. com/news/oxford-pv-perovskite-solar-cell-achieves-28-efficiency[2019-10-04].

[14] Han Q F, Hsieh Y T, Meng L, et al. High-performance perovskite/Cu(In,Ga)Se$_2$ monolithic tandem solar cells [J]. Science, 2018, (361): 904-908.

[15] ZSW. Perovskite/CIGS tandem cell with record efficiency of 24.6 percent paves the way for flexible solar cells and high-efficiency building-integrated PV [EB/OL]. Baden-Württemberg, Germany, 2018. https://www. zsw-bw. de/en/newsroom/news/news-detail/news/detail/News/thin-film-tandem-solar-cell.html [2019-4-10].

第2章

物质运动形态转换的一般规律

古希腊哲学家赫拉克利特说过一句名言“人不能两次踏入同一条河”,形象地阐明了物质是运动的这一深刻哲理。哲学上讲的“运动”是指事物的变化和过程,它是物质的固有属性,是物质存在的形式。事物总是在运动。有些运动是宏观的、明显的,人们可以直接感觉到,如奔驰的高速列车、飞行的飞机、划破夜空的流星等;有些运动是缓慢的,人们不容易觉察到,例如自然界的造山运动;还有些是微观的,例如分子、原子、基本粒子同样是在不停地运动,特别是基本粒子从出生到“衰变”,运动速度非常之快,在皮秒之间。物质的运动形态是变化的,物质与物质之间也发生转换,即从一种物质变化为另一种物质,例如放射性物质的衰变。无论是物质的运动,还是物质间的转化,都要遵循一般规律。本章将论述物质运动形态转换的一般规律,即运动形态转换的守恒定律、热力学定律等。

2.1 守恒定律

物质的运动是科学先驱们最早研究的问题。他们的研究成果形成了我们今天的经典物理学和近代物理学。任何物体运动的表述基础都是建立在一系列基本物理概论上,诸如时间、空间、同时性、相对性、质量、动量、能量和力等。多数读者对这些术语是熟悉的,在此不再作仔细分析。

2.1.1 经典力学基础

描述物体运动形态变化的经典理论是牛顿力学[1]。如果物体运动形态的变化与物体的形状和大小无关,就可以把物体视为“质点”。设 $\boldsymbol{r}$ 是质点对于某一坐标系原点的矢径, $\boldsymbol{v}$ 是其速度矢量,即

$$\boldsymbol{v}=\frac{\mathrm{d}\boldsymbol{r}}{\mathrm{d}t} \tag{2.1}$$

定义质点的动量为其质量与速度的乘积,即

$$\boldsymbol{p} = m\boldsymbol{v} \tag{2.2}$$

当质点与外界发生相互作用时,就会受到来自其他物体或场的合力 $\boldsymbol{F}$ 的作用,这些力 $\boldsymbol{F}$ 会使质点的运动形态发生变化,并遵循牛顿第二定律。该定律表明,在惯性系中,用来表述质点运动的是微分方程:

$$\boldsymbol{F} = \frac{\mathrm{d}\boldsymbol{p}}{\mathrm{d}t} \tag{2.3}$$

或积分形式

$$\int_{t_1}^{t_2} \boldsymbol{F}\mathrm{d}t = \boldsymbol{p}(t_2) - \boldsymbol{p}(t_1) \tag{2.4}$$

一般情况,质点的质量是常量,公式(2.3)可改写为

$$\boldsymbol{F} = m\frac{\mathrm{d}\boldsymbol{v}}{\mathrm{d}t} \tag{2.5}$$

或

$$\boldsymbol{F} = m\frac{\mathrm{d}^2\boldsymbol{r}}{\mathrm{d}t^2} \tag{2.6}$$

在物质运动形态的转换中,许多重要的一般规律都能以守恒定理的形式表达,这些定理表明了在一些条件或约束下各种力学量才能保持不变。公式(2.3)直接得出了质点的第一个守恒定理,即

质点的动量守恒定理:如果合力 $\boldsymbol{F}$ 为零,则 $\dot{\boldsymbol{p}} = \boldsymbol{0}$,动量 $\boldsymbol{p}$ 守恒。

用 $\boldsymbol{r}$ 叉乘公式(2.6)两边,得

$$\boldsymbol{r} \times \boldsymbol{F} = m\,\boldsymbol{r} \times \frac{\mathrm{d}^2\boldsymbol{r}}{\mathrm{d}t^2} \tag{2.7}$$

上式可改写为

$$\boldsymbol{r} \times \boldsymbol{F} = \frac{\mathrm{d}}{\mathrm{d}t}\left(\boldsymbol{r} \times m\frac{\mathrm{d}\boldsymbol{r}}{\mathrm{d}t}\right) = \frac{\mathrm{d}}{\mathrm{d}t}(\boldsymbol{r} \times \boldsymbol{p}) \tag{2.8}$$

即得角动量微分方程

$$\boldsymbol{N} = \frac{\mathrm{d}\boldsymbol{L}}{\mathrm{d}t} \tag{2.9}$$

其中,$\boldsymbol{L}$ 表示质点对原点 O 的角动量,定义为

$$\boldsymbol{L} = \boldsymbol{r} \times \boldsymbol{p} \tag{2.10}$$

$\boldsymbol{N}$ 表示质点对原点 O 的力矩，定义为

$$\boldsymbol{N} = \boldsymbol{r} \times \boldsymbol{F} \tag{2.11}$$

角动量微分方程(2.9)也给出一个守恒定理，即

质点角动量守恒定理：如果合力矩 N 为零，则 $\boldsymbol{L} = \boldsymbol{0}$，角动量 $\boldsymbol{L}$ 守恒。

用 $\mathrm{d}\,\boldsymbol{r}$ 点乘公式(2.6)两边，得

$$\boldsymbol{F} \cdot \mathrm{d}\,\boldsymbol{r} = m \frac{\mathrm{d}^2 \boldsymbol{r}}{\mathrm{d}t^2} \cdot \mathrm{d}\,\boldsymbol{r} \tag{2.12}$$

方程(2.12)左边的量被称为力 $\boldsymbol{F}$ 在位移 $\mathrm{d}\,\boldsymbol{r}$ 上所做的功，记为 $\mathrm{d}w$；右边可改写为

$$m \frac{\mathrm{d}^2 \boldsymbol{r}}{\mathrm{d}t^2} \cdot \mathrm{d}\boldsymbol{r} = m \frac{\mathrm{d}\boldsymbol{v}}{\mathrm{d}t} \cdot \mathrm{d}\boldsymbol{r} = m\mathrm{d}\boldsymbol{v} \cdot \frac{\mathrm{d}\boldsymbol{r}}{\mathrm{d}t} = m\boldsymbol{v} \cdot \mathrm{d}\boldsymbol{v} = \mathrm{d}\left(\frac{1}{2}mv^2\right) \tag{2.13}$$

定义动能为

$$T = \frac{1}{2}mv^2 \tag{2.14}$$

则

$$\mathrm{d}w = \mathrm{d}T \tag{2.15}$$

方程(2.15)被称为**动能定理**，即外力所做的功等于质点动能的增量。

方程(2.12)左边的功一般与路径有关。如果在某一力场中，力 $\boldsymbol{F}$ 可以写成单值、有限、可微的位置函数 $V(\boldsymbol{r})$ 的梯度

$$\boldsymbol{F} = -\nabla V(\boldsymbol{r}) \tag{2.16}$$

则这种力称为**保守力**，函数 $V(\boldsymbol{r})$ 称为**势能函数**。保守力沿某一路径的功为

$$\int_1^2 F \cdot \mathrm{d}\,\boldsymbol{r} = -\int_1^2 \mathrm{d}V = V(1) - V(2) \tag{2.17}$$

公式(2.17)表明保守力做功与具体路径无关，只与路径端点的位置有关。注意在公式(2.16)中，可以在 V 上附加一个在空间内处处是常数的量也不影响其结果。因此，势能的零位是任意的。

结合式(2.12)～式(2.16)得

$$\mathrm{d}T = \boldsymbol{F} \cdot \mathrm{d}\boldsymbol{r} = -\mathrm{d}V \tag{2.18}$$

或

$$\mathrm{d}(T + V) = 0 \tag{2.19}$$

方程(2.19)也给出一个守恒定律，即

质点的能量守恒定理：如果作用于质点的力都是保守力，则质点的总机械能守恒。

对于多质点系统，在作受力分析时，必须区分系统外部与系统内的作用力。质点之间的相互作用力被称为内力，质点系以外的物体对质点系内任何质点的作用力称为外力[用上角标(e)表示]。于是，根据牛顿第二定律，第 i 个质点的运动方程应写成

$$\sum_j \boldsymbol{F}_{ji} + \boldsymbol{F}_i^{(e)} = m_i \frac{\mathrm{d}^2 \boldsymbol{r}_i}{\mathrm{d}t^2} \tag{2.20}$$

其中，$\boldsymbol{F}_{ji}$ 是第 j 个质点对第 i 个质点的作用力，即内力。对所有质点求和得

$$\sum_i \boldsymbol{F}_i^{(e)} + \sum_{ij(i\neq j)} \boldsymbol{F}_{ij} = \frac{\mathrm{d}^2}{\mathrm{d}t^2}\sum_i m_i \boldsymbol{r}_i \tag{2.21}$$

上式左边第一项是质点系的外力合力 $\boldsymbol{F}^{(e)}$，根据牛顿第三定律，每对 $\boldsymbol{F}_{ij} + \boldsymbol{F}_{ji}$ 都等于零，因此第二项等于零。为了方便，定义矢量 $\boldsymbol{R}$，即

$$\boldsymbol{R} = \frac{\sum m_i \boldsymbol{r}_i}{\sum m_i} = \frac{\sum m_i \boldsymbol{r}_i}{M} \tag{2.22}$$

矢量 $\boldsymbol{R}$ 确定了一点，称为系统的质心，公式(2.21)可化为

$$M\frac{\mathrm{d}^2 \boldsymbol{R}}{\mathrm{d}t^2} = \sum_i \boldsymbol{F}_i^{(e)} = \boldsymbol{F}^{(e)} \tag{2.23}$$

质心的物理意义很清楚，它就像外力的合力作用在集中于质心的系统总质量上一样运动。系统的总动量可写为

$$\boldsymbol{p} = \sum m_i \frac{\mathrm{d}\boldsymbol{r}_i}{\mathrm{d}t} = M\frac{\mathrm{d}\boldsymbol{R}}{\mathrm{d}t} \tag{2.24}$$

方程(2.24)称为质心运动方程，能重新表述为**质点系的动量守恒定理：如果外力的合力为零，则总动量守恒。**

用矢量 r_i 叉乘方程(2.20)两边并求和，得

$$\sum_i \boldsymbol{r}_i \times \boldsymbol{F}_i^{(e)} + \sum_{ij(i\neq j)} \boldsymbol{r}_i \times \boldsymbol{F}_{ij} = \sum_i \boldsymbol{r}_i \times \frac{\mathrm{d}^2 m_i \boldsymbol{r}_i}{\mathrm{d}t^2} \tag{2.25}$$

用牛顿第三定律，可消去上式右边第二项，而左边可变化为

$$\begin{aligned}\sum_i \boldsymbol{r}_i \times \frac{\mathrm{d}^2 m_i \boldsymbol{r}_i}{\mathrm{d}t^2} &= \frac{\mathrm{d}}{\mathrm{d}t}\sum_i\left(\boldsymbol{r}_i \times m_i\frac{\mathrm{d}\boldsymbol{r}_i}{\mathrm{d}t}\right) - \sum_i\left(m_i\frac{\mathrm{d}\boldsymbol{r}_i}{\mathrm{d}t}\times\frac{\mathrm{d}\boldsymbol{r}_i}{\mathrm{d}t}\right)\\ &= \frac{\mathrm{d}}{\mathrm{d}t}\sum_i(\boldsymbol{r}_i \times m_i \boldsymbol{v}_i) = \frac{\mathrm{d}}{\mathrm{d}t}\sum_i(\boldsymbol{r}_i \times \boldsymbol{p}_i) = \frac{\mathrm{d}\boldsymbol{L}}{\mathrm{d}t}\end{aligned} \tag{2.26}$$

定义总力矩 $\boldsymbol{N}^{(e)}$ 为

$$\boldsymbol{N}^{(e)} = \sum_i \boldsymbol{r}_i \times \boldsymbol{F}_i^{(e)}$$

并利用公式(2.26),方程(2.25)变为

$$\boldsymbol{N}^{(e)} = \frac{\mathrm{d}\boldsymbol{L}}{\mathrm{d}t} \tag{2.27}$$

方程(2.27)给出总角动量守恒定理,即

质点系总角动量守恒定理:如果质点系所受的外力矩为零,则总角动量 $\boldsymbol{L}$ 守恒。

根据质点的动能定理(2.15),质点系中每个质点都有

$$\mathrm{d}T_i = \mathrm{d}\left(\frac{1}{2}m_i v_i^2\right) = \boldsymbol{F}_i^{(e)} \cdot \mathrm{d}\boldsymbol{r}_i + \boldsymbol{F}_i \cdot \mathrm{d}\boldsymbol{r}_i$$

对质点系而言,就是对 i 求和,得质点系总动能

$$\mathrm{d}T = \sum_i \mathrm{d}T_i = \mathrm{d}\sum_i \left(\frac{1}{2}m_i v_i^2\right) = \sum_i \boldsymbol{F}_i^{(e)} \cdot \mathrm{d}\boldsymbol{r}_i + \sum_i \boldsymbol{F}_i \cdot \mathrm{d}\boldsymbol{r}_i \tag{2.28}$$

方程(2.28)称为质点系动能定理。在公式(2.28)中,最后一项为内力所做的功,一般不能相互抵消。但是,如果质点系可视为刚体时,由于刚体中任意两点之间的距离总是保持不变,内力所做的功为零。方程(2.28)给出质点系能量守恒定理,即

质点系的能量守恒定理:如果作用于质点系的力(内力和外力)都是保守力,则质点系的总机械能守恒。

如果外力或内力中有非保守力,则质点系机械能不再守恒,特别是内力为耗散力时,遵守热力学定律,下一节中我们专门论述。

2.1.2 物质运动的微观基础

物质运动的微观规律是人类探索自然奥秘的一个重要基础问题。各种物质是由分子构成的,如果把单个分子再分割,其性质就会发生明显的变化,这表明物质的微观结构并不是物质宏观结构的简单缩小,物质的运动规律也不能从宏观世界的规律直接推广到微观世界的规律。

科学的发展弄清了物质是由原子组成的,原子是由原子核和在核外运动的电子组成的,原子核又是由若干个质子和中子组成的。电子、光子、质子、中子是人们最早认识的一批粒子,这些粒子连同后来发现的粒子,如介子、中微子等,称为基本粒子。基本粒子的运动性质有其特有的特点,主要表现在如下方面[2]:

1)基本粒子都具有量子性;

2)基本粒子运动是相对论性的;

3）基本粒子之间可以相互转化，粒子数目是可变的。

量子性和相对论性要求物质微观的运动规律的描述必须在量子力学和相对论的基础上。粒子数可变，即自由度数是可变的，自由度数可变要求理论描述应该以具有无穷多自由度的系统即“场”为基础。能同时体现这三个方面特点的是相对论性量子场论，即描述物质运动的微观规律的理论就是相对论性量子场论。

1. 基本粒子的运动性质

全同性是基本粒子的一个普遍性质，基本粒子分别有自己的内禀属性。属于同种粒子的内禀属性完全相同，它们不可分辨，而且，这些内禀属性不随粒子的来源、运动状态而改变，是区别粒子种类的依据。粒子几个最重要的内禀属性如下所述。

（1）粒子的质量

具有能量 E，动量 p，静止质量 m，按照相对论，对以速度 v 自由运动的粒子，有

$$E = \frac{m}{\sqrt{1-v^2}},\ p = \frac{mv}{\sqrt{1-v^2}},\ E^2 - p^2 = m^2 \tag{2.29}$$

粒子的质量都是指静止质量，实验测得的粒子质量值都换算到静止质量。实验上测量获得的粒子质量并不是一个确定的值，而是有一定分布。最早发现的几个粒子质量如下：

光子：$m < 3 \times 10^{-33}$ MeV

电子：$m = (0.510\,999\,06 \pm 0.000\,000\,15)$ MeV

μ 子：$m = (105.658\,39 \pm 0.000\,06)$ MeV

质子：$m = (938.272\,31 \pm 0.000\,28)$ MeV

（2）粒子的寿命

已经发现的基本粒子，绝大部分是不稳定的，即经过一定时间，自由存在的粒子就会衰变为其他粒子。粒子产生后到衰变为其他粒子前存在的时间就定义为该粒子的寿命。按照粒子寿命的定义，每次测得的寿命值都不同，因此，通常取大量粒子寿命的平均值，并且都是指粒子静止时的寿命，即扣除了运动时钟的相对论延缓效应的结果。粒子的寿命就是指粒子静止时的平均寿命。几个常见的粒子寿命 τ 如下：

光子：$\tau = \infty$

电子：$\tau > 2 \times 10^{22}$ 年

μ 子：$\tau = (2.197\,03 \pm 0.000\,04) \times 10^{-8}$ s

中子：$\tau = (896 \pm 10)$ s

质子：$\tau > 2 \times 10^{32}$ 年

可以衰变的粒子寿命从宏观上看都是极端的短,但是衡量基本粒子寿命的长短应该用微观的标准。如果粒子的寿命长于 10^{-20} s,就是长寿了,即属于稳定粒子。

(3) 粒子的电荷

电荷是在一切相互作用下都守恒的一个守恒量,同时也是电磁相互作用荷。基本粒子的电荷是量子化的,也就是说粒子的电荷都是最小单位电荷的整数倍。电荷的最小单位是质子的电荷。

$$e = (1.602\,177\,33 \pm 0.000\,000\,49) \times 10^{-19}\ \mathrm{C}$$

1931 年 Dirac 提出,量子理论中存在磁单极,磁单极的磁荷 g 和粒子的电荷 q 满足关系

$$qg = n/2,\text{其中 } n = 0,\ 1,\ 2,\ \cdots$$

理论上就要求电荷一定量子化。虽然到目前为止,实验上还没有确定磁单极的存在,但是电荷量子化也是一个实验规律,例如中子的电荷是电子的电荷 q_e 和质子的电荷 q_p 代数和,实验测试结果:

$$\frac{|q_p| - |q_e|}{|q_e|} < 10^{-21} \tag{2.30}$$

这在很高实验精度下验证了电荷量子化规律。

(4) 粒子的自旋

自旋与质量、电荷一样,是基本粒子的内禀性质,一切粒子都有自旋,而且自旋是量子化的,取值

$$j = 0,\ 1/2,\ 1,\ 3/2,\ 2,\ \cdots$$

自旋实际上就是描述粒子角动量特征的一个量子数,其物理意义并不能简单理解为与转动相关,它是粒子的内禀属性。一切粒子按其自旋取值,可分为两类,即费米子和玻色子:

$$\text{费米子}: j = 1/2,\ 3/2,\ 5/2,\ 7/2,\ \cdots$$

$$\text{玻色子}: j = 1,\ 2,\ 3,\ 4,\ \cdots$$

常见粒子的自旋如表 2.1 所示。

表 2.1　常见粒子的自旋

粒子	光子	电子	μ 子	π 介子	质子	中子
自旋	1	1/2	1/2	0	1/2	1/2

(5) 粒子的磁矩

每种粒子都有内禀磁矩,粒子磁矩是指它的自旋磁矩 $\boldsymbol{\mu}$,它是一个矢量,一般

以粒子自旋方向为标准：与自旋同向为正值，反之为负值。与粒子的自旋满足下列关系

$$\boldsymbol{\mu} = g\frac{e}{2m}\boldsymbol{S} \tag{2.31}$$

其中，e 是粒子的电荷；m 是粒子的质量；g 是一个数值因子，称为 g 因子。对自旋量子数为1/2的粒子，$g = 2$；对自旋量子数为1的粒子，$g = 1$。一般有 $g = 1/s$（s 为粒子的自旋取值）。粒子自旋为零，磁矩也为零。自旋不为零的粒子磁矩通过上式计算获得，也可以通过实验测量。实验精确测定粒子的磁矩并不与计算值完全相符，即使是电荷中性的粒子也有可能具有不为零的磁矩，粒子磁矩的偏离部分称为反常磁矩。

粒子的反常磁矩的可能物理来源有两方面：

1）量子电动力学的辐射修正。粒子即使是“点粒子”，带电粒子自己产生的电磁场对自己的作用，使自旋磁矩有了微小变化。这种微小变化可以用量子电动力学来精确计算，这种辐射修正导致反常磁矩的出现。

2）粒子的内部结构的影响。基本粒子并不是最基本的，它也有内部结构。现在理论认为，质子和中子都是由一种称为夸克的更小的粒子组成。夸克的质量大体上是质子的1/3，夸克的电荷是质子电荷的2/3或负1/3。量子场论认为质子或中子是由三个夸克组成的，自然带来较大的反常磁矩。

几种常见的粒子磁矩为

电子磁矩：$(1.001\,159\,652\,193 \pm 0.000\,000\,000\,010)e/2m_e$

μ 子磁矩：$(1.001\,165\,923 \pm 0.000\,000\,008)e/2m_\mu$

质子磁矩：$(2.792\,847\,386 \pm 0.000\,000\,000\,63)e/2m_p$

中子磁矩：$(-1.913\,042\,75 \pm 0.000\,000\,45)e/2m_p$

2. 基本粒子的相互作用

量子场论是描述粒子相互作用的理论。在量子场论中，每一种基本粒子对应一种场，场具有可入性，各种粒子的场在空间互相重叠充满全空间，如表2.2所示。

表 2.2 基本粒子与场对应

粒子	光子	电子	μ 子	π 介子	质子	中子
场	电磁场	电子场	μ 子场	π 介子场	质子场	中子场

场的能量处于最低状态称为基态，场的能量处于激发状态表现为出现场对应的粒子，不同的激发状态对应为粒子的数目和运动状态不同。在场和粒子之间，场是更基础的，粒子只是场处于激发态的表现。场本身也是物质存在的一种形式，也

有质量、能量、动量、角动量等。场一般用复数描写，互为复共轭的两个激发态对应为粒子和反粒子。如电子场的一个激发态表现为一个电子，与其复共轭的激发态对应于一个能量、动量等相同的正电子（即带正电荷的电子）。

粒子之间的相互作用，亦即自然界存在四种基本的相互作用：万有引力、电磁力、强相互作用和弱相互作用。这些相互作用的强度都是随相互作用距离的增加而减弱。在宏观上能显示其作用的只有引力和电磁力。强相互作用和弱相互作用只在微观世界起作用，例如将质子凝聚在很小空间的原子核里，就是强相互作用力在起作用，设想一下，如果没有强相互作用力，原子核里质子就会在库仑力的作用下分裂；而放射性原子核的衰变就是弱相互作用的结果。引力和电磁力随着作用距离的平方成反比减小，属于长程力；强相互作用力和弱相互作用力则随着作用距离更快地减小，称作短程力。相互作用的有效作用范围，称为力程 L，它能够用该作用的势 $V(r)$ 来表达：

$$L = \lim_{R\to\infty} \frac{\int_0^R V(r) r^2 \mathrm{d}r}{\int_0^R V(r) r \mathrm{d}r} \tag{2.32}$$

相互作用的传递需要媒介，这个媒介就是场，把场量子化，就称为媒介粒子。例如，电磁相互作用是通过电磁场，电磁场的量子化就是光子，即光子是电磁力传递的媒介粒子。质子是一个能够同时参与四种相互作用的典型粒子，两个质子间的四种相互作用的比较如表 2.3 所示。

表 2.3　两个质子间的四种相互作用的比较

	强 作 用	电磁作用	弱 作 用	引力作用
力程/m	10^{-15}	∞	10^{-16}	∞
宏观显示	无	有	无	有
作用强度 $V(r)$	0.15	0.007 3	6.34×10^{-10}	6.34×10^{-40}
媒介粒子	介子，胶子	光子	W^+, W^-, Z^0粒子	引力子
自旋	0,1	1	1	2

寻求四种力的统一，是科学工作者正在努力完成的工作，其发展历程如图 2.1 所示。近年来，在弱作用和电磁作用的统一，已经取得成功。弱电统一的成就进一步促进了强、电、弱三种作用统一起来的研究。

3. 基本粒子的对称性和守恒定律

守恒量是对称性在物理量上的表现。守恒定律与物理学运动规律在某个变换下的不变性有紧密的关系。这种关系可以用 Nöther 定理表述。

Nöther 定理：如果运动规律在某一不明显依赖于时间的变换下具有不变性，必

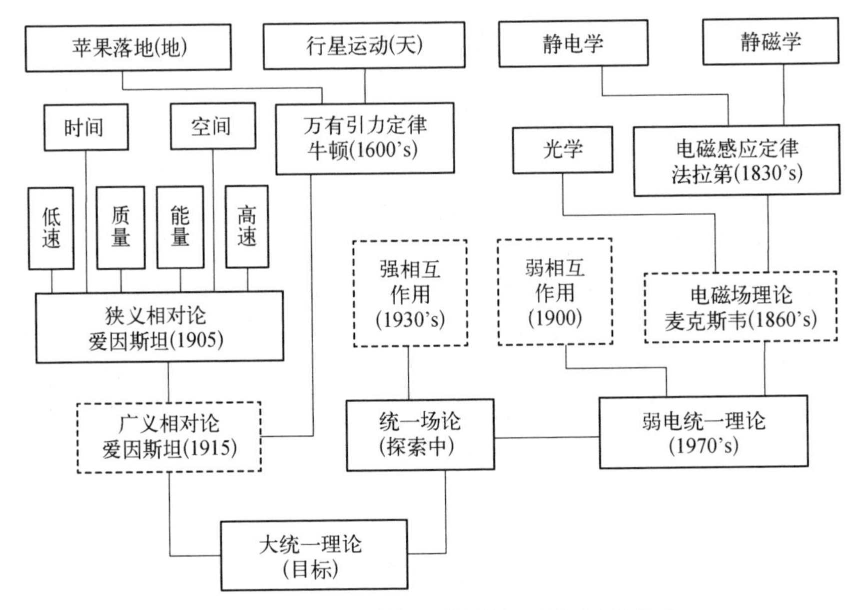

图 2.1 自然界四种相互作用统一理论发展历程

相应存在一个守恒定律。

在经典范围,一个质点组的运动规律可以通过变分原理表示

$$\delta s = \int \delta L(q_i, \dot{q}_i)\,\mathrm{d}t = 0 \tag{2.33}$$

运动方程为

$$\frac{\partial L}{\partial q_i} = \frac{\mathrm{d}}{\mathrm{d}t}\left(\frac{\partial L}{\partial \dot{q}_i}\right) \tag{2.34}$$

用一个连续参量 ξ 来描写某一不依赖于时间的连续变换,并直接作用于广义坐标 q_i,那么,运动规律的不变性为

$$\delta s = \int \sum_i \left(\frac{\partial L}{\partial q_i}\frac{\partial q_i}{\partial \xi} + \frac{\partial L}{\partial \dot{q}_i}\frac{\partial \dot{q}_i}{\partial \xi}\right)\delta\xi\mathrm{d}t = \int \frac{\mathrm{d}}{\mathrm{d}t}\sum_i \left(\frac{\partial L}{\partial \dot{q}_i}\frac{\partial q_i}{\partial \xi}\right)\delta\xi\mathrm{d}t = 0 \tag{2.35}$$

因为等式对 ξ 的任意变分都是成立的,要求

$$\frac{\mathrm{d}}{\mathrm{d}t}\sum_i \left[\frac{\partial L}{\partial \dot{q}_i}\frac{\partial q_i}{\partial \xi}\right] = 0 \tag{2.36}$$

即力学量

$$\boldsymbol{F} = \sum_i \left[\frac{\partial L}{\partial \dot{q}_i}\frac{\partial q_i}{\partial \xi}\right] \tag{2.37}$$

是一个守恒量，Nöther 定理在确定存在一个守恒定律的同时，也把这个守恒量也具体地确定出来了。

如果连续变换依赖于时间 t，并直接作用于时间 t，这时

$$\delta s = \int \sum_i \left(\frac{\partial L}{\partial q_i}\delta q_i + \frac{\partial L}{\partial \dot{q}_i}\delta \dot{q}_i \right) \mathrm{d}t \tag{2.38}$$

其中，

$$\delta q_i = \frac{\partial q_i}{\partial \xi}\delta \xi$$

考虑变换参量 ξ 随 t 的变化，并且变换是通过 t 施加于 q_i的，因此有

$$\delta \dot{q}_i = \frac{\mathrm{d}}{\mathrm{d}t}\left(\frac{\partial q_i}{\partial \xi}\delta \xi \right) = \frac{\partial \dot{q}_i}{\partial \xi}\delta \xi + \frac{\partial q_i}{\partial \xi}\frac{\mathrm{d}}{\mathrm{d}t}(\delta \xi) \tag{2.39}$$

运动规律的不变性可表示为

$$\delta s = \int \left[\frac{\mathrm{d}L}{\mathrm{d}t}\frac{\partial t}{\partial \xi} + \frac{\mathrm{d}}{\mathrm{d}t}\left(\sum_i \frac{\partial L}{\partial \dot{q}_i}\dot{q}_i \frac{\partial t}{\partial \xi} \right) \right] \delta \xi \mathrm{d}t \tag{2.40}$$

如果是时间原点平移不变性 $t = t' + \xi$，描写变换的参数 ξ 不依赖于时间 t，得到

$$\frac{\partial t}{\partial \xi} = 1$$

即 $\delta s = 0$，守恒定律：

$$\frac{\mathrm{d}H}{\mathrm{d}t} = 0$$

守恒量：

$$H = \sum_i \frac{\partial L}{\partial \dot{q}_i} - \dot{q}_i - L \tag{2.41}$$

H 的物理意义是系统的总能量。如果 H 是系统的广义坐标 q_i和广义动量 p_i的函数，则 H 就是系统的哈密顿量。

4. 量子力学中的 Nöther 定理

在量子力学中，系统的运动规律由哈密顿量 H 表述，并且任意一个不含时间 t 的物理量是守恒量的充要条件是与 H 对易。

连续变换：一般来说，哈密顿量 H 是连续变化的运动参量 ξ 的函数 $H(\xi)$。如果运动规律在这变换下不变，有

$$H(\xi + \mathrm{d}\xi) = H(\xi) \tag{2.42}$$

即

$$\frac{\partial H}{\partial \xi} = 0$$

对任意量子态|>有

$$\frac{\partial}{\partial \xi} H| > = H \frac{\partial}{\partial \xi}| > \tag{2.43}$$

即 ξ 的偏微商算符与哈密度量 H 对易，是一个反厄米算符，本征值不一定是实数。引入

$$p_{\xi} = - i \frac{\partial}{\partial \xi}$$

它是一个厄米算符，与哈密度量 H 对易，因此 p_i 是一个守恒的物理量。

这样就证明了 Nöther 定理：当哈密度量 H 与连续运动参量 ξ 无直接依赖关系时，p_i 是守恒量。

分立变换：在量子力学中，分立变换的不变性导致存在一个守恒量，这类守恒量在经典力学中是不存在的。

如果在分立变换 U 下，系统的哈密顿量 H 不变，即

$$UHU^{-1} = H \tag{2.44}$$

或对任意态|>有

$$UH| > = HU| > \tag{2.45}$$

即 U 和 H 对易，U 本身就是一个守恒量。

根据 Nöther 定理，守恒量可以用运动规律所满足的对称性来分类。对于场和粒子的时空对称性，相应的守恒量称为时空对称性守恒量。例如，时间平移不变性对应能量守恒；空间平移不变性对应动量守恒；空间转动不变性对应角动量守恒；空间反射不变性对应 P 宇称守恒，这些都是时空对称性守恒量。时间反演变换情况，运动规律在时间反演变换不变性，并不表明存在相应的守恒定律和守恒量，因为时间反演变换本身是直接施于时间的。对场和粒子的独立于时空性质的某种变换，称为内部对称性，相应的守恒量称为内部对称性守恒量。例如电荷、粲数、底数、同位旋、奇异数、重子数、轻子数、C 宇称和 G 宇称等都属于内部对称性守恒量。

5. 不可观测量、对称变换和守恒定律

对称性的根源在于某些基本量的不可观测性；称为"不可观测量"。一个对称性原理包含三个方面的互相关联性，即不可观测量的物理假设，相关的数学变换下所蕴含的不变性以及守恒定律或选择定则的物理结果。例如，假设绝对时间是个不可观测量，则在时间平移 $\boldsymbol{t} \rightarrow \boldsymbol{t} + \boldsymbol{\tau}$ 下，物理规律必须不变，这导致能量守恒。表2.4 总结了物理学中用到的一些对称性原理的三个基本方面。[3]

表 2.4　物理学中用到的一些对称性原理

不可观测量	对称性变换	守恒定律或选择定则
全同粒子间的差别	置换	B－E 统计或 F－D 统计
绝对空间位置	空间平移 $\boldsymbol{r} \to \boldsymbol{r} + \Delta$	动量
绝对时间	时间平移 $t \to t + \tau$	能量
绝对空间方向	转动 $\widehat{r} \to \widehat{r}'$	角动量
绝对速度	洛伦兹变换	洛伦兹群的生成元
绝对的左(或绝对的右)	$\boldsymbol{r} \to -\boldsymbol{r}$	宇称
电荷的绝对符号	$e \to -e$ 或 $(\psi \to e^{i\phi}\psi^{+})$	电荷共轭(或正反粒子共轭)宇称
电荷 Q 不同的态之间相对相位	$\psi \to e^{iQ\theta}\psi$	电荷
重子数 N 不同的态之间的相对相位	$\psi \to e^{iN\theta}\psi$	重子数
轻子数 L 不同的态之间的相对相位	$\psi \to e^{iL\theta}\psi$	轻子数
p 和 n 的不同的相干混合态之间的差别	$\begin{pmatrix} p \\ n \end{pmatrix} \to U\begin{pmatrix} p \\ n \end{pmatrix}$	同位旋

2.2　热力学规律

2.2.1　热力学基本概念

热力学是研究热现象的宏观理论,是研究热现象规律及相关物理性质。热力学系统是指热力学所研究的对象,是宏观物体,亦即由大量微观粒子所组成的(粒子总数的量级为 10^{20} 甚至更多),包括气体、液体、固体、液体表面膜、铁电、铁磁、超导体、电池、弹性丝等,其范围极广,甚至还可以是热辐射场。热力学系统有时也简单地称为系统,或物体。提到系统,必然牵涉到它的外部环境,通常称为外界,指可以对系统发生影响的那部分外部环境。

热力学以研究平衡态相关性质为主,平衡态定义为:在没有外界影响的条件下,系统的宏观性质长时间内不发生任何变化的状态。

我们知道热力学系统是由大量微观粒子所组成的宏观物体,但是,热力学把物体看成连续介质,完全忽略它的微观结构。对于平衡态,只需要用少数几个宏观参量就能完全描写,这些宏观参量称为状态参量。

对于简单的系统,例如,对一定质量的气体,只需要用气体的压强(p)和体积(V)就可以完全确定其平衡态;对液体表面膜,用表面张力(σ)与表面积(A);对一根细的弹性丝,用张力(T)与长度(L);等等。如果系统比较复杂,则需要用更多的状态参量。例如对电场中的电介质,还需要增加电场强度($\boldsymbol{E}$)和极化强度($\boldsymbol{P}$);

对磁场中的磁介质,需增加磁场强度（$\boldsymbol{H}$）和磁化强度（$\boldsymbol{M}$）；等等。如果系统由多种化学分子组成(每一种分子称为一种组元),为了表征其成分,需要引入表示每一组元数量的变量,常用的是物质的量、化学势μ。

热力学状态参量可以归纳为四类,即几何参量(如V, A, L),力学参量(如p, σ, T),电磁参量(如$\boldsymbol{E}$, $\boldsymbol{P}$, $\boldsymbol{H}$, $\boldsymbol{M}$),以及化学参量(组元的物质的量,μ)。状态参量都是可以直接测量的宏观量。

状态参量可以分成两类：一类称为广延量X,如物质的量、体积V、内能U与熵S等,它与系统的总质量成正比;另一类称为强度量Y,如压强p、温度T、密度ρ、内能密度u、熵密度s等,代表物质的内在性质,与总质量无关。广延量具有可加性,强度量不可加和具有局域性质。

一些热力学系统的状态参量并不是热力学特有的,如上述提到的参量。热力学中还有一种特有的状态参量,即温度。温度是表征物体冷热程度的物理量,它也是状态函数,在热力学与统计物理学中占有特殊的、标志性的地位,其本质是系统的大量微观粒子无规则运动剧烈程度的表现和量度。确定温度的数值,并规定数值表示的具体规则,称为温标。具体的温标有各种各样的,例如：经验温标,理想气体温标,热力学温标或绝对温标,等等。详细深入的讨论可以参考专门的著作。

热力学中另一个特有的状态参量就是熵(S),它也是状态函数,其量纲是能量被温度除,在国际单位制中,熵的单位是焦/开(J/K)。这表明,热力学过程中吸收的热量直接与系统熵的变化联系着,显示出熵在能量转化中的作用。在微观上,熵代表系统的混乱度(或无序度)。

2.2.2 热力学基本定律

热力学定律是描述物理学中热学现象的规律,包括四个基本定律,即热力学第零定律、热力学第一定律、热力学第二定律和热力学第三定律。[4]

1. 第零定律

如果两个热力学系统中的每一个都与第三个热力学系统处于热平衡,则它们彼此也必定处于热平衡。

热力学第零定律给出了温度的定义,以及温度的测量方法。它为建立温度概念提供了实验基础,说明处在同一热平衡状态下所有的热力学系统都具有一个宏观特征,这一特征是由热平衡系统的状态所决定的一个数值相等的状态函数,这个状态函数就被定义为温度。而温度相等是热平衡的必要条件。

2. 第一定律

热力学第一定律是与内能(internal energy)相联系的,用符号U表示为系统的总能量。内能是广延量(extensive quantity),即内能是可加的。允许某种形式的能量流进或流出系统,例如,对系统施加机械功或者允许热量流入(流出)系统。如果系统的能量发生了变化,必定是对系统做了某种事情,但是,能量是守恒的。能量守恒定律可以表述为：自然界一切物质都具有能量，能量有各种不同的形式，能够从一种形式转化为另一种形式，从一个物体传递给另一个物体，在转化和传递中能量的数量不变。即

$$\mathrm{d}U = \text{đ}Q + \text{đ}W \tag{2.46}$$

上述方程通常称为热力学第一定律(first law of thermodynamics)。其中，$\text{đ}W$ 是对系统所做功的微分，$\text{đ}Q$ 是流入系统热量的微分。做功一般的形式为

$$\text{đ}W = \boldsymbol{Y} \cdot \mathrm{d}\boldsymbol{X}$$

式中，$\boldsymbol{Y}$ 是作用力；$\boldsymbol{X}$ 代表力学广延量，如体积、长度等。一般来说，有许多力学广延量，它们的变化与功有关，如压强做功、弹力做功等。用缩写的矢量记号 $\boldsymbol{Y} \cdot \mathrm{d}\boldsymbol{X}$，表示所有的相关功之和，即 $\boldsymbol{Y}_1 \cdot \mathrm{d}\boldsymbol{X}_1 + \boldsymbol{Y}_2 \cdot \mathrm{d}\boldsymbol{X}_2 + \cdots$。

功和热量是能量转换的两种形式。这两种能量转换（$\text{đ}W$ 或者 $\text{đ}Q$）是与路径或途径有关，因此，$\text{đ}W$ 或者 $\text{đ}Q$ 是不恰当微分(inexact differential)，两个量 $\text{đ}W$ 和 $\text{đ}Q$ 加上一横，表示是不恰当微分。

3. 第二定律

根据热力学第一定律，热现象过程必须满足能量守恒。但是，满足能量守恒的过程是否实际上能够发生呢？例如，热量总是从高温物体传向低温物体，从来不会自动反向传递；尽管反向传递并不违背热力学第一定律。热力学第一定律完全不能回答有关过程方向性的问题，这个问题需要热力学第二定律来解决，第二定律是大量经验的总结与概括。热力学第二定律有多种表述，这些表述都是等价的。例如

开尔文表述：不可能从单一热源吸热使之完全变为有用的功而不产生其他影响。

克劳修斯表述：不可能把热从低温物体传到高温物体而不产生其他影响。

克劳修斯发现热力学系统经历的任意循环过程，吸收的热量与相应热源的温度的比值沿循环回路的积分都满足关系

$$\oint \frac{\text{đ}Q}{T} \leqslant 0 \tag{2.47}$$

其中，等号适用于可逆循环，不等号适用于不可逆循环过程。式(2.47)是热力学第二定律的一种表达形式。如果循环由过程Ⅰ和过程Ⅱ组成，式(2.47)可以改写为

$$\int_{P_0}^{P} \frac{\text{đ}Q_{\mathrm{I}}}{T} + \int_{P}^{P_0} \frac{\text{đ}Q_{\mathrm{II}}}{T} \leqslant 0 \tag{2.48}$$

或

$$S - S_0 \geqslant \int_{P_0}^{P} \frac{\text{đ}Q_{\text{I}}}{T}$$

或

$$\Delta S = S - S_0 \geqslant \int_{P_0}^{P} \frac{\text{đ}Q_{\text{I}}}{T} \tag{2.49}$$

对微小的热力学过程,则为

$$\text{d}S \geqslant \frac{\text{đ}Q}{T} \tag{2.50}$$

或

$$\text{đ}Q \leqslant T\text{d}S \tag{2.51}$$

其中,等号对应可逆过程,不等号对应于不可逆过程。式(2.49)、式(2.50)分别是热力学第二定律的积分和微分数学表达式。

4. 热力学第三定律

无法在低于-273.15℃的温度下变得更冷,这一温度被称为绝对零度。科学家们说,当温度处在这个温度时,就没有温度了。由第二定律可知,需要有温度更低的东西才能使热量转移,所以,在绝对零度,不能让任何东西变得更冷。

热力学第三定律是从低温现象的研究中得到的,它是独立于热力学第一定律和第二定律的另一个基本规律。由于低温实验需要条件,所以第三定律的建立比第一、第二定律晚得多,而且,热力学第三定律的建立不影响以第一、第二定律为核心的热力学理论体系。热力学第三定律是量子效应的宏观表现,必须用量子统计理论才能解释。热力学第三定律有三种不同的表述形式,它们彼此是等价的。

1) 能斯特定理:系统的熵在等温过程中的改变随热力学温度趋于零,即

$$\lim_{T \to 0} (\Delta S)_T = 0$$

其中,$(\Delta S)_T$代表系统在等温过程熵的改变,这个等温过程可以是某个参量(如体积、压强、磁场等)改变引起的,也可以是相变或化学反应引起的。

2) 系统的熵随热力学温度趋于零,即

$$\lim_{T \to 0} S = 0$$

3) 不可能通过有限步骤使物体冷到绝对零度。简称绝对零度不能达到原理,或不可达原理。

如果采用第三种表述形式,那么,热力学第三定律的表述就与第一定律和第二定律在表述上采用了同样的形式,都是说某种事情做不到。特别注意的是不可达原理所说的绝对零度达不到是指“通过有限步骤”不可能使物体温度降到绝对零

度,但并未否定可以无限趋近于绝对零度。近年来所发展的激光冷却、蒸发冷却等原理,已成功地实现了纳开(10^{-9} K)的超低温,相对于 300 K 的室温而言,已降低了 11 个量级。随着科技的发展,只要不是绝对零度,总是有可能使温度再降低。在文献中看见一些提法,如“零温下的系统”,指系统处于量子力学的最低能量状态,即基态;“零温下,费米能级”;“零温相变”,这时热运动消失,量子涨落代替热涨落,也称为量子相变;等等。确切的含义是指 $T \to 0\text{K}$ 的极限情形。

2.2.3　状态函数和热力学势

热力学系统的状态函数,它完全由系统的状态参量确定,状态确定了,状态函数就确定了,它与达到这个状态的过程无关。温度是热力学中引入的第一个状态函数。熵、内能也是状态函数,以后还会引入另外一些状态函数,如焓、自由能、吉布斯函数等。但温度在诸多的状态函数中地位特殊,它是可以直接测量的,而其他一些状态函数不能直接测量,而且温度也经常用作状态参量。

系统平衡态由状态参量描写,某一个特定的热力学系统平衡态的描写需要多少独立状态参量,热力学本身不能回答,这要靠实验。

对一个特定的热力学系统,选不同的独立状态参量来描写,就会对应不同的状态函数,这些状态函数有时称为自由能、或热力学势、或特性函数。下面我们详细讨论这一问题。

为方便,我们考虑 $p-V-T$ 系统,其方法很容易推广到其他系统。

由热力学第一定律

$$\mathrm{d}U = đQ + đW$$

对可逆过程,微功为

$$đW = -p\mathrm{d}V$$

由热力学第二定律,可逆过程的微热量为

$$đQ = T\mathrm{d}S$$

综合上述三式,即得

$$\mathrm{d}U = T\mathrm{d}S - p\mathrm{d}V \tag{2.52}$$

这就是热力学基本微分方程,集中概括了第一、第二定律对可逆过程的全部结果,也是平衡态研究的基础。

基本微分方程(2.52)可以看成是以(S, V)为独立变量的内能的全微分。由 $U = U(S, V)$,其全微分为

$$\mathrm{d}U = \left(\frac{\partial U}{\partial S}\right)_V \mathrm{d}S + \left(\frac{\partial U}{\partial V}\right)_S \mathrm{d}V \tag{2.53}$$

比较式(2.52)和式(2.53),得

$$\left(\frac{\partial U}{\partial S}\right)_V = T \tag{2.54}$$

$$\left(\frac{\partial U}{\partial V}\right)_S = -p \tag{2.55}$$

根据完整微分条件,U 的二阶微商与两次微商的先后次序无关,即

$$\frac{\partial^2 U}{\partial V \partial S} = \frac{\partial^2 U}{\partial S \partial V} \tag{2.56}$$

将式(2.54)与式(2.55)按上式再微商一次,得

$$\left(\frac{\partial p}{\partial S}\right)_V = -\left(\frac{\partial T}{\partial V}\right)_S \tag{2.57}$$

式(2.54)、式(2.55)和式(2.57)称为麦克斯韦关系。

通过对基本微分方程作勒让德变换可以获得其他状态函数,如焓、自由能、吉布斯自由能,这些状态函数也称为热力学势,以及对应的麦克斯韦关系,等等。勒让德变换就是将一对共轭变量的地位交换一下,即恒等式

$$x\mathrm{d}y = \mathrm{d}(xy) - y\mathrm{d}x \tag{2.58}$$

如果我们希望将 T 与 S 这一对共轭变量的地位交换一下,可用勒让德变换

$$T\mathrm{d}S = \mathrm{d}(TS) - S\mathrm{d}T \tag{2.59}$$

代入式(2.52),并整理得

$$\mathrm{d}(U - TS) = -S\mathrm{d}T - p\mathrm{d}V \tag{2.60}$$

或

$$\mathrm{d}F = -S\mathrm{d}T - p\mathrm{d}V \tag{2.61}$$

$$F = U - TS \tag{2.62}$$

F 是一新的状态函数,即 $F = F(T, V)$,称为自由能。于是得到以(T, V)为独立变量的麦克斯韦关系:

$$-\left(\frac{\partial F}{\partial T}\right)_V = S \tag{2.63}$$

$$-\left(\frac{\partial F}{\partial V}\right)_T = p \tag{2.64}$$

$$\left(\frac{\partial S}{\partial V}\right)_T = \left(\frac{\partial p}{\partial T}\right)_V \tag{2.65}$$

类似地,从式(2.52)出发,通过勒让德变换,可得

对$(S, V) \to (S, p)$,有

$$d(U + pV) = dH = TdS + Vdp \tag{2.66}$$

对$(S, V) \to (T, p)$,有

$$d(U - TS + pV) = dG = -SdT + Vdp \tag{2.67}$$

相应的麦克斯韦关系为

$$\left(\frac{\partial T}{\partial p}\right)_S = \left(\frac{\partial V}{\partial S}\right)_p \tag{2.68}$$

$$\left(\frac{\partial S}{\partial p}\right)_T = -\left(\frac{\partial V}{\partial T}\right)_p \tag{2.69}$$

上述,我们引入两个状态函数 H 和 G,分别称为焓和吉布斯自由能。

以 $p-V-T$ 系统为例,表 2.5 列出了独立变量与相应的热力学势(特性函数),以及以相应独立变量为自然变量的热力学基本微分方程。

表 2.5　独立变量、热力学势和热力学基本微分方程

独立变量	热力学势	基本微分方程
(S, V)	$U(S, V)$(内能)	$dU = TdS - pdV$
(S, p)	$H(S, p)$(焓)	$dH = TdS + Vdp$
(T, V)	$F(T, V)$(自由能)	$dF = -SdT - pdV$
(T, p)	$G(T, p)$(吉布斯自由能)	$dG = -SdT + Vdp$

2.3　条件和制约

物质运动形态在转换的过程中,有时需要一定的条件,并且会受到一些规律的约束。例如 H_2和 O_2要通过燃烧才能转化为水,对外放出热量;水通过消耗外部能量,才能再分解转化为 H_2和 O_2;在这些转化过程中,还要遵循能量守恒规律。物质运动形态转换的过程,可分为可逆或不可逆,不可逆过程系统总是要消耗外界能量。物质的稳定形态是能量最小态,例如稳定态,电子占据基态,即能量最低,等等。

2.3.1　力学约束

人们可能从前经典力学基础得到一个印象,力学中的所有问题已经归结为求

解微分方程组(2.20)：

$$m_i \ddot{\vec{r}}_i = \boldsymbol{F}_i^{(e)} + \sum_j \vec{F}_{ij}$$

只要把作用于系统内每个质点上的各种力找到,然后运用数学知识计算出答案。然而,事实并非如此,可能需要考虑限制系统运动的约束。例如,加于质点运动的约束使距离 $\vec{r}_{ij}$ 保持不变的刚体;约束在容器的内部运动的气体分子;只能在表面上或在球外区域内运动的固体球表面的质点。

约束可按多种方式分类,例如,约束按约束方程显含时间(可变约束)或不显含时间(不可变约束)来分类,还可以按完全约束和非完全约束来分类。约束条件可以表示成连接质点坐标(还可以包括时间)的方程,其形式为

$$f(r_1, r_2, r_3, \cdots, t) = 0 \tag{2.70}$$

这些约束就称为完全约束。例如,刚体的约束方程为

$$(r_i - r_j)^2 - c_{ij}^2 = 0$$

完全约束的另一个明显例子是质点被约束在某条曲线或某个曲面上运动的情况,这时的约束方程是确定曲线或曲面的方程。

不能表达成这种等式的约束称为非完全约束。气体容器的器壁就是一种非完全约束。把质点放在球表面上运动的约束也是非完全约束,因为它只能表达成一个不等式

$$r^2 - R^2 \gg 0$$

(式中 R 是球半径),这当然不是式(2.70)那样的等式形式。例如,在重力场中,置于球顶的质点将沿表面滚下一段路程,但是最后将会跌离球面。

约束给力学问题的解带来了两种困难。其一,约束方程使坐标 $\boldsymbol{r}_i$ 相关联,而不再全部独立,运动方程(2.20)也不会完全独立。其二,约束力不是事先给定的,只能根据它们对系统运动的效应来确定。

一个无约束的 N 个质点的系统具有 $3N$ 个独立坐标或自由度。如果存在 k 个式(2.70)形式的完全约束,可以用这些方程来消去 $3N$ 个坐标中的 k 个坐标,仅有 $3N-k$ 个坐标独立,这时就说系统具有 $3N-k$ 个新的独立变量 $q_1, q_2, \cdots, q_{3N-k}$,并把原有的坐标 $r_1, r_2, \cdots r_N$ 用这些新变量表示成如下的方程:

$$\begin{gathered} \boldsymbol{r}_1 = \boldsymbol{r}_1(q_1, q_2, \cdots, q_{3N-k}, t) \\ \vdots \\ \boldsymbol{r}_N = \boldsymbol{r}_N(q_1, q_2, \cdots, q_{3N-k}, t) \end{gathered} \tag{2.71}$$

这些方程包含了式(2.70)的约束,并且是从 $(\boldsymbol{r}_l)$ 变量组转换为 (q_l) 变量组的变换方程。通常认为也能从 (q_l) 组变换回到 $(\boldsymbol{r}_l)$ 组,也就是联立式(2.71)与

(2.70) k 个约束方程,就能反过来得到作为 $(\boldsymbol{r}_l)$ 变量和时间的函数的任何一个 $(\boldsymbol{q}_i)$。

对于非完全约束,约束方程不能用来消去非独立坐标。考虑一个在水平的 $x-y$ 平面上滚动的盘子。约束使得盘子的平面始终位于垂直面内。描述运动的坐标选盘心的 x、y 坐标,绕盘轴的转动角度 φ 以及盘轴与所设 x 轴之间的夹角 θ。由于约束的缘故,盘心速度 $\boldsymbol{v}$ 的大小正比于 φ:

$$v = R\varphi$$

式中,R 是盘子的半径,它的方向垂直于盘轴:

$$\dot{x} = v\sin\theta,\ \dot{y} = -v\cos\theta$$

把这些条件结合起来,即得有关约束的微分方程

$$\begin{aligned} &\mathrm{d}x - a\sin\theta\mathrm{d}\varphi = 0 \\ &\mathrm{d}y + a\cos\theta\mathrm{d}\varphi = 0 \end{aligned} \tag{2.72}$$

式(2.72)是将非完全约束条件,变为一种微分形式的条件,只有在问题解出以后才能把它表达成积分形式。

从一定程度上讲,那些非独立坐标是能够消去的,所以涉及完全约束的问题总可以有一个形式解。但是,并没有处理非完全约束例子的一般方法。正确地说,如果约束是不可积的,则可把约束的微分方程同运动的微分方程一起引入问题,从而能够消去那些非独立方程,非完全约束情况必须个别处理。

对系统施加的约束的整个概念只在宏观的或大尺度问题中才适合。在原子尺度上,不论是系统的内部还是外部,所有物体都同样由受到一定作用力的分子、原子或更小的粒子所组成,约束成了人为的概念并且极少出现。约束仅仅用来作为真实物理情况的数学理想化,或者作为量子力学性质的经典近似。为了克服第二种困难,即约束力不能预先知道的困难,可以用不包含约束力的公式来阐述力学。例如,在一个具有约束的特殊系统(如刚体)内,内力(在这里也就是约束力)所作之功为零,这样就只考虑已知的外力。

2.3.2　熵增加原理

热力学第二定律的核心内容可以用不可逆过程来概括,即自然界一切热现象过程都是不可逆的;不可逆过程所产生的结果,无论用任何方法,都不可能完全恢复原状而不引起其他变化。这一表述与第二定律的所有推论,以及实际观测相符合,并得到验证,它是大量经验的总结与概括。

可逆过程,是每一步都可以在相反的方向进行,而不在外界引起其他变化的过程。当可逆过程反向进行时,系统与外界的状态重演正向进行时的状态,当系统回

到起始态时,系统与外界都恢复了原状。不可逆过程,自然界一切实际发生的热现象过程都是不可逆过程。

不可逆过程具有方向性,例如前面提到的 H_2 和 O_2 要通过燃烧才能转化为水,对外放出热量。这一过程涉及热现象,它是不可逆过程。虽然,水可以通过消耗外部能量,再分解转化为 H_2 和 O_2,回到初态。虽然系统恢复了原状(H_2 和 O_2),但是外界不可能恢复到原状,即需要消耗的外部能量比 H_2 和 O_2 燃烧时放出的热量要多。

总之,一切热现象过程都是不可逆的,不可逆过程的后果是不可磨灭的,这是热力学第二定律关于过程不可逆性最重要的一点。既然不可逆过程的后果无论用任何办法都不能完全恢复原状而不引起其他变化,这就表明不可逆过程的初态与终态一定存在某种特殊关系,找到这种关系,就可能为不可逆过程的方向提供判断的标准。这就是熵增加原理。

熵增加原理是热力学第二定律数学表述的一个重要的推论。将上节的公式(2.49)简单地写成

$$\Delta S \geqslant \int_1^2 \frac{đQ}{T} \tag{2.73}$$

其中,$\Delta S = S_2 - S_1$ 代表从态 1 到态 2 熵的改变。若过程是绝热的,$đQ = 0$,则得

$$\Delta S \geqslant 0 \tag{2.74}$$

其中,等号对应可逆绝热过程;不等号对应不可逆绝热过程。不等式(2.74)可以表述为:系统的熵在绝热过程中永不减少:在可逆绝热过程中不变;在不可逆绝热过程中增加。它的另一表述是:孤立系的熵永不减少。孤立系是除绝热以外,外界对系统也不作功,它比绝热的条件更苛刻些。

熵增加原理提供了判断不可逆过程方向的普遍准则:在绝热或孤立的条件下,不可逆过程只可能向熵增加的方向进行,不可能向熵减少的方向进行。

内能与熵有很大的不同:孤立系的内能不变,但孤立系的熵可以增加。热力学第二定律的发现,与研究内能与其他形式的能量之间相互转化的规律(热功相互转化)密切相关。我们要问:在什么情况下可以从系统获得最大的有用功?

由热力学第一定律:

$$\mathrm{d}U = đQ + đW$$

令 $đW' = -đW$ 代表系统对外界所作的微功,则有

$$đW' = đQ - \mathrm{d}U \tag{2.75}$$

式(2.75)表明:系统对外界所作的微功等于系统从外界所吸收的微热量与系统内能的减少之和。微热量 $đQ$ 与系统的熵的变化 $\mathrm{d}S$ 之间有下列不等式:

$$đQ \leqslant T\mathrm{d}S \tag{2.76}$$

将式(2.76)代入式(2.75)得

$$đW' \leqslant T\mathrm{d}S - \mathrm{d}U \tag{2.77}$$

在 $\mathrm{d}S$ 与 $\mathrm{d}U$ 给定的条件下(即在初、终态给定的情况下),系统对外界所作的最大功,对应上式取等式的情形,即可逆过程,最大功的值为

$$đW'_{\max} = đW'_R = T\mathrm{d}S - \mathrm{d}U \tag{2.78}$$

其中,$đW'_R$ 代表可逆过程系统对外所作的微功,而不可逆过程系统对外界所作的微功 $đW'_I$ 必小于 $đW'_R$,即

$$đW'_I < đW'_R$$

即可逆过程输出的功为最大,这是熵增加原理的推论,称为最大功定理。

2.3.3　热动平衡判据

根据热力学第二定律判断不可逆过程方向的结论,可以推导出判断热力学系统平衡态的普遍准则,即热动平衡判据。热动平衡判据是判断热力学系统是否处于平衡态的普遍准则,它是热力学第二定律关于判断不可逆过程方向的普遍准则的推论。

1. 熵判据

由熵增加原理我们知道:孤立系的熵永不减少。在孤立系中,如果系统开始时不处于平衡态,那么,系统一定会发生变化,其变化向着熵增加的方向进行。当系统的熵增加达到极大值时,系统就不能再变化了,即系统处于稳定。因此,熵为极大对应孤立系统处于平衡态。反之,如果孤立系已经处于平衡态,那么系统的熵必为极大,否则它还可能再发生变化(向着熵增加的方向变化);因此,孤立系的平衡态熵必为极大。总之,熵为极大是孤立系热动平衡的充分与必要条件。

在只有膨胀功的情况下,孤立系的条件可以用内能、体积和总粒子数不变来表达,于是,熵判据可以表达如下:

熵判据:一物体系在内能、体积和总粒子数不变的情形下,对于各种可能的变动,平衡态的熵极大。数学上表述为

$$\begin{cases} \delta S = 0 \\ \delta^2 S < 0 \\ \delta U = 0,\ \delta V = 0,\ \delta N = 0 \end{cases} \tag{2.79}$$

其中,$\delta S = 0$ 为极值的必要条件,无论是极大还是极小都应满足;$\delta^2 S < 0$ 是极大而不是极小的条件;最后一行是附加条件。在数学上,式(2.79)就是多元函数的条件极值问题。

对孤立系统，在热力学意义下，离开平衡态的变动是不可能发生的。这里所述的各种可能的变动是为了考查熵函数是否有极大值，它是一种数学手段。这种变动是假想的，称为虚变动，它与分析力学中的虚功原理所考虑的虚位移在概念上是类似的。为了强调是虚变动，特意用符号“δ”表示微小的改变，以区别于实际上发生变动的微分形式，没有用“d”来表示。如果熵作为状态函数，在孤立系统的约束条件下，对各种可能的变动有若干个极大，那么，其中最大的极大对应稳定平衡，其他较小的极大对应亚稳平衡，亚稳平衡的定义是：对于无限小的变动是稳定的；对于有限的变动是不稳定的。

对热力学系统，原则上，熵判据已经可以解决有关平衡和稳定性的全部问题。因为即使系统不是孤立系统，总可以把与系统发生关系的那部分外界划入到包括系统在内的新的复合系统，使得这个复合系统满足孤立系的条件，就可以应用熵判据。但是从实际应用的角度看，有时用其他判据可能更方便。下面介绍内能判据、自由能判据和吉布斯函数判据。

2. 内能判据

内能判据可以由热力学第一、第二定律推导出来：

$$\mathrm{d}U = đQ + đW$$

和

$$đQ \leqslant T\mathrm{d}S$$

于是得

$$\mathrm{d}U \leqslant T\mathrm{d}S + đW \tag{2.80}$$

假设除膨胀功外没有其他形式的功，当体积不变时，$đW = 0$，于是式(2.80)变为

$$\mathrm{d}U \leqslant T\mathrm{d}S$$

若 S 也不变，则得

$$\mathrm{d}U \leqslant 0 \tag{2.81}$$

在 V、S 和 N 不变的情形下，不可逆变化应向着 $\mathrm{d}U < 0$ 的方向进行。由此得出推论：

内能判据：一物体系在体积、熵和总粒子数不变的条件下，对于各种可能的变动，平衡态的内能极小。数学上表述为

$$\begin{cases} \delta U = 0 \\ \delta^2 U > 0 \\ \delta S = 0,\ \delta V = 0,\ \delta N = 0 \end{cases} \tag{2.82}$$

3. 自由能判据

自由能判据是用自由能判断等温等容过程方向的普遍准则，即在没有非膨胀功的情况下，等温等容过程向着 $\mathrm{d}F<0$ 的方向进行。即自由能极小是等温等容系统热动平衡的充分、必要条件。

自由能判据：一物体系在温度、体积和总粒子数不变的条件下，对于各种可能的变动，平衡态的自由能极小。数学上表述为

$$\begin{cases}\delta F=0\\ \delta^2 F>0\\ \delta T=0,\ \delta V=0,\ \delta N=0\end{cases}\tag{2.83}$$

4. 吉布斯函数判据

吉布斯函数判据：一物体系在温度、压强和总粒子数不变的情形下，对于各种可能的变动，平衡态的吉布斯函数极小。吉布斯函数取条件极值的数学表述为

$$\begin{cases}\delta G=0\\ \delta^2 G>0\\ \delta T=0,\ \delta p=0,\ \delta N=0\end{cases}\tag{2.84}$$

在另外三个热动平衡判据中，内能判据与熵判据类似，其中所涉及的物理量内能、体积、熵和总粒子数都是广延量，具有可加性，即系统的总内能、总体积、总熵和总粒子数都是各部分相应的物理量之和。这在应用上比较方便。相比之下，自由能判据要求温度均匀，因为自由能具有可加性的条件要求；吉布斯函数也是广延量，要求具有可加性的条件，因此吉布斯函数判据要求温度和压强均匀。

参考文献

[1] H.戈德斯坦.经典力学[M].陈为恂，译.2版.北京：科学出版社，1986.
[2] 高崇寿.粒子物理与核物理讲座[M].北京：高等教育出版社，1990.
[3] 李政道.粒子物理和场论[M].上海：上海科学技术出版社，2006.
[4] 林宗涵.热力学与统计物理学[M].北京：北京大学出版社，2007.

第 3 章

光电转换过程的经典描述

3.1 响应函数

光是一种电磁波。人类自出现开始，就一直与光打交道，但有关光的本质，直到 400 多年前才被科学巨匠牛顿与麦克斯韦分别以“微粒说”“波动说”进行了详细探讨，在 100 多年前才被证实是一种电磁波，或称电磁辐射，并成为当前所公论的光具有“波粒二象性”的理论基础，即光既具有粒子性也具有波动性。日常所说的光是指我们人眼能看得见的光，或称可见光，比如我们最熟悉的光——太阳光，它是从太阳表面以目前最快且不变的速度——“光速”传播到宇宙中任何一个角落，而无须任何物质作媒介。当它到达地球表面时，其中能被人眼感知（或探测）的光子即是可见光部分。光在传播过程中，因其电磁场分量（振动方向）始终与其传播方向垂直，所以光是横波。

光的重要特征参数是波长或频率（=光速/波长），也或者说光是一种能量的形态。它通过光量子理论的两个基本方程：光能量 $\epsilon = h\nu = \hbar\omega$ 和光动量 $p = h/\lambda = h\omega/c = \hbar \boldsymbol{k}$（$h$ 为普朗克常数；ν 为光波频率；$\omega = 2\pi\nu$ 为光波角频率；c 为光速；λ 为光波波长），将粒子和波紧密联系在一起。理论上来说，（太阳）光的波长范围是包含了从 0 到无穷大（$+\infty$）数值的集合，只是我们人眼作为“可见光”波段的探测器，只能探测到整个光波长范围里面很小的一部分波长的光，即 0.38～0.76 μm 波长范围（频率上 390～780 THz）的光，这部分波长的光就是我们所说的可见光，见图 3.1。人眼感受到这部分光波（电磁波辐射）的刺激后会引起视觉神经的反应，并能对其中几个特殊波长（或频率）的光产生很灵敏的感知和辨识，并用颜色来标记，如我们经常称呼的紫、蓝、青、绿、黄、橙、红七种颜色。从这个意义上来说，不同波长的光对应的就是不同颜色的光，只是在可见光范围以外（如波长小于 0.38 μm 的紫外波段和大于 0.76 μm 的红外波段）那些一直存在的光所对应的颜色我们人眼看不见而已。那么，对于这些“不可见的光”（颜色），人类为了研究或利用它们，就需要借助一些“类似”人眼的光子设备来捕获/探测它们，这就是我们所说的光探测器，但这些能够被研制出来的探测器也正如人眼一样,在探测波段范围上也存在局限性,即单个探测器往往只能对某一有限范围内的光波长(频率)有响应,而难以实现对整个波长范围内的光信号进行探测。因此,科研人员需要开发、研制能探测不同光波段的各种探测器,以揭示整个光谱范围内不同波长(频率)的光在人类发展过程中能够被人类利用的潜能。

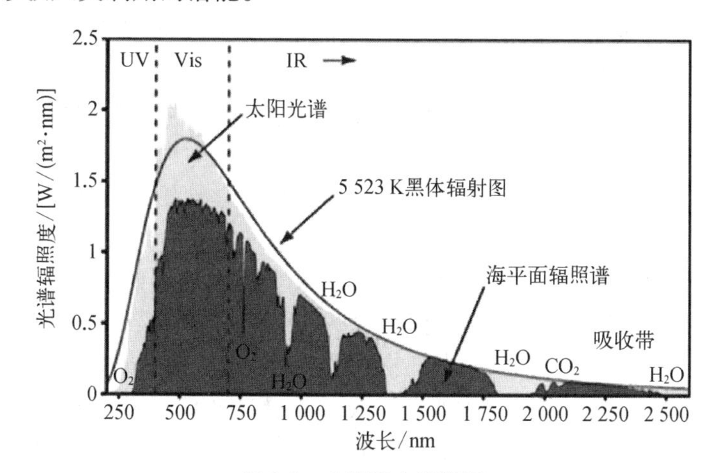

图 3.1 太阳光全光谱图

UV:紫外区;Vis:可见光区;IR:红外区;H_2O:水汽;CO_2:二氧化碳

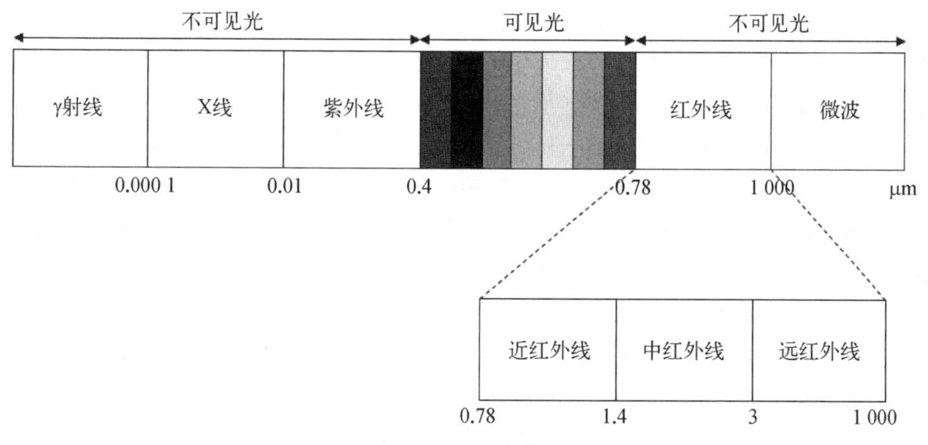

图 3.2 电磁波谱图

根据目前对不同光波范围(或频率)的应用,以及光探测器的发展情况,一般可将整个光谱范围分为若干区域,以可见光为界(图 3.2),它的长波方向是波长范围在微米量级至几十千米的红外区域(如近红外或短波红外/~1.4 μm、中红外/~3 μm、远红外/~400 μm、甚远红外/~1 000 μm)、毫米波(~10 mm)、微波(~1 000 mm)及无线电波(波长最长可达 10^2 km)等;它的短波方向是紫外区域(紫外线/~10 nm)、X 线(~0.1 nm)、γ 射线(~1 pm)及高能射线(波长最短可达

10^{-20} km)等。

既然光是一种能量的形式,那么当光与物质(如固体)表面接触后,除了影响光的传播外,光通常还会被吸收、反射(散射)或透射,其中的一部分被吸收的光就表示物质吸收了光的能量(如转换成电能、热量等)。需要指出的是,经典理论能成功描述光与物质作用后的传播变化,但无法正确描述光被物质吸收甚至导致物质的光发射,这需要量子理论来解决[1]。从能量转换角度而言,这里被吸收的光主要有两种转换形式,如进入物质体内的光是直接与其中的电子发生作用(如光的吸收、动量传递等),引起了电子运动状态的改变,这时物质的电学性质随之也发生改变,这类现象称为光电效应;如进入体内的光不是直接与电子起作用,而是能量被固体晶格振动吸收,引起物质的温度升高,导致其电学性质的改变,这类现象称为热电效应。

需要指出的是,光在波动性方面能够表现出经典波的折射、干涉、衍射等性质,而光的粒子性则表现为和物质相互作用时不像经典的波那样可以传递任意值的能量,光只能传递量子化的能量,即光被物质吸收时(或物质以光的形式发射电磁波时),光是以一份一份的形式被吸收(释放),这就是 100 多年前爱因斯坦提出的"光子"概念。简单地说,就是物质吸收光或发射光的能量是量子化的,这种量子化的单元就是光量子,简称光子。

光子具有能量 $\epsilon(=h\nu)$ 和动量 $p(=h\omega/c)$,是自旋为 1 的玻色子,光子集合服从玻色-爱因斯坦分布,处于同一状态的光子数目没有限制,它是电磁场的量子,是传递电磁相互作用的传播子。原子中的电子在发生能级跃迁时,会发射或吸收能量等于其能级差的光子。正反粒子相遇时发生湮灭,也可转化成为一个或多个光子。光子本身不带电,它的反粒子就是它自己。光子的静止质量为零,在真空中永远以光速 c 运动,而与观察者的运动状态无关。这个光速不变的特殊重要性,是狭义相对论的两个基本原理之一。爱因斯坦基于光量子说解释的光电效应,是他获得 1921 年诺贝尔物理学奖的主要理由。其后,康普顿散射进一步证实了光的粒子性。它表明,不仅在吸收和发射时,而且在弹性碰撞时光也具有粒子性,是既有能量又有动量的粒子。所以说,波粒二象性的光既具有波动性(电磁波),也具有粒子性(光子)。

利用光子的这种特殊波粒二象性,可以通过其与物质(介质)的相互作用,揭示物质(或称光电材料)的光学性质,并结合相关信号解析原理,进一步获得物质的关键物理参数。其中,作为联系物质微观量与宏观可测量的桥梁——介电函数 ε,严格来说,是其复数形式——复介电函数 $\tilde{\boldsymbol{\varepsilon}}$,即材料的响应函数,它在光电材料的光电学性质研究中具有特别重要的意义,它作为一个复数联系介质的折射率 n 和消光系数 k,也就是说它与基本光学常数(n, k)有关,也是与作用光频率相关的函数,这种光学常数与频率的依赖性称为色散关系。因此,在研究物质(介质、光电材料)的光电学性质之前,有必要了解该物理参量——复介电函数 $\tilde{\boldsymbol{\varepsilon}}$ 的物理意义和表达方式[2]。

根据经典电磁场理论,光作为一种电磁波,它在介质中的传播主要由介质的介电常数 ε 和磁导率 μ 所决定,满足麦克斯韦方程组,其普适性形式为

$$\begin{cases} \nabla\times \boldsymbol{E}=-\dfrac{\partial \boldsymbol{B}}{\partial t} & \text{(a)} \\ \nabla\times \boldsymbol{H}=\dfrac{\partial \boldsymbol{D}}{\partial t}+\boldsymbol{j} & \text{(b)} \\ \nabla\cdot \boldsymbol{D}=\boldsymbol{\rho} & \text{(c)} \\ \nabla\cdot \boldsymbol{B}=0 & \text{(d)} \end{cases} \tag{3.1}$$

其中,矢量 $\boldsymbol{E}$、$\boldsymbol{D}$、$\boldsymbol{H}$、$\boldsymbol{B}$ 分别表示电场强度、电位移矢量、磁场强度和磁感应强度;$\boldsymbol{j}$ 表示电流密度矢量;$\boldsymbol{\rho}$ 是电荷密度。对方程 $\nabla\times \boldsymbol{E}=-\dfrac{\partial \boldsymbol{B}}{\partial t}$(3.1a)两边取旋度运算,有 $\nabla\times\nabla\times \boldsymbol{E}=-\dfrac{\partial}{\partial t}\nabla\times \boldsymbol{B}$,利用运算

$$\nabla\times\nabla\times \boldsymbol{E}=\nabla(\nabla\cdot \boldsymbol{E})-\nabla^2\boldsymbol{E} \tag{3.2}$$

以及方程(3.1b):$\nabla\times \boldsymbol{H}=\dfrac{\partial \boldsymbol{D}}{\partial t}+\boldsymbol{j}$ 且考虑 $\boldsymbol{B}=\mu\boldsymbol{H}$、$\boldsymbol{D}=\varepsilon\boldsymbol{E}$、$\boldsymbol{j}=\sigma\boldsymbol{E}+\boldsymbol{j}_s$,可得

$$\nabla(\nabla\cdot \boldsymbol{E})-\nabla^2\boldsymbol{E}=\nabla\times\left(-\mu\frac{\partial \boldsymbol{H}}{\partial t}\right)=-\mu\frac{\partial(\nabla\times \boldsymbol{H})}{\partial t}=-\mu\frac{\partial}{\partial t}\left(\boldsymbol{j}+\frac{\partial \boldsymbol{D}}{\partial t}\right) \tag{3.3}$$

即

$$\nabla^2\boldsymbol{E}-\mu\varepsilon\frac{\partial^2\boldsymbol{E}}{\partial t^2}-\mu\sigma\frac{\partial \boldsymbol{E}}{\partial t}=\frac{1}{\varepsilon}\nabla\cdot\boldsymbol{\rho}+\mu\frac{\partial \boldsymbol{j}_s}{\partial t} \tag{3.4}$$

其中,μ 是磁导率;ε 即是物质的介电常数;上式左边第二项代表波动、第三项阻尼项代表损耗。类似地,结合 $\mu\varepsilon=(n/c)^2$,可得关于磁场的方程

$$\nabla^2\boldsymbol{H}-\frac{n^2}{c^2}\frac{\partial^2\boldsymbol{H}}{\partial t^2}-\mu\sigma\frac{\partial \boldsymbol{H}}{\partial t}=-\nabla\times \boldsymbol{j}_s \tag{3.5}$$

其中,n 为介质折射率;c 是真空中电磁波速度。

在无源场的情况下,$\boldsymbol{j}=0$、$\rho=0$。对于均匀的、各向同性的介质,$\boldsymbol{B}=\mu_0\mu_r\boldsymbol{H}$,$\boldsymbol{D}=\varepsilon_0\varepsilon_r\boldsymbol{E}$,这里 μ_r 是介质的磁导率,ε_r 是介质的相对介电常数;μ_0 是真空磁导率,ε_0 是真空介电常数。考虑介质是一种非铁磁介质,即 $\mu_r=1$。因此,当光波在内部没有场源的、均匀的、各向同性的非磁性介质中传播时,Maxwell 方程组可简化为

$$\begin{cases} \nabla\times \boldsymbol{E} = -\mu_0 \dfrac{\partial \boldsymbol{H}}{\partial t} \\ \nabla\times \boldsymbol{H} = \varepsilon_0\varepsilon_r \dfrac{\partial \boldsymbol{E}}{\partial t} \\ \nabla\cdot \boldsymbol{E} = 0 \\ \nabla\cdot \boldsymbol{H} = 0 \end{cases} \tag{3.6}$$

结合矢量运算公式(3.2)或利用式(3.4)可得

$$\nabla^2\boldsymbol{E} - \mu_0\varepsilon_0\varepsilon_r \frac{\partial^2 E}{\partial t^2} = 0 \tag{3.7}$$

此波动方程的简谐波形式特解为

$$\boldsymbol{E} = \boldsymbol{E}_0\cos(\omega t - \boldsymbol{\kappa}\cdot\boldsymbol{r}) \tag{3.8}$$

写成复数形式为

$$\boldsymbol{E}(x, y, z, t) = \boldsymbol{E}_0\exp[\mathrm{i}(\omega t - \boldsymbol{\kappa}\cdot\boldsymbol{r})] = \boldsymbol{E}_0\mathrm{e}^{-\mathrm{i}\boldsymbol{\kappa}\cdot\boldsymbol{r}}\mathrm{e}^{\mathrm{i}\omega t} = \boldsymbol{E}(r)\mathrm{e}^{\mathrm{i}\omega t} \tag{3.9}$$

式中，ω 表示光波的角频率；$\boldsymbol{\kappa}$ 是波矢，它的方向代表了式(3.8)所表示的平面波的传播方向，κ 的数值满足(3.3)

$$\kappa^2 = \mu_0\varepsilon_0\varepsilon_r\omega^2 \tag{3.10}$$

式中，$\varepsilon_r = n^2$，n 是介质的折射率；$\mu_0\varepsilon_0 = 1/c^2$，这里将常数 $\mu_0 = 4\pi \times 10^{-7}$ $\mathrm{N/A^2}$[(或 T·m/A、W/(A·m)、H/m] 和 $\varepsilon_0 = 8.854 \times 10^{-12}$ F/m 代入其中，可得光速 $c = 2.998 \times 10^8$ m/s。

同样，对于光波的磁场 $\boldsymbol{H}$，也可推导出相应的表达式

$$\boldsymbol{H}(x, y, z, t) = \boldsymbol{H}_0\exp[\mathrm{i}(\omega t - \boldsymbol{\kappa}\cdot\boldsymbol{r})] = \boldsymbol{H}_0\mathrm{e}^{-\mathrm{i}\boldsymbol{\kappa}\cdot\boldsymbol{r}}\mathrm{e}^{\mathrm{i}\omega t} = \boldsymbol{H}(r)\mathrm{e}^{\mathrm{i}\omega t} \tag{3.11}$$

因此，将式(3.9)和式(3.11)代入 Maxwell 方程组，可以得出恒等式：

$$\frac{\partial}{\partial t} \equiv \mathrm{i}\omega,\ \frac{\partial^2}{\partial^2 t} \equiv -\omega^2 \tag{3.12}$$

这样，波动方程的电场表达式(3.7)和磁场表达式(3.5)可分别表示为[4]

$$\nabla^2\boldsymbol{E}(r) + \kappa^2\boldsymbol{E}(r) = 0; \qquad \nabla^2\boldsymbol{H}(r) + \kappa^2\boldsymbol{H}(r) = 0 \tag{3.13}$$

式(3.13)称为 Helmholtz 方程，它们是讨论光在介质中传播的基本方程。严格意义上，其中的参量 κ 满足 $\kappa^2 = \mu_0\mu_r\varepsilon_0\varepsilon_r\omega^2$，只是在考虑非铁磁介质时 $\mu_r = 1$，可以简化为式(3.10)。在直角坐标系(x, y, z)中，$\boldsymbol{E}$ 和 $\boldsymbol{H}$ 的 x, y, z 分量均满足 Helmhotz 方程的标量形式

$$\nabla^2\psi + n^2\kappa_0^2\psi = 0 \tag{3.14}$$

但在柱坐标系中，只有 E_z 和 H_z 才满足上述标量方程，横向电磁场分量 E_r、E_φ、H_r、H_φ 不满足上式。

光在有限大小的介质中传播，或在一个由折射率不同的几种介质所组成的物质中传播时（如光在波导中传播的情况），必须考虑不同介质组成的界面处电磁场应满足的边值关系，这由电动力学理论给出[4]

$$\begin{cases} \boldsymbol{n}\cdot(\boldsymbol{B}_1-\boldsymbol{B}_2)=0 \\ \boldsymbol{n}\cdot(\boldsymbol{D}_1-\boldsymbol{D}_2)=0 \\ \boldsymbol{n}\times(\boldsymbol{E}_1-\boldsymbol{E}_2)=0 \\ \boldsymbol{n}\times(\boldsymbol{H}_1-\boldsymbol{H}_2)=0 \end{cases} \tag{3.15}$$

式中，$\boldsymbol{n}$ 表示界面的法线方向。上述边值关系和 Helmholtz 方程及 Maxwell 方程组构成研究光波导理论的基本出发点。

若要研究光与物质（介质）的相互作用，并揭示物质的光学性质，需要结合上述讨论并对光作用物质后的信号进行解析，以获取物质的关键物理参数。此时，需要考虑联系物质微观量与宏观可测量的桥梁的物理参量——复介电函数 $\tilde{\boldsymbol{\varepsilon}}$，即它与介质基本光学常数$(n,\ k)$有关，是作用光频率的函数。

继续假设在非铁磁介质 $(\mu_r=1)$ 中，满足 Maxwell 方程组的一平面电磁波（光波）与介质相互作用并在其中传播时，在吸收介质中沿 z 方向以速度 $\boldsymbol{v}$ 传播时，其电场矢量可见式(3.9)，或表示为

$$E_x = E_0\exp[\mathrm{i}\omega(t - z/\boldsymbol{v})] \tag{3.16}$$

式中，电磁波的复速度 $\boldsymbol{v}$ 满足 $\boldsymbol{v}^2 = 1/\tilde{\boldsymbol{\varepsilon}}\mu\varepsilon_0\mu_0 = 1/\tilde{\boldsymbol{\varepsilon}}\varepsilon_0\mu_0$。

考虑介质复数折射率 $\tilde{\boldsymbol{n}}$ 的定义，以及其 $(\tilde{\boldsymbol{n}})$ 与复介电函数 $\tilde{\boldsymbol{\varepsilon}}$ 间的关系

$$\begin{cases} \tilde{\boldsymbol{n}}^2 = \tilde{\varepsilon} \\ \tilde{\boldsymbol{n}} = n - \mathrm{i}k = \dfrac{c}{v} \\ \tilde{\boldsymbol{\varepsilon}} = \varepsilon_1 - \mathrm{i}\varepsilon_2 \\ \varepsilon_1 = n^2 - k^2 \\ \varepsilon_2 = 2nk = \dfrac{4\pi\sigma}{\omega} \end{cases} \tag{3.17}$$

式中，ε_1、ε_2 分别是介电函数的实部和虚部；σ 是介质的电导率。光学常数 n、k 分别为介质折射率和消光系数，也是复数折射率 $\tilde{\boldsymbol{n}}$ 的实部和虚部，其中消光系数 k 表示电磁波在介质中传播时的损耗关系。式(3.16)可表示为

$$E_x = E_0 \exp(-\omega k z/c) \exp[i\omega(t - nz/c)] \tag{3.18}$$

该式即可表示一个频率为 $\nu = \omega/2\pi$ 的波，以速度 c/n 传播且遭受衰减或吸收。从介电函数或电学常数可得到光学常数 n 和 k 关系如下：

$$\begin{cases} n = \sqrt{\dfrac{\varepsilon_1 + \sqrt{\varepsilon_1^2 + \varepsilon_2^2}}{2}} = \sqrt{\dfrac{\varepsilon_r\left[1 + \left(1 + \dfrac{\sigma^2}{\omega^2 \varepsilon_r^2 \varepsilon_0^2}\right)^{1/2}\right]}{2}} \\ k = \sqrt{\dfrac{-\varepsilon_1 + \sqrt{\varepsilon_1^2 + \varepsilon_2^2}}{2}} = \sqrt{\dfrac{\varepsilon_r\left[-1 + \left(1 + \dfrac{\sigma^2}{\omega^2 \varepsilon_r^2 \varepsilon_0^2}\right)^{1/2}\right]}{2}} \end{cases} \tag{3.19}$$

而光学常数 n、k 与宏观可测量的反射比 R 和透射比 T 直接相关（光照射介质后可能发生反射、吸收或透射，常用吸收率/A、反射率/R 和透过率/T 来表示，即：$A + R + T = 1$），在 z 处光强度 I 正比于电矢量 $\boldsymbol{E}_x$ 振幅的平方，从式(3.18)有

$$I = I_0 \exp(-2\omega k z/c) = I_0 \exp(-\alpha z) \tag{3.20}$$

上式表示电磁波（光波）在介质（如固体）中传播，强度发生衰减，遵从指数衰减率，光在介质中传播 z 距离后，光强的变化值，该式(3.20)也称朗伯定律，其中：I_0 为 $z = 0$ 处的光强（即入射光进入介质前的强度），α 为介质的吸收系数，有[5]

$$\begin{cases} \alpha = \dfrac{2\omega}{c} k = \dfrac{4\pi}{\lambda} k \\ R = \dfrac{(n-1)^2 + k^2}{(n+1)^2 + k^2} \\ T = \dfrac{(1-R)^2 \exp(-\alpha d)}{1 - R^2 \exp(-2\alpha d)} \end{cases} \tag{3.21}$$

式中，λ 为电磁波波长。式(3.18)~式(3.21)给出了光学常数 n、k（或介电函数 $\tilde{\boldsymbol{\varepsilon}}$）与宏观可测量之间的关系。通过测定 T、R 可获得 n、k 关系，进而获得 $\tilde{\boldsymbol{\varepsilon}}$。一般在半导体介质的透过率测量中，$k^2 \ll n^2$，且 $\exp(2\alpha d) \gg R^2$，因此式(3.21)中透过率 T 可简化为：$T = (1-R)^2 \exp(-\alpha d)$。需要说明的是，在透射测试过程中，只能在一些吸收微弱的材料（即样品厚度只有 $1/\alpha$ 的几倍时）中才能分别确定 n 和 k 值。对于一些吸收性强、光学性质近似于金属的材料而言，就必须测量偏振光的反射或测量相当宽波段的光谱反射率 R、并利用 K－K 变换获得相移值 θ，结合公式：$\tan\theta = -2k/(n^2 + k^2 - 1)$，来求出 n 和 k 值。

从麦克斯韦方程，电磁波在介质中能量损失为 $\dfrac{1}{2}\sigma E_0$，根据量子力学观点，这

一能量损失又为 $w \cdot \hbar\omega = w \cdot h\nu$，$w$ 为单位时间所有可能态之间的跃迁率，因此有

$$\frac{1}{2}\sigma E_0 = w \cdot \hbar\omega \tag{3.22}$$

由于 σ 直接与 ε_2 有关（式 3.16），因此介电函数的虚部 ε_2，或者折射系数与消光系数的乘积 $2nk$，就与物质的微观结构和光与物质相互作用有关，同时又与宏观可测的透射比 T 和反射比 R 有关，介电函数的实部 ε_1 和虚部 ε_2 由 K－K 关系联系。复介电函数 $\tilde{\boldsymbol{\varepsilon}} = \varepsilon_1 - i\varepsilon_2$ 描述了物质对入射辐射电磁场 $E(r)$ 的响应。一般来说，复介电函数 $\tilde{\boldsymbol{\varepsilon}}$ 与频率和波矢有关，但由于辐射场在原子线度中变化很小，波矢依赖性可以忽略，因而 $\tilde{\boldsymbol{\varepsilon}} = \tilde{\boldsymbol{\varepsilon}}(\boldsymbol{\omega})$。对于具有立方对称的晶体，$\varepsilon(\omega)$ 是标量。在常规介电晶体（非铁电体）中，入射光场在低频时与光学声子和自由载流子耦合，随着光子能量上升到本征区，电磁辐射与价带-导带间的电子跃迁相耦合，在很高频率，紫外或 X 线能量范围，电磁辐射与原子实能级到导带间的跃迁相耦合。每一种形式的耦合都对晶体介电函数有所贡献[6]。因此，这种介质的复介电函数 $\tilde{\boldsymbol{\varepsilon}}(\boldsymbol{\omega})$ 的一般形式可写为[7,8]

$$\varepsilon(\omega) = (\varepsilon_\infty + \Delta\varepsilon_{\text{inter}}) + \Delta\varepsilon_{\text{intra}} + (\Delta\varepsilon_{\text{phonon}} + \Delta\varepsilon_{\text{free}}) \tag{3.23a}$$

对于铁电介质而言，考虑其强极化效应，其复介电函数的一般形式可写为[9,10]

$$\varepsilon(\omega) = (\varepsilon_\infty + \Delta\varepsilon_{\text{inter}} + \Delta\varepsilon_{\text{intra}} + \Delta\varepsilon_{\text{phonon}} + \Delta\varepsilon_{\text{free}}) + \Delta\varepsilon_{\text{polar}} \tag{3.23b}$$

其中，ε_∞ 为高频（光频）介电常数，是本征跃迁以上所有带间跃迁的贡献；$\Delta\varepsilon_{\text{inter}}$ 是价带和导带附近带间跃迁的贡献；$\Delta\varepsilon_{\text{intra}}$ 为带内载流子跃迁的贡献；$\Delta\varepsilon_{\text{phonon}}$ 为晶格吸收贡献；$\Delta\varepsilon_{\text{free}}$ 为自由载流子跃迁的贡献，其与 $\Delta\varepsilon_{\text{phonon}}$ 同数量级；$\Delta\varepsilon_{\text{polar}}$ 为铁电介质中极化偶极矩的贡献。一般地，ε_∞ 是一个物质参数，很难获得它与物质内部微观过程关系的具体表达式。

带间跃迁对介电函数虚部贡献为[5]

$$\Delta\varepsilon_{\text{inter}} = \frac{4\hbar^2 e^2}{\pi m^2 \omega^2}\int |e \cdot M_{\text{cv}}|^2 \delta(E_c - E_v - \hbar\omega)\,\mathrm{d}K \tag{3.24}$$

在带间跃迁区域，这一贡献决定了样品的本征吸收，对于窄禁带半导体材料（如小组分碲镉汞样品）来说，这一贡献也将对远红外光谱造成影响[5]。利用该式并结合 Kramers－Kroning 关系，可以计算出带间跃迁对介电函数实部的贡献。

带内跃迁对介电函数的贡献为

$$\Delta\varepsilon_{\text{intra}} = -\frac{ne^2}{\pi m^* c^2}\frac{1}{\omega^2 - i\Gamma_{\text{p}}\omega} \tag{3.25}$$

其中，Γ_{p} 为等离子体振荡的阻尼常数。

晶格吸收对介电函数的贡献为

$$\Delta\varepsilon_{\text{phonon}} = \sum_j \frac{S_j \omega_{TO}^2}{\omega_{TO}^2 - \omega^2 - i\omega\Gamma_j} \tag{3.26}$$

其中，S_j、ω_{TO} 和 Γ_j 分别为第 j 个晶格振动振子的强度、频率和阻尼常数。式(3.21)~式(3.25)给出了介电函数与介质微观量的关系。

对于强极化介质而言，ε_∞ 可以表示为

$$\varepsilon_\infty = 1 + \frac{P_\infty}{\varepsilon_0 E} = 1 + \frac{\varepsilon_0(\varepsilon_\infty - 1)E}{\varepsilon_0 E} = 1 + \frac{n_0(\alpha_e + \alpha_i + \alpha_d)E_e}{\varepsilon_0 E} \tag{3.27}$$

其中，n_0 为单位体积中极化离子数；P_∞ 高频极化强度；α_e 为电子云畸变引起的负电荷中心位移(或电子云位移极化率)贡献；α_i 为离子位移贡献；α_d 为固有电偶极矩曲线作用贡献。设 $E_e \approx E$，上式可近似表示为

$$\varepsilon_\infty = 1 + \frac{n_0(\alpha_e + \alpha_i)}{\varepsilon_0} \tag{3.28}$$

因此，对于晶体介电常数 $\varepsilon(\omega)$，其可推导为

$$\varepsilon(\omega) = \varepsilon_\infty + \frac{\omega_T^2(\varepsilon_s - \varepsilon_\infty)}{\omega_T^2 - \omega^2} \tag{3.29}$$

其中，ω_T 是横波的固有频率；ε_s 为静态相对介电常数。

由此可见，介电函数起到了宏观可测量与微观量之间桥梁的作用。因此，研究材料的介电函数是十分重要的。

那么，K-K 关系是什么，以及它与介质的介电函数及光学常数有何联系？

K-K 关系是处理光学常数的有效工具，就是描述光学量复介电函数的实部和虚部，以及复折射率的实部和虚部(即基本光学常数 n 和 k)作为电磁波的函数时之间存在的内在联系，它是由 Kramers 和 Kroenig 首先独立地研究并发现了这个关系，即凡是由因果关系决定的光学响应函数，其实部和虚部之间并不完全独立，由此可以得出一系列关系式描述光学常数之间的内在联系，这些关系被称为 Kramers-Kroenig 关系，简称 K-K 关系。若复响应函数 $Z(\omega) = Z'(\omega) + iZ''(\omega)$，解析，无穷远处收敛，且 $Z(\omega)$ 的所有极点均在实轴的下方，且对于实的 ω，$Z'(\omega)$ 为偶函数，$Z''(\omega)$ 为基函数，则有 K-K 关系[5,11]

$$\begin{cases} Z'(a) = \dfrac{2}{\pi}\displaystyle\int_0^\infty \frac{\omega Z''(\omega)}{\omega^2 - a^2}\mathrm{d}\omega \\ Z''(a) = -\dfrac{2a}{\pi}\displaystyle\int_0^\infty \frac{Z'(\omega)}{\omega^2 - a^2}\mathrm{d}\omega \end{cases} \tag{3.30}$$

为避免 $\omega \to a$ 时积分发散，常加上一个积分值为零的项，使积分有限

$$\begin{cases} Z'(a) = \dfrac{2}{\pi}\displaystyle\int_0^{\infty} \dfrac{\omega Z''(\omega) - aZ''(a)}{\omega^2 - a^2} d\omega \\ Z''(a) = -\dfrac{2a}{\pi}\displaystyle\int_0^{\infty} \dfrac{Z'(\omega) - Z'(a)}{\omega^2 - a^2} d\omega \end{cases} \tag{3.31}$$

这样，如果某个响应函数的虚部 $Z''(\omega)$ 在全部频率处（或足够宽的频率范围，即在此范围内 $Z'(\omega)$ 和 $Z''(\omega)$ 无明显的色散）的值都已知，就可逐点求出所有频率的实部 $Z'(\omega)$。反之，知道了实部 $Z'(\omega)$ 也可算出其虚部 $Z''(\omega)$。因此，复响应函数 $\tilde{\boldsymbol{\varepsilon}}$ 的实部 ε_1 和虚部 ε_2 满足

$$\begin{cases} \varepsilon_1(a) - 1 = \dfrac{2}{\pi}\displaystyle\int_0^{\infty} \dfrac{\varepsilon_2 \omega}{\omega^2 - a^2} d\omega \\ \varepsilon_2(a) = -\dfrac{2a}{\pi}\displaystyle\int_0^{\infty} \dfrac{\varepsilon_1}{\omega^2 - a^2} d\omega \end{cases} \tag{3.32}$$

此式称为 K－K 关系。因此，获得了 ε_1 谱即可计算 ε_2 谱，反之亦然。

上述与光相互作用的物质（固体）主要是指一类具有电极化能力的功能材料，称为介电材料（又称电介质），当它与光相互作用时，仅考虑了介质与电磁波电分量的相互作用（暂未考虑磁分量影响），这种电分量以介质中正负电荷重心不重合的电极化方式来传递和储存电磁波电分量的作用，即极化，定义上是指在外加电场作用下，构成电介质材料的内部微观粒子，如原子、离子和分子这些微观粒子的正负电荷中心发生分离，并沿着外部电场的方向在一定的范围内做短距离移动，从而形成偶极子的过程。相对介电常数 $\tilde{\boldsymbol{\varepsilon}}$ 正是反映电介质材料在电场作用下极化程度的物理量。极化现象和频率密切相关，在特定的频率范围主要有四种极化机制：电子极化（electronic polarization, 10^{15} Hz），离子极化（ionic polarization, $10^{12} \sim 10^{13}$ Hz），转向极化（orientation polarization, $10^{11} \sim 10^{12}$ Hz）和空间电荷极化（space charge polarization, 10^3 Hz）。这些极化的基本形式又分为位移极化和松弛极化，位移极化是弹性的，不需要消耗时间，也无能量消耗，如电子位移极化和离子位移极化。而松弛极化与质点的热运动密切相关，极化的建立需要消耗一定的时间，也通常伴随有能量的消耗，如电子松弛极化和离子松弛极化[2,6]。

这里提及的暂不考虑介质对电磁波磁分量的影响，是指介质为非磁性介质的情况，其 B 与 H 之比为一个常数，即 μ_r，所以对于非磁性介质，其磁导率 $\mu_r = 1$。然而，对于磁性介质而言，其 B 与 H 的关系是非线性的磁滞回线，μ_r 不是常量，与 H 有关。根据磁性介质内部总磁感应强度和磁化场强度大小比较，可以将磁性介质分为三类：顺磁质 $\mu_r > 1$（磁化率 $\chi_m > 0$）、抗磁质 $0 < \mu_r < 1$（$\chi_m < 0$）和铁磁质 $\mu_r \gg 1$。顺磁体分子的固有磁矩不为零，在无外磁场时，由于热运动而使分子磁

矩的取向作无规分布，宏观上不显示磁性。在外磁场作用下，分子磁矩趋向于与外磁场方向一致的排列，所产生的附加磁场在介质内部与外磁场方向一致，此性质称为顺磁性。在无外磁场时抗磁体分子的固有磁矩为零，外加磁场后，由于电磁感应每个分子感应出与外磁场方向相反的磁矩，所产生的附加磁场在介质内部与外磁场方向相反，此性质称为抗磁性。这两种性质都是弱磁性的表现，而铁磁性是强磁性的表现。

需要指出的是，还有一类特殊介质材料，其磁导率为负数，即$\mu_r < 0$，它们存在一些反常的电磁现象，一般称其为超材料。从文献得知，早在 1968 年，Veselago 从理论上研究了电磁超材料的反常电磁现象[12]，如负折射效应、逆多普勒效应和契伦科夫辐射等。2000 年，Smith 等[13]基于 Pendry[14]所提出的构造单负介电常数介质和单负磁导率介质的思想，在实验室首次人工合成了 X 波段的电磁超材料。2001 年，Shelby 等[15,16]在实验中观察到，X 波段电磁波在通过人工合成介质与空气的交界面时确实发生了负折射现象。但亦有许多研究者对电磁超材料的可实现性提出了质疑，Valanju 等[17]物理学家对 Smith 的实验结果表示异议，认为超材料的存在违反因果定律、能量守恒原理，电磁波群速不可快过光速。2009 年，Munk 指出[18]，某些结构的超材料只能在数学理论上实现，在物理上是不可实现的，并详细分析了吸波材料和隐形材料的物理原理和实现改进方法。

针对超材料，回到式(3.13)，可知，只要$\kappa^2 > 0$，即介质的介电常数和磁导率同时为正数或同时为负数，Helmholtz 方程组就有波动解存在。那么，介电常数和磁导率同时为正数和同时为负数时电磁波的传播规律是否相同呢？这个问题的回答难以从波动方程中找到答案，因为波动方程中介电常数和磁导率是以乘积的形式出现的。因此，必须从导出波动方程的 Maxwell 方程组出发来进行分析，因为 Maxwell 方程组中介电常数和磁导率分处在不同的偏微分方程中。由前述讨论及式(3.1)~(3.13)，在常规介质中，即$\varepsilon > 0$、$\mu > 0$时，电场矢量$\boldsymbol{E}$、磁场矢量$\boldsymbol{H}$和波矢量$\boldsymbol{\kappa}$ $\left(\boldsymbol{\kappa} = \dfrac{2\pi}{\lambda}\right)$三者之间满足右手螺旋关系：

$$v = \left(\frac{\omega}{\boldsymbol{\kappa}}\right) = \frac{1}{\sqrt{\mu\varepsilon}} = \frac{1}{\sqrt{\mu_r\mu_0\varepsilon_r\varepsilon_0}} = \frac{c}{\sqrt{\mu_r\varepsilon_r}} \tag{3.33}$$

其电场强度和磁场强度大小的比例关系取决于介质的波阻抗$\eta = \sqrt{\dfrac{\mu}{\varepsilon}}$。

但是，对于介质磁导率和介电常数满足$\mu < 0$、$\varepsilon < 0$的情况，即令$\mu = \mu_r\mu_0 < 0$、$\varepsilon = \varepsilon_r\varepsilon_0 < 0$，此时$\mu_r$、$\varepsilon_r$都为负数。在这种介质中，式(3.13)仍然成立，但此时的电场矢量$\boldsymbol{E}$、磁场矢量$\boldsymbol{H}$和波矢量$\boldsymbol{\kappa}$三者之间显然不满足右手螺旋关系而是满足左手螺旋关系，即波矢量$\boldsymbol{\kappa}$的方向不是$\boldsymbol{E} \times \boldsymbol{H}$的方向而是$\boldsymbol{H} \times \boldsymbol{E}$的方向，但电磁

波的相速度大小仍然为 $v=\frac{1}{\sqrt{\mu\varepsilon}}$，电场强度和磁场强度大小的比例关系仍取决于介质的波阻抗 $\sqrt{\frac{\mu}{\varepsilon}}$。这种情况下，苏联科学家 Veselago 把这种介质称为左手物质(left-handed material, LHM)，而把常规的介质称为右手物质(right-handed material, RHM)。

电磁波能流密度矢量取决于坡印廷矢量(Poynting vector)的方向 $\boldsymbol{S}=\boldsymbol{E}\times\boldsymbol{H}$。$\boldsymbol{S}$ 始终与 $\boldsymbol{E}$、$\boldsymbol{H}$ 构成右手螺旋关系。在 μ 和 ε 都为负数的介质中，$\boldsymbol{\kappa}$ 和 $\boldsymbol{S}$ 的方向正好相反，即相速与能流的方向相反。因此取波矢 $\boldsymbol{\kappa}=-\omega\sqrt{\mu\varepsilon}<0$，此时介质的折射率 $n=\frac{c}{v}=\frac{c\boldsymbol{\kappa}}{\omega}<0$，为负数，故这种介质也被称为“负折射率物质”。

3.2 基本物理过程

光电转换过程的原理实质上就是光子将能量传递给电子使其运动从而形成电流。具体而言，光子与(固体)物质发生作用后，物质中的电子(或空穴)获得了能量，这些获得能量的载流子(电子和/或空穴)将以什么形式的能量存在或释放，这涉及能量转换的方式(或效应)。从材料或导电类型来分，转换的形式有两种途径，最常见的一种是使用以半导体(如硅)为主要材料的光电转换固体装置(如太阳能电池)，另一种则是使用光敏染料分子来捕获光子的能量，它是染料分子吸收光子能量后将半导体中带负电的电子和带正电的空穴分离，通过正负离子的导电来实现的。

在光与物质发生相互作用的时候，根据被作用物质的导电性，可分为光与金属(或导体)、光与半导体和光与绝缘体等物质的相互作用。这里的导电性主要用电导率标定，通常将电导率 $\sigma>10^5\ \Omega^{-1}\cdot\mathrm{cm}^{-1}$ 的物质称为导体，$\sigma<10^{-10}\ \Omega^{-1}\cdot\mathrm{cm}^{-1}$ 的物质称为绝缘体，$10^{-10}\ \Omega^{-1}\cdot\mathrm{cm}^{-1}<\sigma<10^5\ \Omega^{-1}\cdot\mathrm{cm}^{-1}$ 的物质称为半导体[19]。事实上，物质导电性强弱主要是由其电子能带结构决定的，具体可见图 3.3，对于导体(常见金属)而言，其导带处于半满带而价带是满带状态，导带中的电子(或金属的价电子)可用于导电；对于半导体而言，其价电子填充满价带，在 0 K 下比价带更高一级的能带是无电子填充的导带(导带底和价带顶间的能量差称为带隙)，但在普通光注入或常规热激发下，部分价带电子可以填充至导带而能参与导电；如果这种材料的带隙足够宽，以致一般的光注入或热激发都不能使价带电子填充到导带，而导致导带只能处于空带状态，即为绝缘体(简单来说，绝缘体就是带隙比半导体材料宽得多的材料)。

具体而言，上述光与物质的相互作用可以描述为以下几种情况。

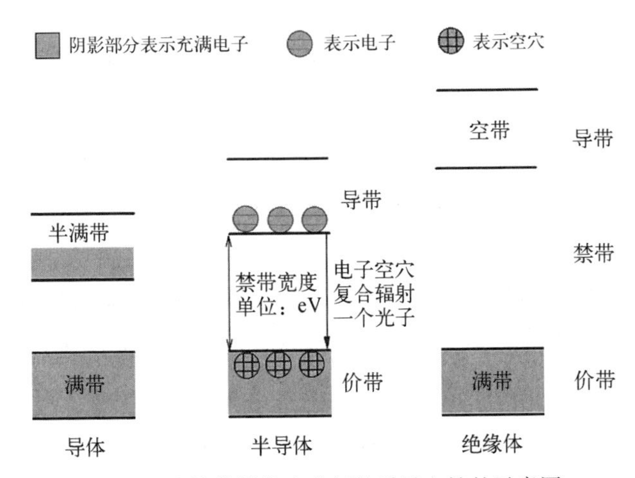

图 3.3　从能带结构来分析物质导电性的示意图

1）光与导体或金属（电导率 $\sigma > 10^5\ \Omega^{-1} \cdot cm^{-1}$）的相互作用。金属中存在大量的电子，它们服从费米分布，其中的自由电子只有当其能量等于或大于金属的表面势垒高度（能量高度 ϕ，或称金属对电子的亲和势能），才能有从金属表面逸出的可能。因此，当光照射到金属表面时，金属中的电子吸收光子能量后被激发到高能态，被激电子向表面运动，在运动过程中因碰撞会损失部分能量，到达表面的电子克服势垒而逸出（即逸出功，是指从费米能级算起至真空能级之间的能量差）。需要指出的是，光子的能量和光的频率成正比，因此，不是任何入射光都能使金属产生电子的发射（或称光电发射），不论光强如何，以及光照时间多长，只有能量大于 ϕ 或频率高于 ν_0（或波长小于 λ_0）的入射光才能使金属产生光电发射，这些参数之间满足以下公式

$$\lambda_0 = \frac{c}{\nu_0} = \frac{hc}{\phi} = \frac{1\,239}{\phi}(\text{nm}) \tag{3.34}$$

其中，h 为普朗克常数；c 为光速。对于大多数金属而言，在满足入射光能量大于 ϕ 的条件下，提高入射光频率，光电发射能力增加。对于金属材料而言，其逸出功越小，光电发射能力也越大。

在分析其光学常数或色散关系时，主要用到 Drude 色散理论，它是基于自由电子气近似得到的，特别适合金属体系，在这种近似下，电子的束缚力为零，因而电子的固有振荡频率也为零。电子之间的相互作用可以理解为碰撞或散射，其大小用阻尼系数 γ 表示，代表相互碰撞的频率，γ 的倒数为电子的平均寿命。因此，对于介电常数 $\tilde{\boldsymbol{\varepsilon}} = \varepsilon_1 - \mathrm{i}\varepsilon_2$ 形式，其实部和虚部分别表示为

$$\varepsilon_1(\omega) = 1 - \frac{\omega_p^2}{\omega^2 + \gamma^2} \tag{3.35a}$$

$$\varepsilon_2(\omega)=\frac{\omega_p^2\gamma}{\omega^3+\gamma^2\omega} \tag{3.35b}$$

其中，$\omega_p\equiv Ne^2/m\varepsilon_0$，$N$ 为单位体积中的自由电子数；m 为自由电子质量；e 为电子电荷。

2）光与半导体（电导率：$10^{-10}\,\Omega^{-1}\cdot\mathrm{cm}^{-1}<\sigma<10^5\,\Omega^{-1}\cdot\mathrm{cm}^{-1}$）的相互作用。半导体的表面势垒高度一般远小于金属的表面势垒高度，因此半导体光电发射的量子效率会远高于金属。当光子入射到半导体中后，半导体中的电子吸收入射光子的能量而被激发到高能态上，这些被激电子在向表面运动过程中受到散射而损失一部分能量，到达表面的电子克服表面势垒高度而逸出。半导体光电发射的过程是体积效应，表面效应虽也存在，但只是引起表面势垒弯曲降低光电逸出功，从而提高光电发射能力。半导体中光发射的物理过程可描述为：半导体中价带上的电子、杂质能级上的电子以及导带上的电子都可以吸收入射光子而跃迁到导带的高能态上。发射的光电子来源于价带（发射中心在价带）的称为本征发射体，来自杂质能级的称为杂质发射体，相较于本征发射体而言，杂质发射体的量子效率要低得多。

与金属相比，半导体一般具有更高的光子吸收系数（金属一般具有更高的光子反射系数），因此，从能量转换角度而言，半导体将光子能量转换成电子能量的效率要高。同时，被激电子在向表面运动过程中，金属因为存在浓度更大的自由电子，光电子受到的电子散射更强，因此，其在很短的运动距离内就可达到热平衡，这样就只有很靠近金属表面的光电子才有可能逸出，也就是说金属的逸出深度较浅，不是很好的光电发射体。

与导体体系相比，在分析半导体体系的光学常数或色散关系时，主要用到Lorentz 色散理论，它是基于阻尼谐振子近似得到的，除了半导体体系，也适合绝缘体介质体系，在这种近似下，为简单起见，所考察对象为均匀、各向同性的固体，在一级近似下，光与物质的相互作用，也就是固体对光的响应可以看成是阻尼谐振子体系在入射光作用下的受迫振荡。对于介电常数 $\tilde{\boldsymbol{\varepsilon}}=\varepsilon_1-\mathrm{i}\varepsilon_2$ 形式，其实部和虚部分别可表示为

$$\varepsilon_1(\omega)=1+\frac{\omega_p^2(\omega_0^2-\omega^2)}{(\omega_0^2-\omega^2)^2+\omega^2\gamma^2} \tag{3.36a}$$

$$\varepsilon_2(\omega)=\frac{\omega_p^2\gamma\omega}{(\omega_0^2-\omega^2)^2+\omega^2\gamma^2} \tag{3.36b}$$

其中，$\omega_p\equiv Ne^{*2}/m\varepsilon_0$ 为等离子体频率，N 为单位体积中的有效谐振子数；m 为谐振子质量；e^* 为谐振子有效电荷。

3）光与绝缘体（带隙远远大于半导体，其电导率 $\sigma<10^{-10}\,\Omega^{-1}\cdot\mathrm{cm}^{-1}$）的相互

作用。从电子能级结构角度而言,绝缘体就是带隙比半导体大得多且导带电子为空而价带电子为满的物质,因而其体内能被普通光子激活的准自由电子极少,难以导电。那么,大部分光子(主要是指能量小于绝缘体带隙的光子)在入射绝缘体时,如果不考虑晶格振动、表面及杂质散射等因素,理论上都是透过的,也就是几乎不存在光子被吸收而发生光电能量转换的过程。该体系的介电常数 $\tilde{\boldsymbol{\varepsilon}}$ 表达式可以借助半导体体系的 Lorentz 模型表示。

从光与物质发生相互作用后产生的可测试光学现象,可以存在电磁波的吸收/透射、反射、拉曼、荧光、光放大(激光)等过程,具体描述为[20]:

1) 吸收/透射:光波在导电介质中传播时具有衰减现象,即产生光波的吸收,它主要适用于透明或吸收系数较小的波段,可直接测量与某一微观特征吸收过程相联系的消光系数谱 $k(\omega)$,其过程可描述为:光波在进入介质后并“向前”传播时,在射出介质的一面产生了部分强度(或光子数)的损耗,这些被损耗的光子即被介质吸收了,介质吸收的能量转为介质中电子(载流子)态的能量增加(如发生向高能级的跃迁)。研究在不同波长下介质对光波的损耗强度依赖关系即为吸收光谱(或透射光谱),有比较著名的朗伯定律,具体详见 3.1 节或公式(3.4)、式(3.18)、式(3.20)和式(3.21)。

一般地,根据光波(电磁波)频率的大小而言,介质对电磁波的吸收原理不同。对于电磁波频率(光子本征能量)较小的,或称为红外光子,其主要是发生分子的振动-转动吸收,也就是当样品受到频率连续变化的红外光照射时,分子吸收了某些频率的辐射,并由其振动或转动运动引起偶极矩的净变化,产生分子振动和转动能级从基态到激发态的跃迁,使相应于这些吸收区域的透射光强度减弱。记录红外光的百分透射比 T 与波数(ν,单位 cm^{-1})或波长(λ,单位 μm)关系曲线(波长的倒数即波数),就得到红外透射光谱:

$$T = \frac{I_t}{I_0} \times 100\% \tag{3.37}$$

其中,I_t 为透过介质的光强度;I_0 为入射光的强度。需要指出的是,透射光谱可以直观地看出样品对电磁波的吸收情况,但透射光谱的透过率与样品的质量不成正比关系,不能用于定量分析,而其对应的吸光度光谱的吸光度值(或吸收系数谱)在一定范围内与样品的厚度和吸收介质的浓度成正比关系,因此,在某些情况下,可将透射率光谱转换成介质的吸光度谱

$$A = \lg \frac{I_t}{I_0} = \lg \frac{1}{T} = -\lg T \tag{3.38}$$

在已知样品精确厚度 d 值(或浓度值)的情况下,由 $\alpha = A/d$ 可算出其吸收系数谱(单位:cm^{-1})。

如前所述，红外光谱在可见光区和微波光区之间，根据仪器技术和应用不同，红外光可分为近红外区(0.75~2.5 μm)、中红外区(2.5~25 μm)、远红外区(25~1 000 μm)。远红外区(25~1 000 μm)：该区的吸收带主要是由气体分子中的纯转动跃迁振动-转动跃迁、液体和固体中重原子的伸缩振动、某些变角振动、骨架振动以及晶体中的晶格振动所引起的。由于低频骨架振动能很灵敏地反映出结构变化，所以对异构体的研究特别方便。此外，还能用于金属有机化合物(包括络合物)、氢键、吸附现象的研究。但由于该光区能量弱，除非其他波长区间内没有合适的分析谱带，一般不在此范围内进行分析。中红外区(2.5~25 μm)：绝大多数有机化合物和无机离子的基频吸收带出现在该光区。由于基频振动是红外光谱中吸收最强的振动，所以该区最适于进行红外光谱的定性和定量分析。近红外区(0.75~2.5 μm)：近红外区的吸收带主要是由低能电子跃迁、含氢原子团(如O—H、N—H、C—H)伸缩振动的倍频吸收等产生的。该区的光谱可用来研究稀土和其他过渡金属离子的化合物，并适用于水、醇、某些高分子化合物以及含氢原子团化合物的定量分析。

当电磁波频率向可见光波段移动时，其单个光子能量增加，在与介质作用时，介质中存在的电子可以发生跃迁。以半导体材料为例，其价带中的电子吸收入射电磁波-光子能量后发生跃迁进入导带。电子从低能带跃迁到高能带的吸收，相当于原子中的电子从壳层内更靠近核的能级上跃迁到离核远点的能级上发生吸收。其区别在于：原子中的能级是不连续的，两能级间的能量差是定值，因而电子的跃迁只能吸收一定能量的光子，出现的是吸收线；而在晶体介质中，与原子能级相当的是一个由很多能级组成，实际上是连续的能带，因而光吸收表现出的是连续的吸收带。

我们知道，理想半导体在绝对零度时价带是完全被电子占据的，因此价带中的电子不可能被激发到更高的能级。唯一可能的是吸收足够能量的光子使电子激发，越过禁带跃迁入空的导带，而在价带中留下一个空穴，形成电子-空穴对。这种由于电子在带-带之间的跃迁形成的光子吸收过程称为本征吸收。显然，要发生本征吸收，光子能量 $h\nu$ 必须大于或等于禁带宽度 E_g，即 $h\nu \geqslant E_g$。$h\nu$ 是能够引起本征吸收的最低限度光子能量。当光子频率低于 ν 或波长大于 λ [式(3.31)]时，不可能产生本征吸收。

当然，电子吸收光子发生跃迁的过程中，除了能量必须守恒外，还必须满足动量守恒，即所谓的选择定则，对于半导体，从能带角度出发，光子动量必须满足电子在初态和终态间波矢量规则，即 $\hbar k' - \hbar k =$ 光子动量。

当半导体材料中存在深、浅杂质能级或复合中心时，即使入射光子能量 $h\nu$ 小于禁带宽度 E_g，即 $h\nu < E_g$，但只要满足跃迁准则(能量和动量守恒)条件下，这些非价带中的态上存在的载流子在入射光的作用下，也会发生吸收跃迁，这时产生的光子吸收称为非本征吸收(如杂质吸收带等)。作为光致吸收的逆过程，载流子的

复合跃迁、特别是以辐射复合形式的光致发光过程将在下文描述。

2) 反射：当材料不透明，抑或吸收系数较大(如 $\alpha > 10^3\ \text{cm}^{-1}$) 的波段可借助反射谱测试来获得介质光学参数。介质表面的光反射主要有镜面反射和漫反射两种。在完美的平整介质表面上光的反射一般是镜面反射，而在毛糙介质表面上的反射是漫反射，不难理解，光在大多数介质表面的反射介于两者之间。一般地，测试介质的反射谱主要指镜面反射谱，它是指光束以某一入射角照射在样品表面上发生的反射，其反射角等于入射角；这里入射角的选择取决于所测样品层的厚度，对于较厚的介质(如微米级以上)，一般用 30°入射角的方式测量，如果介质很薄(如纳米级、单分子层等)往往入射角很大(如 80°或 85°)，也称掠入射。因此，镜面反射光谱的测量装置，主要是从入射角的变化上来区分的，可分为固定角反射、可变角反射和掠角反射等三种装置。

镜面反射光谱的强度取决于入射光的入射角和偏振状态、样品的厚度、样品的折射率、样品表面粗糙度和样品吸收光的性质。在偏振状态和样品性质不变的情况下，镜面反射光谱的强度和入射角有关。设薄介质样品厚度为 d，光两次穿过样品薄膜样品的光程 b 与 d 以及入射角 α 的关系为

$$b = \frac{2d}{\cos \alpha} \tag{3.39}$$

由式(3.39)可知，薄膜厚度 d 一定时，入射角 α 越大，$\cos \alpha$ 值越小，光穿过薄膜样品的光程 b 越大，光谱的强度越高。若入射角 $\alpha = 85°$，计算可得 $b = 23d$，即掠角反射的光程是实际薄膜厚度的 23 倍。可见，与透射光谱相比，掠角反射光谱的灵敏度和信噪比远远高于透射光谱。

镜面反射光谱的特点：假设介质的折射系数为 n，在无分子共振吸收的透明区，随频率的变化是缓慢的，因而其反射率随频率变化也是缓慢的，但在分子共振吸收频率附近，折射率是会发生突变的，此时要用复折射率 $\tilde{\boldsymbol{n}}$ 来表示，即 $\tilde{\boldsymbol{n}} = n - ik$ [式(3.17)]，镜面反射光与入射光的光强比 R(即反射率)可表示为：$R = [(n-1)^2 + k^2]/[(n+1)^2 + k^2]$ (见式 3.21)。因 n 和 k 在分子共振吸收频率附近都有突变，故 R 值在分子共振吸收频率附近也会产生突变。一般地，透射吸收越强的频率位置附近，镜面反射率也越大，但透射吸收峰与镜面反射峰不一定完全重合，反射峰往往会向高波数方向移动。对反射光谱进行 K-K 变换，即可将反射率光谱 R 转换成吸光度光谱。

需要指出的是，上述镜面反射谱(非偏振光反射光谱)是测量介质的反射光与入射光的强度的比值[20]

$$R_j = \frac{I_{rj}}{I_{r0}} = r_j r_j^* = |r_j|^2 \tag{3.40}$$

它不包含相位信息,原则上这个相位可以通过 K－K 变换关系得到。因此,要获得样品(薄膜)的完整光学常数谱需要对结果进行 K－K 变换。一般来说,K－K 变换原则上需要已知全波段的吸收光谱和反射光谱数据,并在光谱测量范围两端,尤其是远红外波段端和远紫外波段端,对已有光谱测试数据做合理外推,并结合求和规则来检测和论证这种外推以及 K－K 变换结果的合理性。

针对上述情况,对入射光和反射光的偏振信号进行调控并解析所实现的椭圆偏振反射光谱法,能够避免 K－K 变换,它是对反射光束(或透射光束)的振幅衰减和相位改变进行同时测量,不必借助 K－K 变换直接求得被测样品的光学常数,具体如图 3.4 所示(图片源于网络)。

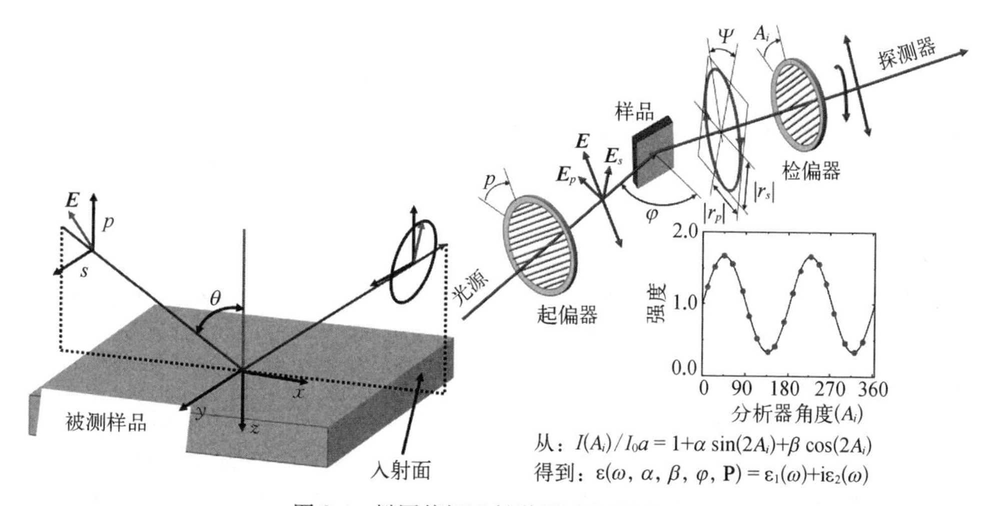

图 3.4　椭圆偏振反射谱测试光路原理图

x, y, z 为坐标轴方向;s,p 为入射光的 $\boldsymbol{s}$ 和 $\boldsymbol{p}$ 分量;θ 为入射角;其他参数可见文献[5]和[7]

即一束线偏振光以大角度入射介质,其 s, p 分量(s 分量垂直入射平面,p 分量平行入射平面)以不同的强度和相对相移被样品反射,形成椭圆偏振光。椭圆的形状和取向依赖于入射光的初始偏振方向、入射角,以及更重要的介质表面的性质。测量光偏振态和 s, p 方向复振幅比,借助 Fresnel 方程可将各种材料本征性质(介电常数、厚度等)直接与这些测量参量关联起来,即两偏振光反射率比值 ρ

$$\rho = \frac{r_p}{r_s} = \left(\frac{|r_p|}{|r_s|}\right)\exp i(\delta_p - \delta_s) = \rho_0\exp(i\Delta) = \tan\Psi\exp(i\Delta) \tag{3.41}$$

其中, $\tan\Psi$ 为反射后之振幅比 $\left[\text{其中 } \Psi \equiv \arctan\left(\frac{|r_p|}{|r_s|}\right)\right]$;相差/相位移 $\Delta \equiv \delta_p - \delta_s$。对于均匀介质材料

$$\tilde{\varepsilon}(\omega) = \sin^2\theta\left[1 + \tan^2\theta\left(\frac{1-\rho}{1+\rho}\right)^2\right] \tag{3.42}$$

θ 是入射角，实际测量时，固定偏振片（起偏器）在 0°~90°间的某些角度上，旋转分析器（检偏器），可得到调制的强度比

$$\tan A_0 = \frac{2\tan(P)}{|\rho|^2 + \tan^2(P)}\rho_1 \tag{3.43a}$$

$$\sqrt{1-\gamma^2} = \frac{2\tan(P)}{|\rho|^2 + \tan^2(P)}\rho_2 \tag{3.43b}$$

$$\rho = \frac{1 \pm \sqrt{\gamma^2 - \tan^2 A_0}}{\tan A_0 - i\sqrt{1-\gamma^2}}\tan(P) \tag{3.43c}$$

总结来说，基于反射法测量光学常数，如参数法测 n，k、干涉法测 n，d、椭圆光度法测 n，d、K－K 变换法（通过 R 谱的一次测量）原则上给出全部光学常数。其中，相较于标准的反射强度测量方法，椭圆偏振有许多优点：① 椭圆偏振量测在光谱中每个波长可取得至少两个参数，如果采用广义椭圆偏振，则可在各波长取得高达 16 个参数。② 因其并非量测光之实际强度，而是量测光之强度比例，椭圆偏振一般不受光源之不稳定性或是大气环境吸收光之影响。③ 无须测量参考物。④ 不用进行 K－K 分析，即可取得介电性质（或折射率）之实部和虚部数值。⑤ 椭圆偏振技术在研究非等向性的样品测量其反射性质，更具其优势。

3）拉曼效应：如前述，一束单色光入射介质样品后有三个可能去向：一部分光被透射，一部分光被吸收，一部分光被散射/反射。散射光中的大部分波长与入射光波长相同，这种散射是介质（如原子的电子）对光子的一种弹性散射。只有介质和光子间的碰撞为弹性碰撞，没有能量交换时，才会出现这种散射，该散射称为瑞利散射（频率不变，方向改变）。而一小部分由于与介质样品发生非弹性散射（如使试样中分子振动和分子转动作用），波长发生偏移（频率改变，方向改变，但概率很小）。这种波长发生偏移的现象就是拉曼散射。其中，若散射光频率比入射光频率大，称为反斯托克斯散射；若散射光频率比入射光频率小，则称为斯托克斯散射。拉曼光谱在光谱表现中往往表现出很尖锐的特征峰，可用于某些特定分子或振动模式的定性分析，同时因拉曼峰强度与相应分子的浓度成正比，其也可用于定量分析。拉曼散射原理见图 3.5 所示，处于振动基态的分子在光子的作用下，激发到较高的、不稳定的能态（称为虚态），当分子离开不稳定的能态，回到较低能量的振动激发态时，散射光的能量等于激发光的能量减去两振动能级的能量差。

拉曼光谱与红外（吸收/透射）光谱是一对互补的测试手段，满足互排法则：有对称中心的分子其分子振动对红外和拉曼之一有活性，则另一非活性。互允法则：无对称中心的分子其分子振动对红外和拉曼都是活性的。

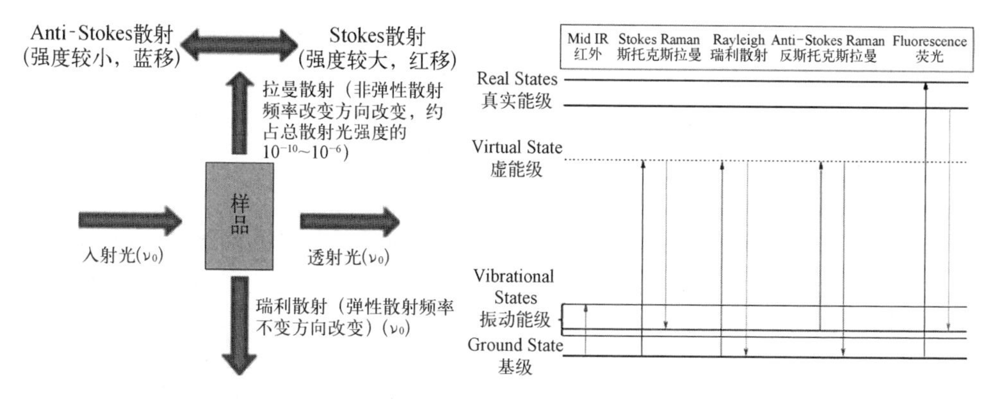

图 3.5　拉曼光谱原理示意图

4）光致发光（荧光）：以半导体材料为例，其内部物理过程可以表述如下：一束数量为 I_0 的能量 $h\omega > E_g$ 的光子流入射半导体样品的表面，除了在界面处因反射和散射而造成损失外，入射进入样品体内的光子将会以一定的吸收系数被半导体吸收，即在样品表面下距离为 x 的点的光子数为 $I_x = I_0\exp(-\alpha x)$ 的光子被吸收导致非平衡载流子的产生（光生载流子）。一般情况下，这些非平衡载流子在能量上会很快弛豫到能带的极值点附近，使能量最小，从而在能量上形成可以用准费米能级描述的准平衡分布。其中的电子、空穴等效温度由于存在着一定的加热效应而略大于实际测量温度。非平衡载流子的产生过程一般远快于其扩散过程，所以刚产生的非平衡载流子分布是不均匀的，这导致扩散的存在以减少浓度梯度。在半导体中存在着多种复合机制，在样品表面也还存在着表面复合过程，这样在光激发强度不变的情况下，非平衡载流子在空间上会形成一定的准平衡分布，在较弱的激发情况下，非平衡载流子的寿命基本上和非平衡载流子浓度无关。如果非平衡载流子的复合是通过辐射复合途径实现的，就会伴随着光子的发射，这就是光致发光，其光谱分布就是光致发光谱。在发生光致发光效应时，其内部存在三个互相联系而又区别的过程，即先是光子被吸收并同时（因光激发）产生电子-空穴对等非平衡载流子，其次是非平衡载流子的扩散及电子-空穴对的辐射复合，第三是辐射复合的发光光子在样品内的传播和从样品中出射出来。需要强调一点，在这个过程中，如果电子-空穴对不是以辐射复合的形式释放能量，而是将复合时的能量传递给另外的电子或空穴而增加它们的能量（动能），这一非辐射复合过程为 Auger 复合过程。

就半导体材料而言，根据其带边电子结构分布，存在以下几类辐射复合跃迁：

a）带间（导带-价带）辐射复合：导带底的电子向下跃迁，同价带顶的空穴复合，产生一个光子，其能量满足：$h\nu = \dfrac{hc}{\lambda_g} = E_g$，$\lambda_g = \dfrac{hc}{E_g} \approx \dfrac{1.24}{E_g}$，其中禁带宽度 E_g 单位为 eV，对应的辐射波长 λ_g 单位为 μm。一般而言，载流子不完全位于导带底最低处和价带顶最高处，而是导带底和价带顶附近的载流子都会参与这种带间复合，因而这种带间复合的发射光谱具有一定的宽度。

b）浅杂质与带间的辐射复合：如浅施主-价带、导带-浅受主间的载流子复合产生的辐射光为边缘发射，其光子能量总比禁带宽度 E_g 小，它们之间的差值即为浅杂质的激活能，或称电离能。

c）施主-受主间的辐射复合：即施主能级上的电子同受主能级上的空穴复合产生辐射复合，简称对复合，其光子能量也小于 E_g，它们间的能量差即为施主激活能和受主激活能之和。

d）激子辐射复合：激子是晶体中电子和空穴依靠库仑作用力而稳定地结合在一起，形成的一个中性准粒子状态，其复合能量略小于 E_g，一般在带边光谱的长波边会出现非常邻近的光谱峰——激子峰，其与 E_g 的小差值即为激子能，可理解为解离电子-空穴束缚态到自由状态所需的能量。依据激子在晶体中能否自由运动分为自由激子和束缚激子。激子的稳定性依赖于温度、电场、载流子浓度等。温度较高时，激子谱线由于声子散射等原因而变宽；在电场作用下，激子效应也将减弱，甚至失效；载流子浓度很大时，由于自由电荷的屏蔽作用，激子也可能分解。激子复合发光是一种非常特殊的辐射复合（发光）机制，效率可以相当高，在一些间接半导体和低维结构制成的发光二极管中起着关键性作用。

5）光致受激辐射（光放大、激光）：从能量的角度出发，微观粒子都具有特定的一套能级（通常这些能级是分立的或者说量子化的）。任一时刻粒子只能处在与某一能级相对应的状态（或者说处在某一个能级上）。与光子相互作用时，粒子从一个能级跃迁到另一个能级，并相应地吸收或辐射光子。若是吸收光子，即为受激吸收；若是辐射光子，则存在自发辐射和受激辐射两种情况。具体而言：

a）受激吸收（简称吸收）：如前所述，光波在导电介质中传播时具有衰减现象，即产生光波的吸收，处于较低能级 E_1 的粒子吸收光子能量受到激发，跃迁到与此光子能量相对应的较高能级 E_2。这种跃迁也称为受激吸收。其中涉及的光子的能量值为此两能级的能量差 $\Delta E = E_2 - E_1$（假设 $E_2 > E_1$），光子频率即为 $\nu = \Delta E/h$（h 为普朗克常量）。

b）自发辐射：是处于高能态 E_2 的粒子（或者说粒子已受到激发而进入到 E_2 激发态），该高能激发态并不是粒子的稳定态，如存在着可以接纳粒子的较低能级 E_1，即使没有外界作用，粒子也存在一定的概率，自发地从高能级激发态（E_2）向低能级基态（E_1）跃迁，同时辐射出能量为 $\Delta E = E_2 - E_1$（或频率为 $\nu = \Delta E/h$）的光子。这种辐射过程称为自发辐射，比如前述的荧光现象，其辐射发出的光不具有相位、偏振态、传播方向上的一致，是物理上所说的非相干光。

c）受激辐射（激光）：除自发辐射外，处于高能级 E_2 上的粒子还可以另一方式跃迁到较低能级 E_1，即当满足频率条件 $\nu = (E_2 - E_1)/h$ 的外来光子入射时，也会引发高能态粒子以一定的概率，迅速地从能级 E_2 跃迁到能级 E_1，同时辐射另一个与外来光子频率、相位、偏振态以及传播方向都相同的光子，这种过程称为受激辐射，受激辐射产生的光是相干光。可以设想，如果大量原子处在高能级 E_2 上，当有一个频率 $\nu=(E_2-E_1)/h$ 的光子入射，从而激励 E_2 上的原子产生受激辐射，得到两个特征完全相同的光子，这两个光子再激励 E_2 能级上原子，又使其产生受激辐射，可得到四个特征相同的光子，这意味着原来的光信号被放大了。这种在受激辐射过程中产生并被放大的光就是激光。

需要指出的是，受激辐射 1917 年就由爱因斯坦提出了，激光器却在 40 多年后的 1960 年代才问世，其主要原因是，普通光源中粒子产生受激辐射的概率极小。当频率一定的光射入工作物质时，受激辐射和受激吸收两过程同时存在，受激辐射使光子数增加，受激吸收却使光子数减小。物质处于热平衡态时，粒子在各能级上的分布，遵循平衡态下粒子的统计分布律。按统计分布规律，处在较低能级 E_1 的粒子数必大于处在较高能级 E_2 的粒子数。这样光穿过工作物质时，光的能量只会减弱不会加强。要想使受激辐射占优势，必须使处在高能级 E_2 的粒子数大于处在低能级 E_1 的粒子数。这种分布正好与平衡态时的粒子分布相反，称为粒子数反转分布，简称粒子数反转。如何从技术上实现粒子数反转是产生激光的必要条件。

理论研究表明，任何工作物质，在适当的激励条件下，可在粒子体系的特定高低能级间实现粒子数反转。若原子或分子等微观粒子具有高能级 E_2 和低能级 E_1，E_2 和 E_1 能级上的布居数密度为 N_2 和 N_1，在两能级间存在着自发发射跃迁、受激发射跃迁和受激吸收跃迁等三种过程。受激发射跃迁概率和受激吸收跃迁概率均正比于入射辐射场的单色能量密度。当两个能级的统计权重相等时，两种过程的概率相等。在热平衡情况下，假设体系温度为 T，在能级 n 上的粒子数为 N_n，则

$$N_n \propto g_n e^{-\frac{E_n}{k_B T}} \tag{3.44}$$

其中，g_n 为主量子数为 n 的能级简并度（即具有相同能量的粒子状态数）；k_B 为玻尔兹曼常数，这一函数规律也称为玻尔兹曼正则分布。在 $E_2>E_1$ 条件下，

$$\frac{N_2}{N_1}=\frac{g_2}{g_1}e^{-\frac{E_2-E_1}{k_B T}} \tag{3.45}$$

对于同一能级体系考虑能级 E_2 和 E_1 的统计权重相等时，$g_2=g_1$，所以 $\frac{N_2}{N_1}=e^{-\frac{h\nu}{k_B T}}<1$，这表明热平衡下，处于高能级的粒子数总是低于处于低能级的粒子数，即 $N_2<N_1$。所以受激吸收跃迁占优势，系统较难发生粒子数反转。

但是，借助外界能量的激励（如利用电或光进行泵浦），可以破坏系统的热平衡状态，使粒子数处于反转状态，即达到 $N_2>N_1$。在这种情况下，受激发射跃迁占优势。假设高能级上的粒子数在 $\mathrm{d}t$ 时间内自发跃迁到低能级上的粒子数为

dN_2，则

$$dN_2 = -A_{21}N_2dt \tag{3.46}$$

A_{21} 为单位时间由 E_2 能级向 E_1 能级跃迁的概率，于是

$$\frac{dN_2}{N_2} = -A_{21}dt \tag{3.47}$$

设 $t=0$ 时，$N_2=N_{20}$，则上式积分可得

$$N_2 = N_{20}\exp(-A_{21}t) \tag{3.48}$$

设 $\tau=1/A_{21}$，则 $N_2=N_{20}\exp(-t/\tau)$，其中 τ 是时间量纲，它反映了粒子平均在 E_2 能级上停留的时间长短，也较粒子在该能级上的平均寿命，简称自发辐射寿命，因此上式也表示激发态上载流子浓度的衰退规律，即经过某一特定时间 τ_s 后，E_2 上的载流子数密度 N_2 减少到初值 N_{20} 的 $1/e$ 倍，τ_s 越大，表明 E_2 上载流子逗留时间越长，无穷大时，E_2 态即表示为稳态，如 τ_s 较长时，E_2 称为亚稳态。

假设 dN_{21} 为 dt 时间内由 E_2 自发跃迁到 E_1 能级上的粒子数，则

$$dN_{21} = -dN_2 \tag{3.49}$$

$$\left(\frac{dN_{21}}{dt}\right)_{\text{自发辐射}} = A_{21}N_2 \tag{3.50}$$

$$\left(\frac{dN_{21}}{dt}\right)_{\text{受激辐射}} = B_{21}\rho(\nu)N_2 \tag{3.51}$$

$$\left(\frac{dN_{12}}{dt}\right)_{\text{受激吸收}} = B_{12}\rho(\nu)N_1 \tag{3.52}$$

A_{21}，B_{21}，B_{12} 称为爱因斯坦系数。在热平衡状态下，两能级之间在单位时间内受激吸收的光子数应等于受激发射和自发辐射的光子数，即

$$\left(\frac{dN_{12}}{dt}\right)_{\text{受激吸收}} = \left(\frac{dN_{21}}{dt}\right)_{\text{自发辐射}} + \left(\frac{dN_{21}}{dt}\right)_{\text{受激辐射}} \tag{3.53}$$

或

$$B_{12}\rho(\nu)N_1 = A_{21}N_2 + B_{21}\rho(\nu)N_2 \tag{3.54}$$

这样，可得

$$\rho(\nu) = \frac{A_{21}N_2}{B_{12}N_1 - B_{21}N_2} = \frac{A_{21}}{B_{12}\dfrac{N_1}{N_2} - B_{21}} \tag{3.55}$$

由前 $\frac{N_1}{N_2}=e^{\frac{h\nu}{k_B T}}$，可得

$$\rho(\nu)=\frac{A_{21}}{B_{12}e^{\frac{h\nu}{k_B T}}-B_{21}} \tag{3.56}$$

而由黑体辐射的普朗克公式

$$\rho(\nu)=n_\nu\bar{E}=\frac{8\pi\nu^2}{c^3}\frac{h\nu}{e^{\frac{h\nu}{k_B T}}-1} \tag{3.57}$$

其中，黑体辐射分配到每个模式上的平均能量 $\bar{E}=\frac{h\nu}{e^{\frac{h\nu}{k_B T}}-1}$；单位体积内、频率 ν 到 $\nu+\mathrm{d}\nu$ 之间的光波模式数目（模数）$n_\nu=\frac{P}{V\mathrm{d}\nu}=\frac{8\pi\nu^2}{c^3}$，或者说光谱模密度为

$$n_\nu\mathrm{d}\nu=\frac{8\pi\nu^2}{c^3}\mathrm{d}\nu \tag{3.58}$$

对比 $\rho(\nu)$ 相关的两式(3.56)、(3.57)，可得

$$\frac{A_{21}}{B_{12}e^{\frac{h\nu}{k_B T}}-B_{21}}=\frac{8\pi\nu^2}{c^3}\frac{h\nu}{e^{\frac{h\nu}{k_B T}}-1} \tag{3.59}$$

要使上式两端对任何 $\frac{h\nu}{k_B T}$ 值都成立，相应系数必须相等。因此

$$B_{12}=B_{21} \tag{3.60}$$

$$A_{21}=\frac{8\pi h\nu^3}{c^3}B_{21}=\frac{8\pi h\nu^3}{c^3}B_{12} \tag{3.61}$$

上述两式也称为爱因斯坦关系式，虽然是在热平衡条件下推出的，但它对普遍情况仍是适用的。同时，比较式(3.58)和式(3.61)，可得

$$A_{21}=n_\nu h\nu B_{21} \tag{3.62}$$

而受激发射的概率为 $B_{21}\rho(\nu)$，因此，只要

$$\rho(\nu)>n_\nu h\nu \quad 或 \quad \frac{\rho(\nu)}{n_\nu h\nu}>1 \tag{3.63}$$

则受激发射概率总是大于自发辐射概率。同时，也可看出，对于一定的介质能级体系，自发辐射系数 A 与受激辐射系数 B 之比正比于频率 ν 的三次方，因此，E_2

与 E_1 能级差越大,频率 ν 越高,A 与 B 比值越大,也就是说 ν 越高越易发生自发辐射,受激辐射越难。因此,满足式(3.63)是产生受激辐射的条件,也是介质能够输出激光的必要条件之一。需要指出的是,仅使介质处于粒子数反转状态或受激辐射状态,虽然可以获得介质的光放大现象,但是还不能获得其稳定的激光输出,这是因为:受激辐射可以沿任意方向,且其传播一定距离后就会离开激活介质,难以形成高强度的光束,同时,激发的光可以有很多频率,对应很多模式,每一模式的光都会携带能量,所以难以形成单色亮度很强的激光束,因此要解决这一难题,需要尽可能减少介质中光的振荡模式数,最好的途径就是借助光学谐振腔(或法布里-波罗腔体;F - P 腔),即在介质两端面使用绝对平行的两反射镜,其中一个为全反射镜、一个为部分反射镜(部分透过率)。

3.3 经典描述

从能量存在的形式来讲,光电转换过程可以从以下几个方面描述:直接发射电子(光电子发射效应)、载流子浓度和动能增加(光电导效应)、载流子浓度定向增加形成电势差(光伏效应)、光生载流子扩散速率不同引起的正光面和背光面间电势差(光扩散效应)、正光面光生载流子向背光面扩散时因外加磁场作用形成的横向电势差(光磁电效应)和获得光子动量的电子沿入射光矢量方向运动形成的纵向电势差(光子牵引效应)等。具体而言,这些光电转换的物理过程可以详细描述如下。[21]

1) 光电子发射效应(photo-electronic-emission effect):具体过程可参见上述有关光与金属相互作用的描述部分。也就是某频率为 ν 的光束照射物质表面,进入物质的光子被电子吸收,增加其动能,电子在向表面运动过程中一部分能量因与晶格或其他电子碰撞而损失外,尚有足够的能量克服物质表面势垒 ϕ 而穿出表面进入真空,其进入真空的光电子最大可能的动能为:

$$\frac{1}{2}mv^2 = h\nu - \phi \tag{3.64}$$

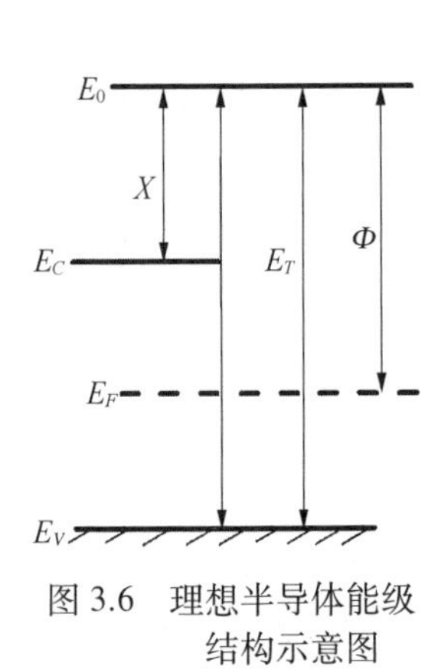

图 3.6 理想半导体能级结构示意图

这就是著名的爱因斯坦公式,m 为电子质量,v 为电子穿出表面的速度,其他参数同前。

以半导体为例,其理想能带图见图 3.6,其价带电子吸收较高能量的光子后被激发到导带之上成为热电子、甚至可能克服晶格场的束缚逸出体外成为自由电子。E_C、E_V 分别表示导带底和价带顶,E_0 为体外真空能级,χ 为电子亲和势(表示导带底的电子逸出体外所需克服的晶体束缚能),E_F 为费米能级位置,ϕ 为逸出功,$E_T = \chi + E_C$ 为光电子发射阈能。

2）光电导效应（photoconductive effect）：又称为光电效应，是光照引起固体电导（率）发生变化的现象，这是1873年W. Smith在硒上发现的，后来基于半导体材料研制成多种光电导器件并被广泛应用。其经典的物理过程是，当光照射到半导体材料时，材料吸收光子的能量，使非传导态电子（价带电子）变为传导态电子（导带电子），引起载流子浓度增大，导致材料电导率增大。要达到这种效果，相对半导体禁带宽度 E_g 而言，光子能量 $\epsilon(=h\nu)$ 还要满足一定要求：

$$h\nu \gg E_g \tag{3.65}$$

即光子能量要大于或等于半导体材料的禁带宽度，才能激发出电子-空穴对，并同时参与导电，使载流子浓度增加，从而半导体的导电性增加，阻值降低，这种现象称为光电导效应。这个过程也称为“本征激发”，增加的电导称为“本征光电导”。不难发现，将公式（3.64）中金属的势垒高度换成半导体禁带宽度（单位：eV），获得的 λ_0 值（单位：μm）就是能产生本征光电导的最长光子波长，或称“长波限”。

对于利用光电导效应来工作的半导体器件而言，称为光导型探测器。其光谱响应曲线（通常为等能曲线）就是光电导形成的信号强度（或响应率，以单位功率来表示）随照射光子能量（或波长）变化的依赖关系，它的一般特征是：有一个最大响应峰波长 λ_p 存在，在长波方向，响应率迅速下降，这是由于光子能量降低到小于禁带宽度，不足以激发电子-空穴对，在这个波长方向，当其响应率降为峰值一半所对应的波长 λ_0，即为本征光电导的长波限。如果将各波长的响应值都乘上波长因子（λ_p/λ），即可得到器件的等光子数响应曲线。

如果是因光子照射，将半导体中的杂质能级上的电子或空穴激发到导带或价带，来增加带中的载流子浓度而产生的光电导，我们称为杂质光电导。不难理解，杂质的激活能远小于本征带隙，因此杂质光电导的响应波长较长。需要指出的是，不管是本征光电导还是杂质光电导，都是由于载流子浓度的增加而引起的光电导，这种光电导称为第一类光电导；另外，除了载流子浓度增加可引起光电导外，还可通过光照引起半导体中自由电子或空穴的迁移率增加，同样也可引起光电导，这种光电导称为第二类光电导（或过热电子光电导），以区别于上述载流子浓度增加的第一类光电导。载流子迁移率反映的是光照下在材料中产生的正负电荷的移动速度，增加迁移率意味着光照产生的电荷可以以更快的速度移动到电极上，如InSb单晶在深低温的第二类光电导已被用来制作远红外探测器。

3）光伏效应（photovoltaic effect）：是指物质在受到光照射时产生电动势的现象。对于半导体材料而言，如果其内部存在一个电场，且条件适当，当光照时光吸收产生的电子-空穴对将会被内建电场分离，电子和空穴相向迁移至半导体两个部分，这两部分间会产生电势差，即光伏效应。目前最重要的光伏效应是半导体pn结的光伏效应。

pn 结是指一块半导体材料掺入不同导电类型的杂质,形成 p 型和 n 型平面接触的结构。在接触面的两侧一定宽度内,电离载流子因浓度差会相互扩散(即 p 型区的空穴向 n 型区扩散,n 型区的电子向 p 型区扩散),扩散的结果使靠近 pn 交界面的 p 型一侧缺少自由空穴,只剩下带负电的电离受主,而 n 型一侧缺少自由电子,只剩下带正电的电离施主。这两类不能移动的杂质离子,形成偶极层并产生内建电场。该电场作用的方向正好驱使 n 型区内的空穴向 p 型区漂移、p 型区内的电子向 n 型区漂移,即漂移运动方向和扩散运动方向相反。当扩散和漂移达到稳定态时,pn 结的静电流(漂移电流和扩散电流矢量之和)为零。这种情况下,结区内不能保持自由电子和空穴,因此该区域也称空间电荷区(或耗尽层)。在远离 pn 结交界面的区域(即耗尽层以外)则仍然保持 p 型或 n 型的原样(即电中性)。不难理解,pn 结区属于高阻区,如有外电压施加于其两端,则外压会几乎全部降落在这一区域。当外加电压的正极接 p 型端、负极接 n 型端时,这一情况称为加正向偏压(正偏),反之称为加负向偏压(反偏)。显然,正偏时,外电压方向与 pn 结内建电场反向,削弱了漂移电流,而会出现净电流流过 pn 结;反偏时,外电压方向与 pn 结内建电场同向,加强了漂移电流,也会出现净电流流过 pn 结。

pn 结光伏效应就是光照结区的某一侧(比如 p 型表面),光子在近表面层内激发出电子-空穴对,其中的少数载流子(少子,即电子)将向前扩散,到达 pn 结区立即被结电场扫入 n 型区,同时,光子也可能到达 n 型区内并激发出电子-空穴对,其中的少子(空穴)会被扫入 p 型区,也就是说,光子所产生的电子-空穴对被结电场分离,空穴流入 p 型区,电子流入 n 型区,这样就有因入射光导致的电流流过 pn 结,即光能转换为电能的原理,该电流称为光电流。

形成 pn 结可以是在同一半导体材料中掺杂产生,只是掺杂类型不同,这种称为同质结;若结两边材料不同,则为异质结,它们都能产生光伏效应。此外,还可由金属与半导体接触形成肖特基势垒,其也可产生光伏效应。pn 结光伏效应可制作光电池,如太阳能电池,目前主要是利用半导体硅材料(单晶/多晶硅),或 CdTe、Cu 基复合物等其他半导体材料。

4) 光扩散效应(photo-diffusion effect):有些半导体对部分光的吸收系数很大,当光照射这些半导体表面(正光面)时,光所激发的电子-空穴对都产生在近表面附近,它们在一开始的浓度很大,会很快向体内扩散。一般半导体电子和空穴的有效质量相差较大,其迁移率也相差较大,往往迁移率较大的电子相比空穴而言先扩散到半导体光辐照面的另一面(背光面),在那里积累负电荷而产生电场,该电场也会阻止电子进一步扩散而促进空穴扩散,最后形成稳定的动态平衡,从而在半导体正/背光面之间建立起电势差,这一电势差将使电子和空穴以同样速度从正光面流向背光面,当然该电势差一般较小,很难观察到,因其由 Dember 发现,也称 Dember 效应。

5) 光磁电效应(Photomagnetoelectric/PME effect):是指当光束照射半导体表

面时，在垂直光照方向再加一磁场、且其方向也垂直半导体两电极间连线方向（即两两垂直），则在半导体两电极间产生电势差，因为是光和磁同时作用导致的，因此称为光磁电效应。其物理过程是，光照射到半导体表面后在表面处产生非平衡载流子（电子-空穴对），因为浓度梯度使其会向背光面定向扩散，扩散过程中因磁场作用的洛伦兹力，使电子和空穴向不同方向分离，两电极端面分别积累正电荷或负电荷，形成电位差和横向电场。随着两端电荷的不断积累，这种横向电场产生的电场力不断增强，当作用在载流子上的横向电场的电场力与洛仑兹力平衡时，两端面的电位差保持不变。

如果对霍尔效应（Hall effect）有所了解，会发现光磁电效应与霍尔效应有点相似，但要注意它们是不同的效应。霍尔效应中载流子的定向运动是由外电场引起的，即是流过半导体（或导体）的电流（载流子定向运动）在垂直外磁场作用下因洛伦兹力发生偏转，垂直于电流和磁场的方向会产生一附加电场，而在半导体（或导体）两侧（垂直电流方向）产生电势差。而光磁电效应是指半导体在光照作用下产生的电子-空穴载流子在外磁场作用下发生分离，而在半导体两端产生电势差。

6）光子牵引效应（photon—drag effect）：光子被吸收除了能量（动能）转移给电子外（如前述多种光电效应都是物质吸收光子的能量），其本身带有的动量也可转移给电子，光子牵引效应就是利用光子的动量。对于能量很小（波长很长）的光子，即在经典电磁波频率范围（即光子能量 $h\nu \ll k_B T$）内，当能带中的自由载流子吸收了光子时，这些载流子也就相应地从光子那里获得了一定的、微小动量，于是这些载流子便会向背光面运动，这就是光子牵引效应。由于光子牵引的作用，即将在半导体的光照面与背光面之间出现内建电场和相应的电压——光子牵引电压，其大小与激光束功率成正比关系。光子牵引探测器就是利用此光子牵引效应来探测入射光的一种器件。需要指出的是，这种效应不牵涉载流子的产生-复合过程、响应速度很快，一般可实现纳秒级的长波长光子牵引探测器。需要注意的是，光子牵引效应与光扩散效应虽然很相似，但它们的产生机理不同，前者是由于光子动量的驱动，而后者是由于扩散快慢的不同。

由上可知，光子被吸收后，其能量（动能）或动量被转移，或者直接产生非平衡载流子（能量）或直接转移给载流子，这些因光吸收而引起运动状态发生改变的非平衡载流子导致物质的电学性质发生改变。从能量转换的角度而言，这些非平衡载流子如果一直以电势差的形式存在，即类似一个开路状态的电池，当与外电路接通后，可以提供电压降，即光-电转换，比如常见的太阳能电池就是利用该原理；如果以光子辐射的形式释放，就类似于光致发光（或光荧光、光泵浦激光等），可以用作光源，即光-光转换，如（半导体）激光晶体。

图 3.7 给出了从能带变化来示例光电效应的原理图[19,22]。光照前，价带基本处于满带状态，极少数载流子因热激活等原因填充到导带（电子）。光照后，价带中的电子“迅速”获得能量跃迁到导带中，若光照的“本征”能量（光子频率对应的

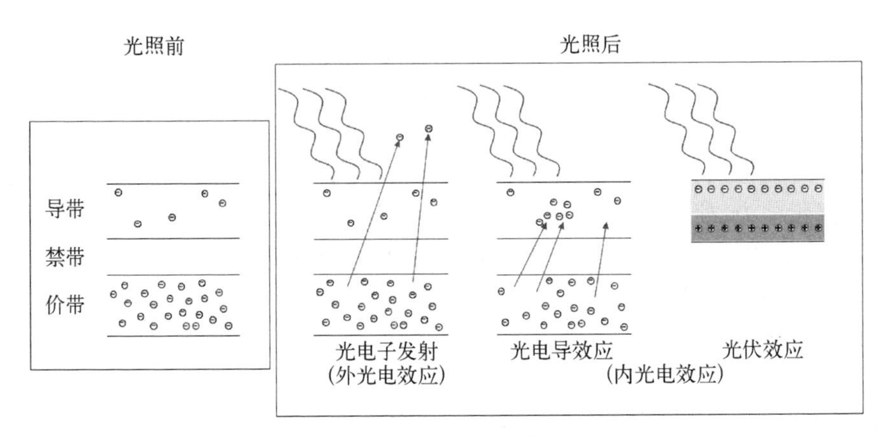

图 3.7 光照前后载流子跃迁示意图

能量)极高,以至这些跃迁到导带以上的电子能获得足够大的能量,使它们能填充到导带之上的更高能级态,甚至是发射出电子,这种效应是一种典型的光电子发射效应,也称为外光电效应。如果光照的本征能量只是足够高到能让价带中的电子跃迁到导带中参与导电,这就是光电导效应,它属于一种内光电效应;同时若光照的本征能量能让价带中的电子跃迁到导带中形成电子-空穴对,并不以复合的形式消失而是产生一种外电路可测试的电动势(或电势差),这种现象称为光伏效应,它也是一种内光电效应。

上述提及的能量转换形式涉及因光照产生的非平衡载流子如何消亡的问题,即非平衡载流子的复合。它是指当有外加光照(或其他形式,如电压)等的作用使得半导体中增加(注入)了非平衡载流子后,该半导体系统即处于非平衡状态,这种状态是不稳定的,如果去掉这些产生非平衡载流子的作用,该系统就应当逐渐恢复到原来的(热)平衡状态,也就是在去掉外加作用以后,半导体中的非平衡载流子将逐渐消亡(即非平衡载流子浓度衰减到0)。由于非平衡载流子的消亡主要是通过电子与空穴的相遇而成对消失的过程来完成的,所以往往把非平衡载流子消亡的过程简称为载流子的复合。

半导体中非平衡载流子的复合过程可以通过多种方式,即不同的复合机理来完成。这与半导体的能带结构紧密相关。

对于具有直接跃迁能带(导带底与价带顶在 Brillion 区的同一个 k 处)的半导体(如 GaAs、InSb、PbSb、PbTe 等),导带电子与价带空穴直接发生复合时没有准动量 k 的变化,可较容易地发生,这称为直接复合,这时非平衡载流子的寿命就由此直接复合过程来决定[22,23]。对于类似 Si、Ge 等具有间接跃迁能带(导带底与价带顶不在 Brillion 区的同一个 k 处)的半导体,电子与空穴发生直接复合时将有动量的变化,则一般比较难于发生,但这类半导体如果通过另外一种因素的帮助,比较容易实现复合,这种起促进复合作用的因素往往是一些具有较深束缚能级(多半处于禁带中央附近)的杂质或缺陷中心,称为复合中心。借助于复合中心的复合就称为间接复合(也称为 Shockley-Read-Hall/SRH 复合),这时非平衡载流子的寿命就主要决定于复合中心的浓度和性质。关于非平衡载流子的复合,除了直接复合和间接复合以外,还有许多其他的复合机理,例如表面复合、Auger 复合等。

注入的非平衡载流子的复合(消亡)不可能是瞬间完成的,需要经过一段时间。非平衡载流子通过复合而消亡所需要的时间,称为非平衡载流子的复合寿命(简称为寿命)。寿命是非平衡载流子的一个重要特征参量,其大小将直接影响到半导体器件和集成电路(IC)的性能。与注入非平衡载流子的情况相似,对于从半导体中抽出了载流子的情况,当去掉外加抽取作用以后,在半导体内部将一定要通过某种过程(例如杂质、缺陷等产生载流子)来增加载流子,以恢复整个系统达到热平衡状态,这个过程也就相当于非平衡载流子的产生过程,所需要的平均时间就称为非平衡载流子的产生寿命。

总而言之,对于处在非平衡状态的半导体($n_0p_0 > n_i^2$,或 $n_0p_0 < n_i^2$),当导致偏离(热)平衡状态的因素去掉以后,在半导体内部就将会通过载流子的复合或者产生来调整其中总的载流子浓度,使得整个系统逐渐达到平衡($n_0p_0 = n_i^2$)。这样一个调整载流子浓度、使系统由非平衡状态过渡到平衡状态的过程所需要的时间,也就是非平衡载流子的寿命。

不难理解,复合与产生是两个相反的过程,但是其机理有可能不同。因此,相应的寿命时间——复合寿命和产生寿命的长短也会有所不同。

光信号转换成电信号后,如何检测,涉及光电探测器(也称光电传感器)的原理和作用。光电探测器能把光信号转换为电信号。根据器件对辐射响应的方式不同或者说器件工作的机理不同,光电探测器可分为两大类:一类是光子探测器,一类是热探测器。光子类探测器又可分为:发射型探测器(如光电管、光电倍增管)、光导型探测器(如硫化铅光电器件、光导型碲镉汞红外探测器)、光伏型探测器(如硅光二极管、硅光电池、硒光电池、光伏型碲镉汞红外探测器等)。热探测器主要指吸收红外辐射的热释电探测器(如 DLTGS 探测器)。和光子型探测器相比较,热释电探测器对光子本征能量没有要求,它们工作的优势波段主要在中远红外区域。

光电探测器的光电转换特性用响应度表示。响应特性用来表征光电探测器在确定入射光照下输出信号(或称光电转换量子效率)和入射光辐射之间的关系,其所形成的光谱曲线即是探测器的光电响应谱或称光谱响应度曲线。它也是一种表示不同波长的光子产生电子-空穴对的能力。举例来说,太阳能电池的光谱响应就是当某一波长的光照射在电池表面上时,每一光子所能收集到的平均载流子数。太阳能电池的光谱响应又分为绝对光谱响应和相对光谱响应。各种波长的单位辐射光能或对应的光子入射到太阳能电池上,将产生不同的短路电流,按波长的分布求得其对应的短路电流变化曲线称为太阳能电池的绝对光谱响应。如果每一波长以一定等量的辐射光能或等光子数入射到太阳能电池上,所产生的短路电流与其中最大短路电流比较，按波长的分布求得其比值变化曲线，这就是该太阳能电池的相对光谱响应。但是，无论是绝对还是相对光谱响应，光谱响应曲线峰值越高、越平坦，对应电池的短路电流密度就越大，效率也越高。

光谱响应度主要反映光电探测器对单色入射辐射的响应能力，其响应曲线主要包括：响应波段、响应度、时间响应特性和探测度等性能参数。由不同材料制作的探测器其光谱响应曲线差异很大。从探测器光谱响应度曲线的测试角度上来说，它是一种电压型光谱响应度 $R_v(\lambda)$ 的测量，即在波长为 λ 的单位入射辐射功率的照射下，光电探测器输出的信号电压。方便起见，可用公式表示为

$$R_v(\lambda)=\frac{V_\lambda}{P_\lambda} \tag{3.66}$$

光电探测器在波长为 λ 的单位入射辐射功率的作用下，其所输出的光电流叫作探测器的电流光谱响应度，可用下式表示：

$$R_i(\lambda)=\frac{I_\lambda}{P_\lambda} \tag{3.67}$$

式(3.66)和式(3.67)中，P_λ 为波长为 λ 时的入射光功率；V_λ 为光电探测器在入射光功率 P_λ 作用下的输出信号电压；I_λ 为输出用电流表示的输出电流信号。显然，$R_v(\lambda)$ 和 $R_i(\lambda)$ 二者具有不同的单位，但简单起见，它们可用 $R(\lambda)$ 表示。

一般来说，测量光电探测器的光谱响应多用单色仪对辐射源的辐射功率进行分光来得到不同波长的单色辐射，然后测量在各种波长的辐射照射下光电探测器输出的电信号 $V(\lambda)$，具体原理图参见图 3.8。然而，由于实际光源的辐射功率是波长的函数，因此在相对测量中要确定单色辐射功率 $P(\lambda)$ 需要利用参考探测器（基准探测器），即使以一个光谱响应度为 $R_f(\lambda)$ 的探测器为基准，用同一波长的单色辐射分别照射待测探测器和基准探测器（如响应度和波长无关的热释电探测器）。由参考探测器的电信号输出（如为电压信号）$V_f(\lambda)$ 可得单色辐射功率

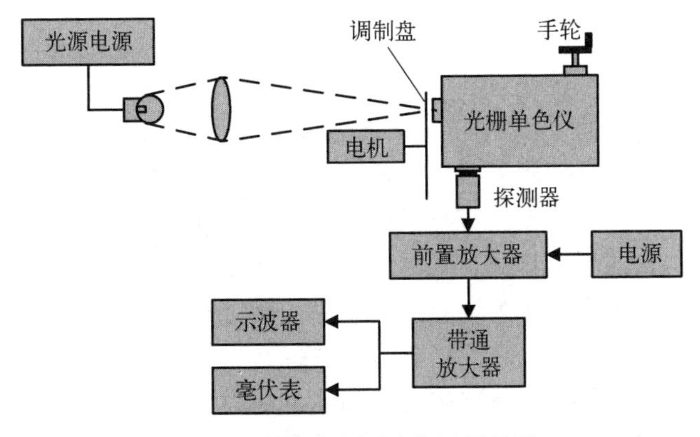

图 3.8 光谱响应测试装置原理图

$P(\lambda)=V_f(\lambda)R(\lambda)$，再通过式(3.67)计算即可得到待测探测器的光谱响应度。图3.9是典型光电探测器的光谱响应示意图。比较起见，图中也给出了热探测器的响应曲线示意图。

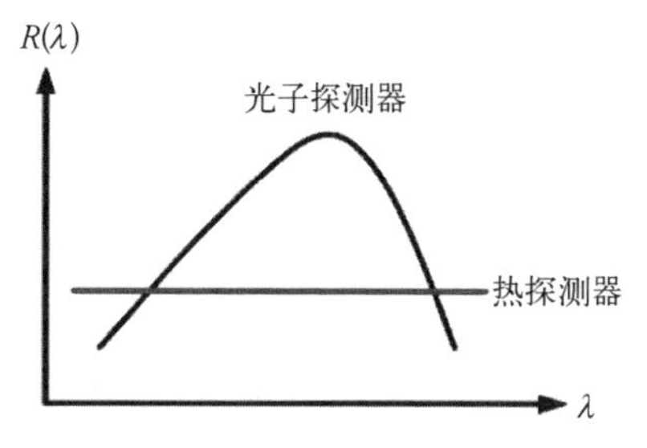

图3.9　典型光电探测器的光谱响应

有关不同光电探测器的工作原理将在第6章详细讲述。

与名义上光电转换对立的过程——电光转换(EL)，它也是一种光电能量转换的形式，是将电能直接转换成光能的一种物理现象，这在目前的电子高端显示设备中应用相当广泛。其物理过程是，外加在物质上的电势，增加电生载流子浓度，这些电生载流子通过辐射复合的方式，以光子的形式释放能量。

按激发过程不同，电致发光可分为两大类：低场(注入式)电致发光和高场(本征型)电致发光。注入电致发光——在半导体pn结加正偏压时产生少数载流子注入，与多数载流子复合发光。常见的有发光二极管(LED)，它就是利用少数载流子流入pn结直接将电能转换成光能的半导体发光元件。其主要特点是：工作电压低、驱动简单；发光响应快，对于光的高速调制有利；体积小、寿命长、耐冲击。目前在大屏幕显示方面因发光效率低而功耗较大。高场电致发光——将发光材料与介质混合体或单晶薄膜夹持于透明电极板(如ITO)间，施加强外电场作用，电子的能量相应增大，直至远远超过热平衡状态下的电子能量而成为过热电子，这些过热电子在运动过程中可以通过碰撞使晶格离化形成电子-空穴对，当这些被离化的电子-空穴对复合或被激发的发光中心回到基态时便发出光来，这种复合一般是一种载流子的自发复合过程。

根据发光材料的形态，可分为结型电致发光、粉末电致发光和薄膜电致发光三种。结型电致发光是指具有结型结构的半导体器件在电场作用下产生的发光现象，目前比较成熟的结型电致发光器件都具有pn结结构，就像半导体二极管那样，被称为光二极管。在它上面加上正向偏压(即p区接电源正极，n区接电源负极)时，引起电子由n区流入(在物理上称为“注入”)p区，空穴由p区流入n区，发生电子和空穴复合而产生发光，所以结型电致发光也称为注入式电致发光。

粉末电致发光是在电场作用下，晶体内部电子与空穴受激复合产生的发光现象。制成的器件为屏的形式，被称为电致发光屏。它的结构像一个平板电容器，不过其中一个电极是透明的，在两个电极间夹有粉末形态的发光粉和适当介质的混合物，当在电极上加几十伏到几百伏的合适电压时，就可以发光，从透明电极射出来。粉末电致发光屏以交流电激发的最成熟，已达到实用阶段。它的特点是，效率较高、耗电很少、工艺简单、成本低、可以做成各种形状、发光均匀、视角大，因此在显示、显像和光源方面得到了很多应用。目前在特殊照明、数字符号显示、模拟显示等方面已达到实用阶段。另外还有一些潜在的特色用途，如用于雷达、航迹显示及电视方面的大屏幕矩阵显示方面、用于X线和红外光的像转换器方面等。

薄膜电致发光和粉末电致发光相似,也是在两电极间夹有发光材料,但材料是一层更薄的膜,它和电极直接接触,不混合介质。薄膜是用真空蒸发或化学反应方法获得的,表面比较均匀光滑,要它发光只需加很低的电压(几伏至几十伏),而且也可以用直流电。因此,可以和晶体管或集成电路直接匹配,制成显示显像器件。它的分辨率和对比度都比较高,制备工艺也比较简单,成本较低,尺寸可做得相当大。它还可能做成集成化的显示显像器件,所以是一种值得重视的发光器件。

从发光材料角度,可将电致发光分为无机电致发光和有机电致发光。无机电致发光材料一般为半导体材料。有机电致发光材料依据有机发光材料的分子量的不同可区分为小分子和高分子两大类。小分子有机发光二极管(OLED)以有机染料或颜料为发光材料,高分子OLED以共轭或者非共轭高分子(聚合物)为发光材料,典型的高分子发光材料为聚对苯乙烯(PPV)及其衍生物。有机电致发光材料依据在OLED器件中的功能及器件结构的不同,又可以区分为空穴注入层、空穴传输层、发光层、电子传输层、电子注入层等材料。其中有些发光材料本身具有空穴传输层或者电子传输层的功能,这样的发光材料也通常被称为主发光体;发光材料层中少量掺杂的有机荧光或者磷光染料可以接收来自主发光体的能量转移,经由载流子捕获而发出不同颜色的光,这样的掺杂发光材料通常也称为客发光体或者掺杂发光体。

参考文献

[1] 张永德.量子力学[M].北京:科学出版社,2003.
[2] 殷之文.电介质物理学[M].2版.北京:科学出版社,2003.
[3] 方容川.固体光谱学[M].合肥:中国科学技术大学出版社,2003.
[4] 傅竹西.固体光电子学[M].合肥:中国科学技术大学出版社,2012.
[5] 褚君浩.窄禁带半导体物理学[M].北京:科学出版社,2005.
[6] 钟维烈.铁电体物理学[M].北京:科学出版社,2000.
[7] Huang Z M, Chu J H. Optimizing precision of fixed-polarizer, rotating-polarizer, sample, and fixed-analyzer spectroscopic ellipsometry [J]. Applied Optics, 2000, 39(34): 6390 - 6395.
[8] Huang Z M, Chu J H. The refractive index dispersion of $Hg_{1-x}Cd_xTe$ by infrared spectroscopic ellipsometry [J]. Infrared Physics & Technology, 2001, 42(2): 77 - 80.
[9] Huang Z M, Xue J Q, Hou Y, et al. Optical magnetic response from parallel plate metamaterials [J]. Physical Review B, 2006, 74(19): 193105.
[10] 黄志明,季华美,陈敏挥,等.GaAs体材料折射率红外椭圆偏振光谱研究[J].红外与毫米波学报,1999,18(1):23 - 25.
[11] Gao Y Q, Huang Z M, Hou Y, et al. Optical properties of $Mn_{1.56}Co_{0.96}Ni_{0.48}O_4$ films studied by spectroscopic ellipsometry [J]. Applied Physics Letters, 2009, 94(1): 011106.
[12] Veselago V G. The electrodynamics of substances with simultaneously negative values of ε and μ [J]. Soviet Physics Uspekhi, 1968, 10(4): 509 - 514.

[13] Smith D R, Padilla W J, Vier D C, et al. Composite medium with simultaneously negative permeability and permittivity [J]. Physical Review Letters, 2000, 84(18): 4184 - 4187.
[14] Pendry J B. Low-frequency plasmons in thin wire structures [J]. Journal of Physics: Condensed Matter, 1998, 10(22): 4785 - 4809.
[15] Pendry J B, Holden A J, Robbins D J, et al. Magnetism from conductors and enhanced nonlinear phenomena [J]. IEEE Transactions on Microwave Theory and Techniques, 1999, 47(11): 2075 - 2084.
[16] Shelby R A, Smith D R, Schultz S. Experimental verification of a negative index of refraction [J]. Science, 2001, 292(5514): 77 - 79.
[17] Valanju P M, Walser R M, Valanju A P. Wave refraction in negative-index media: Always positive and very inhomogeneous [J]. Physical Review Letters, 2002, (88): 187401.
[18] Munk B A. Metamaterials: critique and alternatives [M]. New Jersey: John Wiley & Sons, 2009.
[19] Charles Kittel.固体物理导论[M].项金钟,吴兴惠,译.北京: 化学工业出版社,2005.
[20] 沈学础.半导体光谱和光学性质[M].2 版.北京: 科学出版社,2002.
[21] 汤定元,糜正瑜.光电器件概论[M].上海: 上海科学技术文献出版社,1989.
[22] 刘恩科,朱秉升,罗晋生,等.半导体物理学[M].北京: 国防工业出版社,2001.
[23] 陆栋,蒋平,徐至中.固体物理学[M].上海: 上海科学技术出版社,2003.

第4章

光电跃迁理论

4.1 能带理论

能带理论是研究固体材料中电子运动的一个重要理论。在量子力学建立之后,通过求解薛定谔方程可以得到固体中电子的运动状态。然而,固体材料是由大量原子组成,原子是由原子核和电子组成,1 cm^3 固体材料中存在 10^{23} 个原子。因此,在固体中存在大量电子,而且每个电子的运动受到其他电子运动的影响,要严格求解多电子体系的薛定谔方程显然是不可能的。在原子结合成固体时,外层价电子的运动状态变化大,所以在大多数情况下人们最关心外层价电子。在原子结合成固体时,内层电子的运动状态变化很小,可以把原子核和内层电子近似看成一个离子实。价电子受到的等效势场,包括离子实势场、其他电子的平均势场和电子波函数反对称性带来的交换相互作用势,多电子问题转化为单电子问题,这就是单电子近似,也称为哈特里-福克方法。

当原子相互接近组成晶体时,不同原子的内外电子壳层相互交叠,使得电子不再完全局限在一个原子上,而是可以从一个原子转移到相邻原子上,即固体中电子将在整个固体中运动,这种运动称为电子的共有化运动,而电子称为共有化电子。考虑一个由 N 个原子组成的晶体,当 N 个原子相距很远时,每个原子的能级都是一样的,它们是 N 度简并;当 N 个原子相互靠近组成晶体时,每个电子受到其他原子的势场作用,N 度简并的能级分成 N 个能级,这 N 个能级组成一个能带。因此,能带理论的出发点就是电子的共有化。在理想晶体中,原子排列具有周期性,等效势场也具有相同的周期性。晶体中电子在一个周期性的等效势场中运动,其波动方程为

$$\left[-\frac{\hbar^2}{2m}\nabla^2+V(\boldsymbol{r})\right]\varphi=E\varphi \tag{4.1}$$

这里,势场 $V(\boldsymbol{r})$ 具有晶格周期性,即 $V(\boldsymbol{r})=V(\boldsymbol{r}+\boldsymbol{R}_n)$,$\boldsymbol{R}_n$ 为任意晶格矢量。布洛赫指出,在具有晶格周期性的势场中波函数具有如下性质:

$$\varphi(\boldsymbol{r}+\boldsymbol{R}_n)=e^{i\boldsymbol{k}\boldsymbol{R}_n}\varphi(\boldsymbol{r}) \tag{4.2}$$

其中，$\boldsymbol{k}$ 是一个矢量，而且波函数可以表示为

$$\varphi(\boldsymbol{r})=e^{i\boldsymbol{k}\boldsymbol{r}}\,u(\boldsymbol{r}) \tag{4.3}$$

且 $u(\boldsymbol{r})$ 也具有晶格周期性，即 $u(\boldsymbol{r})=u(\boldsymbol{r}+\boldsymbol{R}_n)$。式(4.3)称为布洛赫函数，它是平面波和周期性函数的乘积。这里，以一维单晶晶体为例说明晶体的能带结构特性。

图 4.1 给出了一维单晶晶体的周期性势场。如果能够确定一维单晶晶体势场的表达式，通过求解薛定谔方程，则可以获得一维晶体中电子的能量和波函数。在 Kronig - Penncy 模型中，一维晶体的周期性势场近似用一个周期性的方势阱代替，如图 4.2 所示，即在 $-b<x<a$ 范围内，一维晶体中电子的势场 $V(x)$ 可以表示为

$$V(x)=\begin{cases}0 & 0<x<a\\ V_0 & -b<x<0\end{cases}$$

且该势场具有周期性，即 $V(x)=V[x+n(a+b)]$。在 $-b<x<a$ 范围内，将电子的势场代入薛定谔方程得到

$$\begin{cases}\dfrac{d^2u_1(x)}{dx^2}+2ik\dfrac{du_1(x)}{dx}-(k^2-\alpha^2)u_1(x)=0 & 0<x<a\\[2ex] \dfrac{d^2u_2(x)}{dx^2}+2ik\dfrac{du_2(x)}{dx}-(k^2-\beta^2)u_2(x)=0 & -b<x<0\end{cases}$$

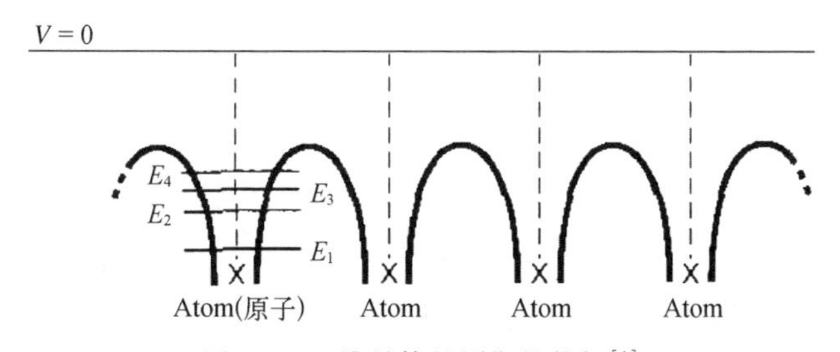

图 4.1　一维晶体的周期性势场[1]

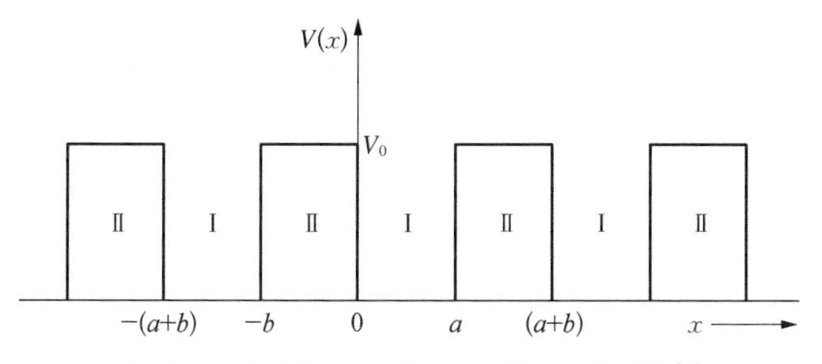

图 4.2　一维(Kronig - Penncy)模型的势函数[1]

这里，$u_1(x)$、$u_2(x)$分别表示在Ⅰ区和Ⅱ区电子波函数的振幅，α 和 β 是和电子能量 E 有关的参数，$\alpha^2 = \frac{2mE}{\hbar^2}$，$\beta^2 = \frac{2m(E - V_0)}{\hbar^2}$。在Ⅰ区和Ⅱ区的边界处，波函数和波函数的一阶微分都是连续的，即

$$\begin{cases} u_1(0) = \mu_2(0) & \left.\frac{\mathrm{d}u_1}{\mathrm{d}x}\right|_{x=0} = \left.\frac{\mathrm{d}u_2}{\mathrm{d}x}\right|_{x=0} \\ u_1(a) = \mu_2(-b) & \left.\frac{\mathrm{d}u_1}{\mathrm{d}x}\right|_{x=a} = \left.\frac{\mathrm{d}u_2}{\mathrm{d}x}\right|_{x=-b} \end{cases}$$

因此得到 α 和 β 满足如下方程：

$$\frac{-(\alpha^2 + \beta^2)}{2\alpha\beta}\sin(\alpha a)\sin(\beta b) + \cos(\alpha a)\cos(\beta b) = \cos[k(a + b)] \quad (4.4)$$

式(4.4)给出了在一维晶体中电子能量 E 和波矢 k 之间满足的关系式。当电子能量 $E > V_0$ 时，电子将脱离晶体的束缚进入到真空能级；当电子能量 $E < V_0$ 时，电子将束缚在晶体中运动，将参数 β 表示成 $\beta = i\gamma$，式(4.4)将表示为

$$\frac{\gamma^2 - \alpha^2}{2\alpha\beta}\sin(\alpha a)\sinh(\gamma b) + \cos(\alpha a)\cosh(\gamma b) = \cos[k(a + b)] \quad (4.5)$$

当势垒宽度 b 趋于零时，势垒高度 V_0将趋于无穷大，这样才能保证 bV_0是一个定值，得到式(4.5)表示为

$$P'\frac{\sin(\alpha a)}{\alpha a} + \cos(\alpha a) = \cos(ka) \quad (4.6)$$

这里 $P' = \frac{mV_0 ba}{\hbar^2}$ 是一个常数。式(4.6)并不是薛定谔方程的解，但是它给出了薛定谔方程解的存在条件。在周期性边界条件下，k 的值是实数而且是准连续的。当 $V_0 = 0$ 时，即电子是自由的，$P' = 0$，式(4.6)可以表示为

$$\cos(\alpha a) = \cos(ka)$$

由此得到 $\alpha = k$，而 $\alpha^2 = \frac{2mE}{\hbar^2}$，因此得到能量 E 和 k 之间满足

$$E = \frac{\hbar^2 k^2}{2m} \quad (4.7)$$

而 $E = \frac{1}{2}mv^2 = \frac{p^2}{2m}$，所以 $k = \frac{p}{\hbar}$，k 与电子的动量有关，被称为粒子的波数。根据式(4.7)得到，自由电子的能量 E 和 k 之间是一抛物线关系。在一维周期性晶体中，

$V_0 \neq 0$ 而且随 V_0 的增加电子将被紧紧束缚在图 4.2 所示的量子阱或原子附近，我们将式子(4.6)的左半部分定义为函数 $f(\alpha a)$，即

$$f(\alpha a) = P' \frac{\sin(\alpha a)}{\alpha a} + \cos(\alpha a) \tag{4.8}$$

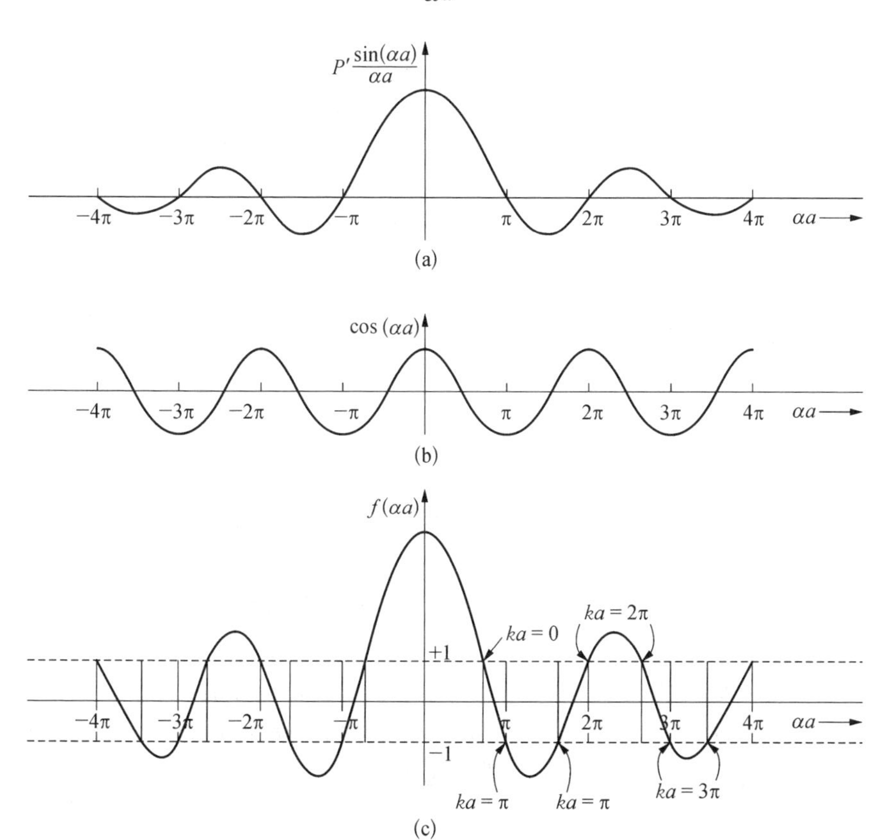

图 4.3　式(4.8)中第一项、第二项和函数 $f(\alpha a)$ 与 αa 的关系[1]

图 4.3 给出了式(4.8)中第一项[图 4.3(a)]、第二项[图 4.3(b)]和函数 $f(\alpha a)$ 与 αa 的关系。根据式(4.6)，函数 $f(\alpha a)$ 又可以表示为

$$f(\alpha a) = \cos(ka) \tag{4.9}$$

由于 $-1 \leqslant \cos(ka) \leqslant 1$，$f(\alpha a)$ 的取值也应该在[-1, 1]之间，如图 4.3(c)所示。从图 4.3(c)上还可以看到，为了保证 $f(\alpha a)$ 的值在[-1, 1]之间，αa 只能取某一些区间的值，即 αa 的取值是间断的。根据 $\alpha^2 = \frac{2mE}{\hbar^2}$，得到能量 E 的取值也是间断的，如图 4.4 所示。因此式(4.6)给出了一维周期性晶格中电子能量 E 的取值范围，以及能量 E 和波矢 k 之间满足的关系。

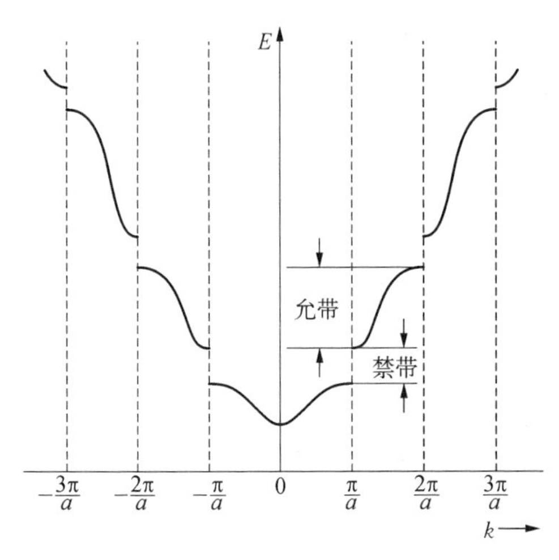

图 4.4　能量和波矢 k 的关系图[1]

在三维晶体的周期性势场中，电子波函数将展开成为某一布洛赫函数的集合，然后将电子波函数代入薛定谔方程，得到展开式的系数所满足的久期方程，求解该方程得到电子能量的本征值，进而得到能量本征值对应的本征波函数。这就是能带理论计算的基本求解思路。根据选取的布洛赫波函数集合和势场的处理方法，固体能带的计算方法可以分成正交平面波方法、紧束缚近似方法、缀加平面波方法、格林函数方法、赝势方法和 $k \cdot p$ 微扰方法等。用不同固体能带的计算方法但得到电子能量 E 的取值都是间断的。当电子在晶体中运动时，电子能量可以取的值组成了允带，而允带与允带之间是禁带。不同允带能量对应得 k 的范围称为布里渊区。在晶体中，电子将按照能量从低到高依次填充不同的能带。在绝对温度为零时，最高的一个被电子填满的能带称为价带，而最低的一个未被电子填充的能带称为导带。在导带中，能量极小值处被称为导带底，价带中能量极大值处被称为价带顶。在 k 空间中，导带底和价带顶位于同一 k 值处的材料时称为直接带隙材料，否则称为间接带隙材料。

在研究光电材料特性时，我们主要关心它们本身的电学特性或者材料与光作用之后的电学特性，因此研究光电材料的电学特性是非常重要的。在光电材料中，当某一能带全部被电子填满时，该能带的电子对电导没有贡献，即满带电子对电导没有贡献。当绝对温度不为零时，价带电子将获得足够大的能量，从而使价带电子跃迁到导带上，这时价带将出现一些未被电子占据的状态，我们称之为空穴。在外加电场作用下，电子和空穴将受到电场力作用而运动，因此在绝对温度不为零时电子和空穴将成为参与导电的主要载流子。

4.2　光电跃迁

在光照条件下，固体材料的电子将与光子发生相互作用，主要过程包括光的吸收和光的发射。在光照条件中，晶体中的电子吸收光子能量，电子将从低能量状态跃迁(基态)到高能量状态(激发态)，这就是光的吸收过程。在光吸收过程中，光子能量转换成电子能量。根据光吸收效应，我们可以制备光探测器，如光电导探测器和光伏探测器。光发射过程是指电子从激发态回到基态并发射出光子的过程，也称为辐射复合跃迁，其主要包括自发辐射跃迁和受激辐射跃迁。在光发射过程中,电子能量转换成光子能量,利用辐射跃迁可以制备发光器件,如二极管和激光器。在光吸收和光发射过程中,主要涉及电子基态和激发态之间的跃迁过程。在光电材料中,光吸收和光发射过程主要是涉及电子在不同能带之间的跃迁(带间跃迁)、电子在同一能带的不同能级之间的跃迁(带内跃迁)。当电子在不同能带之间跃迁时,有禁带中的能级参与,则该跃迁过程称为间接跃迁;而不包含禁带中能级参与的带间跃迁称为直接跃迁。此外,在低维体系中,如量子阱体系,电子能带将分裂成一系列子能带,电子在子能带之间的跃迁称为子带间跃迁。在硅材料中,导带底和价带顶位于不同的 k 值处,电子在导带和价带之间跃迁时电子的 k 值(即电子动量)将发生变化,这一过程主要由声子参与完成。因此,在硅材料中,将有电子、光子和声子这三种粒子参与光电跃迁过程,这些粒子在相互作用时,要满足能量守恒和动量守恒。

根据波粒二象性,光是一种粒子同时也是一种电磁波。在电磁辐射场的作用下,光电材料中电子态的效应可以用量子力学的微扰方法来处理,即无电磁辐射场时晶体中电子的哈密顿量用 H_0 表示,当存在电场辐射场时引入微扰哈密顿量 H'。在电磁辐射场作用下,在具有周期性势场中运动的电子的薛定谔方程为[2]

$$(H_0 + H')\varphi(\boldsymbol{r}) = E\varphi(\boldsymbol{r}) \tag{4.10}$$

其中

$$H_0 = \frac{p^2}{2m} + V(\boldsymbol{r}),\ H' = -\frac{e}{mc}\boldsymbol{A}\cdot\boldsymbol{p} + \frac{e^2A^2}{2mc^2} \tag{4.11}$$

式中,$V(\boldsymbol{r})$ 为晶体的周期性势场;A 为电磁辐射的矢量势;$\boldsymbol{p}$ 为电子的动量;e 为单位电荷电量;m 为电子的质量;c 为光速。在微扰哈密顿 H' 中,第二项是 A^2 项,通常是 A 的一个高阶无穷小量,可以忽略。因此,在电磁辐射场中,电子和电磁场相互作用引起的微扰哈密顿量

$$H'(t) = -\frac{e}{mc}\boldsymbol{A}\cdot\boldsymbol{p} \tag{4.12}$$

它和时间相关,主要是因为电磁辐射场的矢量势 $\boldsymbol{A}$ 是时间的函数,且可以表示为

$$\boldsymbol{A}(\boldsymbol{r},t) = \boldsymbol{A}_0[\mathrm{e}^{i(\boldsymbol{q}\boldsymbol{r}-\omega t)} + \mathrm{e}^{-\mathrm{i}(\boldsymbol{q}\boldsymbol{r}-\omega t)}] \tag{4.13}$$

式中,A_0 是一个实数,且假设 $t=0$ 时光开始与晶体中的电子发生相互作用,电磁辐射的波矢 q 与角频率 ω 之间满足关系式 $q=\omega/c$。在微扰哈密顿量 H' 的作用下,t 时间内一个电子从波矢是 $\boldsymbol{k}$ 的初态 $/i\rangle$ 跃迁到波矢为 $\boldsymbol{k}'$ 的终态 $/f\rangle$ 的概率 w 由费米黄金法则给出,即

$$w(\omega,t,\boldsymbol{k},\boldsymbol{k}') = \left|\sum_{\lambda}\int_0^t \mathrm{d}t'\int_r \Psi_f(\boldsymbol{k}',\boldsymbol{r})H_{eR}\Psi_i^*(\boldsymbol{k},\boldsymbol{r})\mathrm{d}\boldsymbol{r}\right|^2 \tag{4.14}$$

这里的 Ψ_f 和 Ψ_{i} 是晶体的布洛赫函数，即

$$\Psi_{\mathrm{i}}(\boldsymbol{k},\ \boldsymbol{r}) = \exp\left[-\mathrm{i}\frac{E_{\mathrm{i}}}{\hbar}t\right]\exp[i\boldsymbol{kr}]u_{\mathrm{i}}(\boldsymbol{k},\ \boldsymbol{r}) \tag{4.15}$$

$$\Psi_f(\boldsymbol{k}',\ \boldsymbol{r}) = \exp\left[-\mathrm{i}\frac{E_f}{\hbar}t\right]\exp[\mathrm{i}\boldsymbol{k}'\boldsymbol{r}]\ u_f(\boldsymbol{k}',\ \boldsymbol{r}) \tag{4.16}$$

由此得到

$$w(\omega,\ t,\ \boldsymbol{k},\ \boldsymbol{k}') = \left|\int_0^t \mathrm{d}t'\exp\left[-\mathrm{i}\frac{E_f - E_{\mathrm{i}} \pm \hbar\omega}{\hbar}t'\right]\int_r \Psi_f H_{eR}^{\pm}\Psi_{\mathrm{i}}^{*}\,\mathrm{d}\boldsymbol{r}\right|^2 \tag{4.17}$$

式(4.17)中的 Ψ_f 和 Ψ_{i} 不再包含时间因子。式(4.17)表明，只有当 $E_f - E_{\mathrm{i}} \pm \hbar\omega = 0$ 时，式中的积分才不为零，因此得到 $H_{eR}^{\pm}$ 微扰作用下电子从初态/i>跃迁到终态/f>的概率

$$w(\hbar\omega) = \frac{2\pi}{\hbar}\langle f|\ H_{eR}^{\pm}\ |\mathrm{i}\rangle\delta(E_f - E_{\mathrm{i}} \pm \hbar\omega) \tag{4.18}$$

式(4.18)中“+”表示发射光子，“-”表示吸收光子，$\langle f|\ H_{eR}^{\pm}\ |\mathrm{i}\rangle$ 是跃迁矩阵元，而且是在一级微扰近似下得到的光电跃迁概率。若考虑二级微扰过程，其跃迁概率表示为

$$w(\omega,\ t,\ \boldsymbol{k},\ \boldsymbol{k}') = \frac{2\pi}{\hbar}\left|\sum_{\beta}\frac{\langle f|\ H_{eR}^{\pm}\ |\beta\rangle\langle\beta|\ H_{eR}^{\pm}\ |\mathrm{i}\rangle}{E_\beta - E_{\mathrm{i}} \mp \hbar\omega}\right|^2\delta(E_f - E_{\mathrm{i}} \mp \hbar\omega \mp \hbar\omega) \tag{4.19}$$

式(4.19)中“+”表示发射光子，“-”表示吸收光子。在弱光强的条件下，只要考虑一级微扰效应。对固体材料的吸收和发射光谱，需要对所有能给出跃迁的初态、末态求和，跃迁概率可以表示为

$$W(\hbar\omega) = \sum w(\hbar\omega) = \frac{2\pi}{\hbar}\sum_{f,\ \mathrm{i}}\langle f|\ H_{eR}^{\pm}\ |\mathrm{i}\rangle\delta(E_f - E_{\mathrm{i}} \pm \hbar\omega) \tag{4.20}$$

这就是在光辐射场和固体材料中电子体系相互作用系统下光吸收跃迁概率和光发射跃迁概率的表达式。在 H_{eR}^{-} 作用下，固体中电子将吸收光子发生吸收跃迁；在 H_{eR}^{+} 作用下，电子将发生受激辐射跃迁过程和自发辐射跃迁过程，总的发射跃迁概率是这两项的和。假设 λ 模式的辐射场频率是 ω_λ，其辐射能量密度可以表示为

$$\bar{U}_\lambda = N_\lambda\hbar\omega_\lambda$$

式中，N_λ 为 λ 模式的光子数密度。根据电磁场理论，得到 λ 模式的辐射场的矢量势 $A_{0,\ \lambda}$ 满足如下关系式：

$$|A_{0,\lambda}|^2 = \frac{2}{\varepsilon\omega_\lambda^2}\bar{U}_\lambda = \frac{2N_\lambda\hbar}{\varepsilon\omega_\lambda} \tag{4.21}$$

考虑自发辐射跃迁过程后,式(4.21)表示为

$$|A_{0,\lambda}^{em}|^2 = \frac{2}{\varepsilon\omega_\lambda^2}\bar{U}_\lambda = \frac{2\hbar}{\varepsilon\omega_\lambda}(N_\lambda + 1) \tag{4.22}$$

它表示当无外加辐射场时仍然存在辐射复合跃迁过程。因此,吸收和发射跃迁概率可以表示为

$$W_{ab}(\hbar\omega) = \frac{2\pi}{\hbar}\sum_\lambda\sum_{u,l}|H_{ul}^{ab}|^2 N_\lambda\delta(E_u - E_l - \hbar\omega_\lambda) \tag{4.23}$$

$$W_{em}(\hbar\omega) = \frac{2\pi}{\hbar}\sum_\lambda\sum_{u,l}|H_{ul}^{ab}|^2(N_\lambda + 1)\delta(E_u - E_l + \hbar\omega_\lambda) \tag{4.24}$$

考虑光的两个偏振态,外加光辐射场的总模式密度

$$G(\hbar\omega) = 2\int_\Omega G_\Omega \mathrm{d}\Omega_q = \frac{(\eta\hbar\omega)^2}{(\pi c)^2\hbar^3 v_g} \tag{4.25}$$

式中,$q = \eta\omega/c$; $v_g = \mathrm{d}\omega/\mathrm{d}q$, 这样可以求出式(4.23)和式(4.24)中波矢为 $\boldsymbol{q}$ 的辐射场的光子数密度

$$\sum_\lambda N_\lambda = 2\int G(q,\ \hbar\omega)N_\lambda d\Omega_q \mathrm{d}(\hbar\omega) = \bar{N}G(\hbar\omega)\mathrm{d}(\hbar\omega) \tag{4.26}$$

于是,吸收和发射跃迁概率可以表示为

$$W_{ab}(\hbar\omega) = \frac{2\pi}{\hbar}\sum_{u,l}|H_{ul}^{ab}|^2\,\overline{N_\lambda}G(\hbar\omega)\delta(E_u - E_l - \hbar\omega) \tag{4.27}$$

$$W_{em}(\hbar\omega) = \frac{2\pi}{\hbar}\sum_{u,l}|H_{ul}^{ab}|^2(\overline{N_\lambda} + 1)G(\hbar\omega)\delta(E_u - E_l + \hbar\omega) \tag{4.28}$$

根据式(4.27)和式(4.28),我们可以研究固体材料和光辐射场相互作用时光吸收和光发射的基本物理过程。

在固体材料中,跃迁初态被电子占据的概率 n_u 和终态不被电子占据的概率 n_l',得到自发辐射跃迁概率表达式

$$R_{sp}(\hbar\omega) = -\frac{2\pi}{\hbar}\sum_{u,l}\langle|H_{ul}^{ab}|^2\rangle_{av}G(\hbar\omega)n_u n'_l\delta(E_l - E_u + \hbar\omega) \tag{4.29}$$

而吸收系数表示为

$$\alpha(\hbar\omega)=\frac{2\pi}{\hbar}\sum_{u,l}\langle|H_{ul}^{ab}|^2\rangle_{av}\frac{n_l n_u'-n_u n_l'}{v_{en}}\delta(E_u-E_l-\hbar\omega) \tag{4.30}$$

式(4.30)中包含在光辐射场作用下电子从低能态跃迁到高能态的光吸收过程和从高能态跃迁回到低能态的受激辐射光跃迁过程,因此这里的吸收系数是净吸收系数,v_{en}是光辐射场传播的速度。将式(4.30)代入式(4.29),并对所有能量求和后得到

$$R_{sp}=v_{en}G(\hbar\omega)\alpha(\hbar\omega)\frac{n_u n_l'}{n_l n_u'-n_u n_l'} \tag{4.31}$$

这就是著名的冯·鲁斯勃吕克-肖克莱(Von Roosbruck-Schockley)关系式,它主要反映了固体中光吸收和光发射过程之间的相互关系。在固体材料中,占据导带能量为E_c的量子态的电子数目可以根据态密度$g(E)$和费米分布函数$f(E)$得到

$$n_u=g(E_c)f(E_c) \tag{4.32}$$

能量是E_c的量子态不被占据的数目

$$n_u'=g(E_c)[1-f(E_c)] \tag{4.33}$$

其中,费米分布函数表示为

$$f(E_c)=\frac{1}{1+\exp\left(\dfrac{E_c-E_{Fn}}{k_BT}\right)} \tag{4.34}$$

价带能量为E_V处不被电子占据的概率

$$f'(E_v)=1-\frac{1}{1+\exp\left(\dfrac{E_v-E_{Fp}}{k_BT}\right)} \tag{4.35}$$

这里E_{Fn}和E_{Fp}分别表示电子和空穴的准费米能级。由此得到式子(4.31)中,因子

$$\frac{n_u n_l'}{n_l n_u'-n_u n_l'}=\frac{f(E_c)f'(E_v)}{[1-f'(E_v)][1-f(E_c)]-f(E_c)f'(E_v)}=\frac{f(E_c)[1-f(E_v)]}{f(E_v)-f(E_c)}$$

$$=\frac{1}{\exp\left[\dfrac{E_c-E_v-(E_{Fn}-E_{Fp})}{k_BT}\right]-1} \tag{4.36}$$

这里$E_{Fn}-E_{Fp}=\Delta E_F$, $E_c-E_v=\hbar\omega$。在热平衡条件下,导带电子的费米能级和价带空穴的费米能级重合,$\Delta E_F=0$。在光辐射的作用下,注入了非平衡载流子,也称为过剩载流子,在导带和价带之间的复合过程非常缓慢,但是它们在带内的弛豫时间

很短,也就是非平衡载流子在带内的分布很容易达到平衡,因此对导带电子和价带空穴分别引入各自的费米能级,称为准费米能级。导带电子的准费米能级和价带空穴准费米能级的差反映了体系偏离平衡态的程度。将式(4.36)代入式(4.31)得到

$$R_{sp} = v_{en} G(\hbar\omega)\alpha(\hbar\omega)\frac{n_u n'_l}{n_l n'_u - n_u n'_l} = \frac{1}{\exp\left(\frac{\hbar\omega - \Delta E_F}{k_B T}\right) - 1} \tag{4.37}$$

通常,分母中的指数项远大于 1,代入外加光辐射场的总模式密度,即式(4.25),简化得到

$$R_{sp} = \frac{(\eta\hbar\omega)^2}{(\pi c)^2\hbar^3}\alpha(\hbar\omega)\exp\left(-\frac{\hbar\omega}{k_B T}\right)\exp\left(\frac{\Delta E_F}{k_B T}\right) \tag{4.38}$$

根据式(4.38),我们可以从实验上得到的吸收光谱推测出辐射复合的速率和发光谱线的情况,这将有助于我们分析解释实验得到的发光光谱结果。

4.2.1　带间直接跃迁过程

在半导体材料中,外加光照作用下电子从价带跃迁到导带时,初态为价带,末态为导带,电子初末态的能量分别为 E_v 和 E_c。电子在跃迁过程中,跃迁概率满足式(4.23),根据 δ 函数可以得到

$$E_c - E_v = \hbar\omega \tag{4.39}$$

即跃迁过程中需要满足能量守恒,还需要满足动量守恒。当导带和价带这两个态的电子耦合时,和动量相关的跃迁矩阵元

$$\langle n'\boldsymbol{k}' | \boldsymbol{p} | n\boldsymbol{k}\rangle = \int d^3 r e^{-i\boldsymbol{k}'\cdot\boldsymbol{r}} u^*_{n'k'}(\boldsymbol{r})\left(\frac{\hbar}{i}\nabla\right) e^{-i\boldsymbol{k}\cdot\boldsymbol{r}} u_{nk}(\boldsymbol{r}) \tag{4.40}$$

动量算符∇作用到布洛赫函数上之后得到

$$\langle n'\boldsymbol{k}' | \boldsymbol{p} | n\boldsymbol{k}\rangle = \int d^3 r e^{-i(\boldsymbol{k}-\boldsymbol{k}')\cdot\boldsymbol{r}} u^*_{n'k'}(\boldsymbol{r})\left(\hbar\boldsymbol{k} + \frac{\hbar}{i}\boldsymbol{\nabla}\right) u_{nk}(\boldsymbol{r}) \tag{4.41}$$

在平移操作变换 $\boldsymbol{r}\to\boldsymbol{r}+\boldsymbol{R}_n$ 的作用下, $u^*_{n'k'}(\boldsymbol{r})\ \boldsymbol{\nabla} u_{nk}(\boldsymbol{r})$ 具有晶格周期性,因此可以按照傅里叶级数展开,即

$$\frac{\hbar}{i} u^*_{n'k'}(\boldsymbol{r})\ \boldsymbol{\nabla} u_{nk}(\boldsymbol{r}) = \sum_m F_m e^{i\vec{G}_m\cdot\vec{r}} \tag{4.42}$$

这里的 $\boldsymbol{G}_m$ 是倒格子矢量,因此积分

$$\int d^3 r e^{-i(\boldsymbol{k}-\boldsymbol{k}')\cdot \boldsymbol{r}} u_{n'k'}^{*}(\boldsymbol{r}) \frac{\hbar}{i} \nabla u_{nk}(\boldsymbol{r}) = \sum_m \int d^3 r e^{-i(\boldsymbol{k}-\boldsymbol{k}')\cdot \boldsymbol{r}} F_m e^{i\boldsymbol{G}_m \cdot \boldsymbol{r}} \tag{4.43}$$

上述积分不为零的条件是

$$\boldsymbol{k} - \boldsymbol{k}' + \boldsymbol{G}_m = 0 \tag{4.44}$$

在直接跃迁过程中，$\boldsymbol{k} - \boldsymbol{k}'$ 位于第一布里渊区范围之内，因此，$\boldsymbol{k}$ 和 $\boldsymbol{k}'$ 之间只能差一个倒格子矢量 $\boldsymbol{G}_m = 0$。也就是说，在直接跃迁过程中，需要满足 $\boldsymbol{k} = \boldsymbol{k}'$，即跃迁只能发生在晶体动量 $\hbar \boldsymbol{k}$ 相同的两个能量状态之间，这主要是由晶格周期性决定的。

4.2.2 带间间接跃迁过程

在间接带隙半导体中，电子吸收光子从价带跃迁到导带时，将吸收或者发射一个能量为 $\hbar\omega_q$ 的声子，需要满足的能量守恒条件是

$$\hbar\omega = E_f - E_i \pm \hbar\omega_q \tag{4.45}$$

其中，E_f和 E_i分别表示电子末态和初态的能量，± 号中的加号表示发射声子，减号表示吸收声子。在半导体材料中，用 E_c表示导带底的能量，k_c是导带底电子的波矢，E_v表示价带顶的能量，E_n和 $\boldsymbol{k}_n - \boldsymbol{k}_c$ 分别表示激发的电子的能量和动量，E_p和 $\boldsymbol{k} = 0$ 表示激发空穴的能量和动量。

由此得到能量守恒关系式

$$\hbar\omega = E_g - \hbar\omega_q + \frac{\hbar^2 (\boldsymbol{k}_n - \boldsymbol{k}_c)^2}{2m_n} + \frac{\hbar^2 k_p^2}{2m_n} \tag{4.46}$$

其中，$E_g = E_c - E_v$ 是导带底和价带顶的能量差，$\hbar(\boldsymbol{k}_n - \boldsymbol{k}_c)$ 表示激发态电子动量和导带底电子动量的差。因此，激发的电子动能表示为

$$E_n - E_c = \frac{\hbar^2 (\boldsymbol{k}_n - \boldsymbol{k}_c)^2}{2m_n} \tag{4.47}$$

价带空穴的动能

$$E_p = \frac{\hbar^2 \boldsymbol{k}_p^2}{2m_p} \tag{4.48}$$

根据能量守恒和动量守恒得到

$$\hbar\omega = E_g - \hbar\omega_q + (E_n - E_c) + E_p \tag{4.49}$$

$$\hbar \boldsymbol{q} = \hbar \boldsymbol{k}_n - \hbar \boldsymbol{k}_p \tag{4.50}$$

在间接跃迁过程中，电子跃迁到导带能量为 E_n的状态，其能态密度

$$\rho_c(E_n) \propto (E_n - E_c)^{1/2} \tag{4.51}$$

根据间接跃迁的能量守恒条件

$$\rho_c(E_n) \propto (\hbar\omega - E_g - E_p + \hbar\omega_q)^{1/2} \tag{4.52}$$

当 E_p 的值取 0 时，所有的动能转移给电子，而当 $E_n - E_c = 0$ 时，所有的动能转移给了空穴。这里我们用 δ 表示价带空穴的动能，即

$$\delta = \hbar\omega - E_g + \hbar\omega_q \tag{4.53}$$

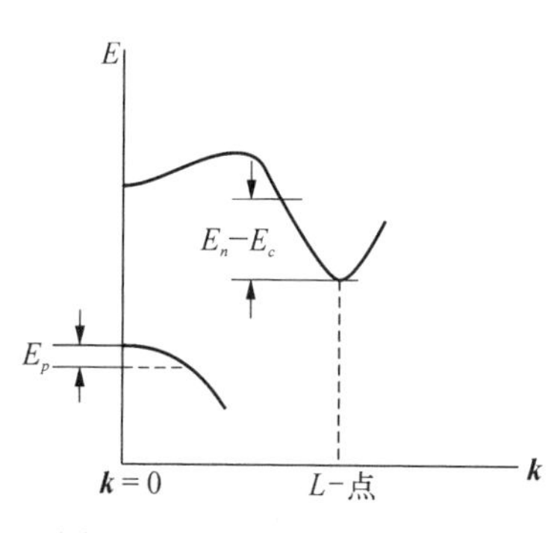

图 4.5　间接跃迁过程电子初、末态的能量和动量[2]

价带空穴的能态密度

$$\rho_v(E_p) \propto E_p^{1/2} \tag{4.54}$$

根据能量守恒，得到伴随声子吸收跃迁过程的有效态密度

$$\rho(\hbar\omega) \propto \int_0^\delta \rho_c(E_n)\rho_v(E_p)\,\mathrm{d}E_p \propto \int_0^\delta \sqrt{\delta - E_p}\,\sqrt{E_p}\,\mathrm{d}E_p \tag{4.55}$$

假设 $u = E_p$，$v = \delta - E_p$，则上述积分表达式可以写为

$$\int_0^\delta \sqrt{uv}\,\mathrm{d}u = \frac{\delta - 2v}{4}\sqrt{uv}\,\Big|_0^\delta + \frac{\delta^2}{4}\tan^{-1}\sqrt{\frac{u}{\delta - u}}\,\Bigg|_0^\delta = \frac{\delta^2\pi}{8} \tag{4.56}$$

由此可以得到伴随生子吸收跃迁过程的有效态密度

$$\rho(\hbar\omega) \propto \frac{\pi}{8}(\hbar\omega - E_g + \hbar\omega_q)^2 \tag{4.57}$$

式(4.57)表明间接跃迁概率和所吸收的声子频率有关。此外伴随声子吸收过程的跃迁概率还和声子数有关，满足玻色爱因斯坦分布函数

$$n(\hbar\omega_q) = \frac{1}{\exp(\hbar\omega_q/k_BT) - 1} \tag{4.58}$$

因此，间接跃迁过程中吸收系数表示为

$$\alpha_{abs}(\omega) = C_\alpha \frac{(\hbar\omega - E_g + \hbar\omega_q)^2}{\exp(\hbar\omega_q/k_BT) - 1} \tag{4.59}$$

式中，C_α 为间接跃迁伴随声子吸收过程的一个常数。伴随着发射声子的吸收跃迁过程，发射声子的概率

$$n(\hbar\omega_q) + 1 = \frac{1}{1 - \exp(-\hbar\omega_q/k_BT)} \tag{4.60}$$

因此得到伴随发射声子的吸收系数

$$\alpha_{emi}(\omega) = C_e \frac{(\hbar\omega - E_g + \hbar\omega_q)^2}{1 - \exp(-\hbar\omega_q/k_B T)} \tag{4.61}$$

在低温条件下,间接跃迁过程中声子发射过程占主要地位,这是因为低温下声子数目比较少。对于吸收和发射声子的间接跃迁过程,吸收阈值随声子能量而变,如图 4.6 所示,吸收声子的跃迁过程发生在 $\hbar\omega = E_g - \hbar\omega_q$,而发射声子的跃迁过程发生在 $\hbar\omega = E_g + \hbar\omega_q$。在光子能量比较小的范围内,$\sqrt{\alpha_{abs}(\omega)}$ 与光子能量 $\hbar\omega$ 之间满足 $\sqrt{\alpha_{abs}(\omega)} \propto (\hbar\omega - E_g + \hbar\omega_q)$,而随着光子能量的增加,$\sqrt{\alpha_{ems}(\omega)}$ 与光子能量 $\hbar\omega$ 之间满足 $\sqrt{\alpha_{ems}(\omega)} \propto (\hbar\omega - E_g - \hbar\omega_q)$,而实际上吸收系数随光子能量的变化是光子吸收跃迁过程和声子发射吸收跃迁过程的叠加效果。

图 4.6 是不同温度下 Si 材料的吸收系数随光子能量的变化曲线。对于间接带隙半导体材料 Si 而言,可以很明显观察到光子能量较低情况下吸收声子的吸收跃迁是主要的跃迁机制,随光子能量的增加,发射声子的吸收跃迁成为主要的跃迁过程。此外,从图 4.6 还可以观察到随温度升高吸收声子的吸收跃迁过程变得比较明显,而发射声子的吸收跃迁过程随温度变化不大。这主要是因为对于声子吸收过程而言,必须要有合适波矢的声子出现才可以发生吸收声子的光吸收跃迁过程,而晶格振动是一种热效应过程,低温条件下只有少量声子出现,随温度升高,不同振动模式的声子才会出现,从而高温条件下伴随声子吸收过程的光吸收跃迁效应才会比较显著。对于发射声子的光吸收跃迁过程而言,声子是发射过程本身产生的,从而伴随声子发射的跃迁过程对温度不敏感。由于 Si 材料具有较高的德拜温

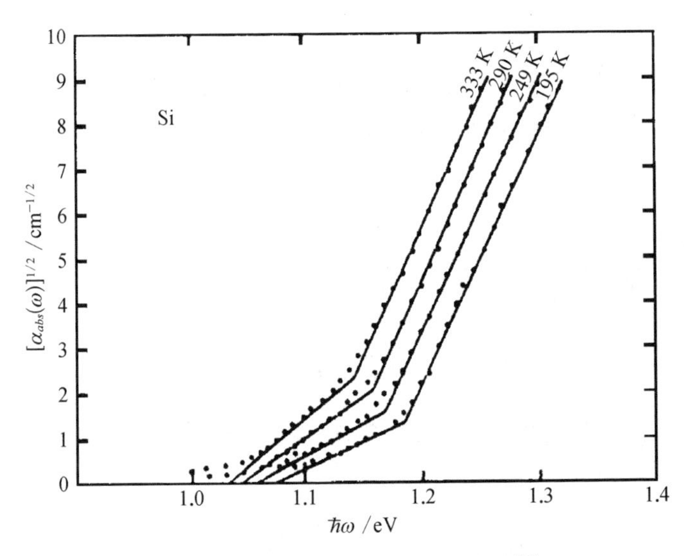

图 4.6　吸收系数随光子能量的变化[2]

度（$\theta_D = 685$ K），在室温下只有较少的几种振动模式能被激发出来，从而在室温下光吸收跃迁过程主要伴随着声子发射过程。在伴随声子吸收或发射的光吸收过程中，具有某一波矢 $\boldsymbol{q}$ 的声子有光学支和声学支，而且每一支还有横波和纵波两种模式。因此通过分析光学吸收系数可以得到不同声子的频率。图 4.7 给出了间接带隙半导体材料 GaP 的吸收系数和光子频率关系，可以获取 LO、LA、TO、TA 声子的能量 $\hbar\omega_q$。

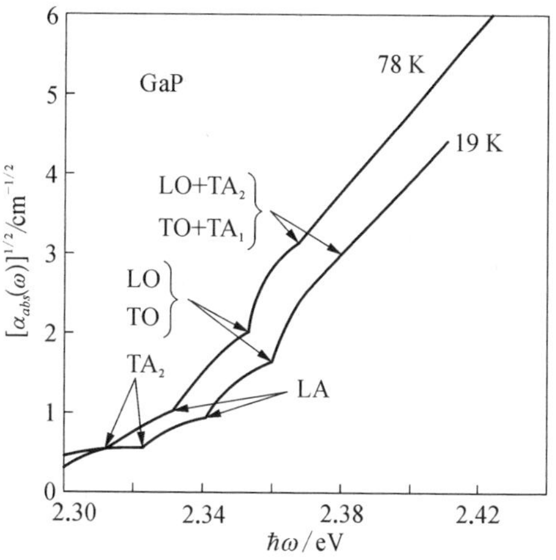

图 4.7　间接带隙半导体 GaP 的吸收系数和光子能量的关系[2]

4.3　自旋调控

4.3.1　自旋的描述

在研究碱金属原子光谱的精细结构时，发现碱金属原子的 s 能级是单层的，其余 p、d、f 等能级都是双层的。在 1925 年，G. Uhlenbeck 和 S.A. Goudsmit 提出，可以设想电子具有某种方式的自旋，这是电子的属性之一，也称为电子的固有矩。在原子内，核外电子绕原子核作轨道运动，形成微小电流，电流产生的磁场可以用磁偶极矩来描述。若用 I 表示电流大小，S 表示圆面积，则该圆形电流的磁偶极矩为

$$\boldsymbol{m} = IS\boldsymbol{e}_n \tag{4.62}$$

$\boldsymbol{e}_n$ 是圆面积的正法线方向的单位矢量，与电流之间满足右手螺旋定则。当质量为 m_e 的电子绕原子核运动时，假设其半径是 r，运动速率为 v，电子轨道运动的周期 $\dfrac{2\pi r}{v}$。电子轨道运动形成的电流 $I = \dfrac{e}{2\pi r/v} = \dfrac{ev}{2\pi r}$，电子轨道运动的磁矩 $m = IS = \dfrac{ev}{2\pi r}\pi r^2 = \dfrac{evr}{2}$。由于电子轨道运动的角动量 $L = m_e vr$，所以轨道磁矩可以表示为

$$m = \frac{e}{2m_e}L \tag{4.63}$$

量子力学给出总的轨道角动量是量子化的，即 $L = m_l\hbar$，$m_l = 0, 1, 2, \cdots$。电子自旋的磁矩

$$m = \frac{e}{m_e}S \tag{4.64}$$

电子的自旋角动量 S 大小为 $\hbar/2$。

若以电子为参考系,将观察到原子核绕电子运动,原子核的运动形成电流,该电流产生磁场。在该磁场的作用下,电子自旋取向量子化,而且不同取向的电子具有不同的能量,实验上观察到碱金属能级分裂成两层,表明自旋只有两个取向。由于电子做轨道运动时,轨道角动量的取向有 $2m_l+1$ 个。假设自旋角动量为 $m_s\hbar$,则外加磁场中自旋取向 $2m_s+1=2$, 因此 $m_s=1/2$。也就是说,在外加磁场中,电子自旋取向一个是和磁场方向平行,一个和磁场方向反平行。电子的自旋角动量和轨道角动量合成一个总的角动量

$$J=L\pm S=(m_l\pm m_s)\hbar=j\hbar \tag{4.65}$$

在碱金属光谱实验中发现,发射跃迁和吸收跃迁发生时,需要满足以下条件:

$$\Delta l=\pm 1,\ \Delta j=0,\ \pm 1 \tag{4.66}$$

上面用经典模型给出了电子轨道运动的角动量,量子力学理论也给出同样的结果,而且相对论量子力学还给出了自旋角动量,其具体推导如下。

薛定谔方程是量子力学的基本方程,是非相对论的。在原子和分子中,粒子运动的速度远远小于光速,因此非相对论的薛定谔方程基本可以描述原子和分子的大部分物理现象。在高能领域,需要描述粒子的产生和湮灭,非相对论薛定谔方程就无能为力了。根据相对论,自由粒子的能量和动量的关系

$$E^2=c^2p^2+m^2c^2 \tag{4.67}$$

作如下替换 $E\rightarrow i\hbar\frac{\partial}{\partial t}$, $p\rightarrow -i\hbar\nabla$, 并代入波函数 $\varphi(\boldsymbol{r},t)$ 上,得到

$$-\hbar^2\frac{\partial^2}{\partial t^2}\varphi=(-\hbar^2c^2\nabla^2+m^2c^2)\varphi \tag{4.68}$$

这是自由粒子的 Klein - Gordon 方程[3]。角频率 ω 和波矢 k 的关系表示为

$$\hbar^2\omega^2=\hbar^2c^2k^2+m^2c^4 \tag{4.69}$$

粒子能量为

$$E=\pm\sqrt{p^2c^2+m^2c^4}=\pm\sqrt{\hbar^2c^2k^2+m^2c^4} \tag{4.70}$$

这里出现了“负能量”的问题,此外还会引起“负概率”的困难。Dirac 试图解决 Klein - Gordon 方程遇到的困难,提出自由电子的 Dirac 方程

$$i\hbar\frac{\partial}{\partial t}\varphi=H\varphi$$

$$H=c\boldsymbol{\alpha}\cdot\boldsymbol{p}+\beta mc^2$$

这里的系数 $\boldsymbol{\alpha}$ 和 β 都是无量纲的,很明显 $[\boldsymbol{p}, H]=0$, 即动量是守恒的。然而,

$$[\boldsymbol{l}, H]=i\hbar c(\boldsymbol{\alpha}\times\boldsymbol{p})$$

这表明自由电子的轨道角动量 $\boldsymbol{l}$ 并不守恒。但是对于一个自由电子,空间是各向同性的,角动量一定守恒。但是上述式子表明角动量不守恒,这就迫使人们要求电子还拥有另一个内禀角动量,即自旋,总角动量

$$\boldsymbol{j}=\boldsymbol{l}+\boldsymbol{s}$$

尽管电子的轨道角动量不守恒,但它的总角动量是守恒量,即 $[\boldsymbol{j}, H]=0$。引入算符 Σ,且满足

$$[\Sigma, \beta]=0,\ [\Sigma_i, \alpha_i]=0,\ i=x, y, z$$

$$[\Sigma_i, \alpha_j]=2i\varepsilon_{ijk}\alpha_k$$

则可以得到 $\left[\frac{1}{2}\Sigma, H\right]=-ic(\boldsymbol{\alpha}\times\boldsymbol{p})$, 因此令 $s=\frac{\hbar}{2}\Sigma$, 则

$$[s, H]=-i\hbar c(\boldsymbol{\alpha}\times\boldsymbol{p})$$

电子自旋 $s=\frac{\hbar}{2}\Sigma$ 要满足实验观测结果,即要求 Σ 在任何方向的分量只能取±1。由此可见,Dirac 方程描述的粒子具有内禀角动量,其值为 $\hbar/2$。对于自由电子来说,虽然轨道角动量和自旋角动量各自都不守恒,但是总的角动量是守恒的。

1990 年,Datta 和 Das 提出了自旋场效应晶体管这一新型电子器件[4]。在自旋场效应晶体管中,信息的载体是电子的另一内禀特性——自旋,晶体管器件的“开”与“关”通过调控自旋来实现。在外加磁场中,电子自旋简并得以解除,引起一定程度的自旋分裂,即 Zeeman 自旋分裂。在自旋轨道耦合比较强的体系中,外加电场也可以将自旋简并解除。自旋轨道耦合是具有自旋的粒子的一种相对论效应。假设自旋粒子(如电子)以速度 v 通过一个电场强度为 E 的电场,它将感受到一个有效磁场的作用,该有效磁场的方向垂直与电场和速度方向,即

$$\boldsymbol{B}=-\frac{\boldsymbol{v}\times\boldsymbol{E}}{c^2}=-\frac{\boldsymbol{p}\times\boldsymbol{E}}{m_0c^2} \tag{4.71}$$

式中,m_0 为电子质量;c 为光速。与外加磁场中电子自旋简并解除引起的 Zeeman 分裂一样,自旋轨道耦合对应的 Hamilton 量也是磁动量和磁场的乘积

$$H_{so}=-\mu_B\boldsymbol{\sigma}\cdot\left(\frac{\boldsymbol{p}\times\boldsymbol{E}}{2m_0c^2}\right) \tag{4.72}$$

其中,μ_B 为玻尔磁子;σ 为 Pauli 算符。在非相对论极限条件下,$p=\hbar k\ll m_0c$, 自旋轨道耦合效应很弱,可以忽略。然而,在半导体材料中,根据 $k\cdot p$ 微扰理论,半导体

带隙 $E_g(\sim\mathrm{eV})$ 代替了方程(4.66)中的 Dirac 带隙 $E_D = 2m_0c^2 \approx 1\ \mathrm{MeV}$，因此半导体(特别是在窄禁带半导体中)的自旋轨道耦合比较强。除此之外，固体中电子的波函数是包络函数和布洛赫函数的乘积，布洛赫函数是振荡频率很高，即电子的动量大，而且它感受到近邻的原子核的电场也很强，因此在半导体材料中存在强的自旋轨道耦合。

4.3.2 Rashba 自旋轨道耦合

在二维电子气体系中，导带的不连续性导致量子阱结构的不对称。这种空间反演不对称引起宏观的电场，从而引起自旋简并解除，这就是所谓的 Rashba 自旋轨道耦合[5-8]。Rashba 自旋轨道耦合的分裂能和宏观的电场成正比，其比例系数依赖于自旋轨道耦合强度。在不对称量子阱结构中，二维电子气的 Rashba 哈密顿量为[4]

$$H_R = \frac{\alpha}{\hbar}(\boldsymbol{p} \times \boldsymbol{\sigma}) \cdot \hat{z} = \alpha(k_x\sigma_y - k_y\sigma_x) \tag{4.73}$$

其中，α 是 Rashba 自旋轨道耦合系数。根据 $k \cdot p$ 微扰理论[9,10]，Rashba 自旋轨道耦合系数由下面的方程决定

$$\alpha = \frac{\hbar^2 E_p}{6m_0}\left[\Psi(z)\left|\frac{\mathrm{d}}{\mathrm{d}z}\left(\frac{1}{E_F - E_{\Gamma_7}(z)} - \frac{1}{E_F - E_{\Gamma_8}(z)}\right)\right|\Psi(z)\right] \tag{4.74}$$

式中，$\Psi(z)$ 是限定在量子阱中电子的波函数；E_p 是带间矩阵元；E_F 是导带的费米能量；E_{Γ_7} 和 E_{Γ_8} 分别是自旋劈裂带 Γ_7 和重空穴价带 Γ_8 的带边能量。方程(4.68)中，自旋轨道耦合参数的大小主要由两个因素决定：不对称量子阱界面附近的电场、异质结界面的不连续性。

在结构反演不对称的低维电子体系中，Rashba 自旋轨道耦合的强度可以用外加偏压控制，利用这一特性可以开发自旋晶体管器件[9,11,12]。自旋轨道耦合使电子感受到一个有效磁场，因此可以通过操纵自旋轨道耦合来调控电子自旋特性。在自旋轨道耦合体系中，自旋霍尔效应将会垂直电流方向的样品边缘产生大的自旋极化。而 Rashba 自旋轨道耦合使经历散射后的电子自旋取向无序化，即发生自旋弛豫。自旋电子学的研究重点之一就是既要保证一定大小的自旋轨道耦合强度，同时还要抑制自旋弛豫，也就是自旋轨道耦合是一把双刃剑，要对其进行合理利用。

4.3.3 Dresselhaus 自旋轨道耦合

在紧束缚近似中，如果不考虑自旋，价带电子具有 p 轨道电子的特征；如果考虑自旋特性后，总角动量有 $j = 3/2$ 和 $j = 1/2$ 两种形式，这两种态能带之间的间隙称

为自旋分裂带隙。这说明自旋轨道耦合相互作用影响晶体中电子的轨道运动。在 Si 和 Ge 半导体中,自旋对自旋轨道耦合的效应不明显。然而,在闪锌矿结构的半导体中,和金刚石结构的 Si 和 Ge 不同,它不具有反演对称中心,即使外加磁场为零的条件下非零波矢的电子也具有一定的自旋分裂,这就是 Dresselhaus 自旋轨道耦合[13,14]。

在立方晶体 A_3B_5体系中,导带自旋分裂的哈密顿量为[14]

$$H_s = \gamma \sum \sigma_i k_i (k_{i+1}^2 - k_{i+2}^2) \qquad i = x,\ y,\ z \qquad i + 3 \rightarrow i \tag{4.75}$$

这里 σ_i是 Pauli 矩阵。在[001]取向的量子阱中,量子化效应使得自旋分裂哈密顿量与二维电子气面内波矢 $k = (k_x,\ k_y)$ 转化成线性依赖关系。导带电子与自旋相关的哈密顿量为[15,16]

$$H_s = \boldsymbol{\sigma} \cdot \boldsymbol{\Omega} \tag{4.76}$$

这里 $\boldsymbol{\sigma} = (\sigma_x,\ \sigma_y)$,$\boldsymbol{\Omega} = (\Omega_x,\ \Omega_y)$,它们都是二维矢量。$2\boldsymbol{\Omega}/\hbar$ 表示电子自旋进动矢量,其大小就是为进动频率,其方向表示进动轴向。考虑各向异性后,二维电子气的自旋进动矢量 $\boldsymbol{\Omega}$ 为[17]

$$\begin{aligned}
&\boldsymbol{\Omega} = \boldsymbol{\Omega}_1 + \boldsymbol{\Omega}_3,\ \Omega_{1x} = -\Omega_1^{(1)} \cos\varphi,\ \Omega_{3x} = -\Omega_3 \cos 3\varphi \\
&\Omega_{1y} = \Omega_1^{(1)} \sin\varphi,\ \Omega_{3y} = -\Omega_3 \sin 3\varphi \\
&\Omega_1^{(1)} = \gamma k\left(\langle k_z^2 \rangle - \frac{1}{4}k^2\right),\ \Omega_3 = \gamma\, \frac{k^3}{4}
\end{aligned} \tag{4.77}$$

这里 $k^2 = k_x^2 + k_y^2$, $\tan\varphi = k_x/k_y$, $\langle k_z^2 \rangle$ 是被限定方向波矢平方的平均值。这就是体反演不对称引起的 Dresselhaus 自旋轨道耦合项的表达式。Dresselhaus 自旋轨道耦合分裂能与宏观电场无关。

4.3.4　自旋相关的磁输运现象

随自旋电子学的发展,载流子的自旋特性研究受到了科学家的广泛关注。特别是在半导体量子阱和异质结构中,研究自旋特性、了解自旋运动的行为特征、用先进技术手段实现自旋特性调控是研制和开发新一代微电子器件的基础。然而,自旋的磁动量很小,对自旋进行直接的探测是非常困难的。因此,通过测量与自旋轨道耦合相关的可测物理量是自旋探测的主要方法,其中自旋轨道耦合参数的测量是目前最常用的自旋探测方法。实践证明磁输运测量是一种非常有效地研究自旋特性的实验方法[18,19]。

(1) 拍频效应

在垂直二维电子气平面方向加一个外加磁场,电子的能级分裂成一系列量子化的朗道能级,每个朗道能级是高度简并的。随磁场的增加,相邻两个朗道能级的间隔(朗道分裂能)增加。相应地,朗道能级的简并度随磁场的增强也逐步增加,在电子数目守恒的条件下,费米能级的态密度随磁场的增加出现周期性变化,从而引起电阻随磁场的增加也发生周期,即 Shubnikov de - Hass(SdH)振荡[20]。在异质结结构中,结构反演不对称会引起零场自旋分裂。在外加磁场中,自旋分裂的两个子能带形成各自的朗道能级,这两套朗道能级形成各自的 SdH 振荡,由于自旋分裂子能带的 SdH 振荡频率和振幅接近,因此在磁输运实验中会观察到 SdH 振荡的拍频效应,如图 4.8 所示[8]。通过分析拍频效应我们可以得到自旋轨道耦合的相关信息。

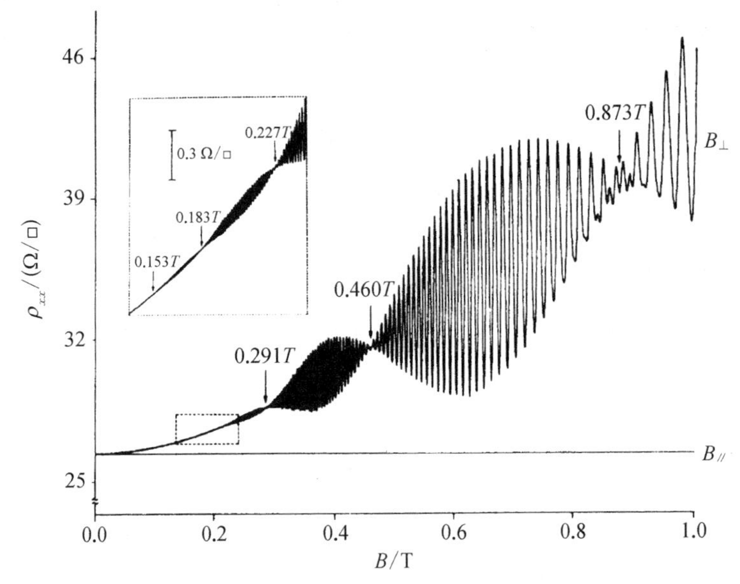

图 4.8 $In_{0.65}Ga_{0.35}As/In_{0.52}Al_{0.48}As$ 异质结的 SdH 振荡测试结果,测量温度为 0.5 K[8]

(2) 弱局域和反弱局域效应

测量低磁场下的反常磁阻是用输运方法研究自旋特性的另一个非常重要的方法。弱局域效应是沿时间反演路径正向和反向运动电子波函数之间的干涉引起的,这一效应让电子回到某点的概率增加,而外加磁场将破坏这一干涉效应,在磁输运测试中会观察到负磁阻效应[21]。然而,在实验上观察到反常的正磁阻效应,这是自旋轨道耦合引起的,我们称之为反弱局域效应[22],在二维和三维体系中均观察到了反弱局域效应[23-25],这也是研究自旋特性的重要手段。

根据 Feynmann 量子力学表达,电子可以沿着不同路径从 A 点过渡到 B 点,如图 4.9(a)所示,总过渡概率 P 是所有可能路径概率幅相加绝对值的平方,即[26]

$$P = \left|\sum_n A_n\right|^2 = \sum_n |A|^2 + \sum_{n\neq m} A_n A_m^* \tag{4.78}$$

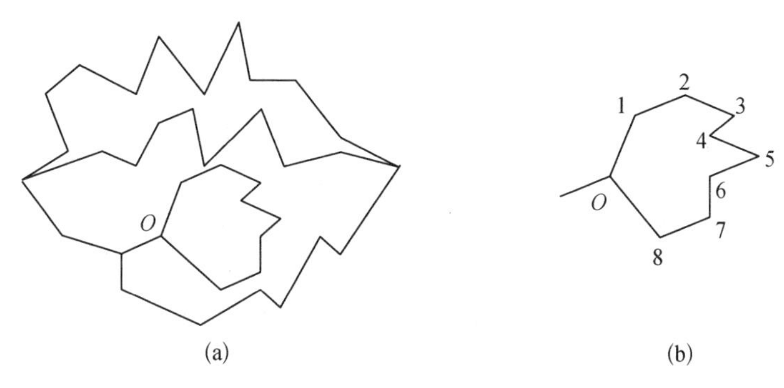

图4.9 (a) 从A到B的多条无规行走路径;(b) 从O点出发的闭合路径

这里,A_n是第n条路径的概率幅,可以表示为$A_n = |A_n| \exp(i\varphi_n)$,$\varphi_n$表示第$n$条路径的相位因子。在式(4.1)中,第一项表示从A点到B点的经典扩散概率,第二项是不同路径之间的量子相干引起的。在经典力学中,相位相干性可以忽略;在量子力学中,需要考虑不同路径的量子相干效应,即式(4.1)中的第二项,特别是对于一类自相交的路径,如图4.9(b)所示,从O点出发的电子,可以沿顺时针方向经过多次散射返回O点,即O-1-2-3-……-8-O。同样地,电子也可以经同样的但顺序相反的散射返回O点,即O-8-7-6-……-1-O,在k空间中,这相当于处于k态的电子经时间反演对称的多次散射返回到-k态的背散射。这两条时间反演对称路径的概率幅相等,即$|A_+| = |A_-| \equiv |A|$,而它们的相位相同,即$\delta\varphi_+ = \delta\varphi_-$,因此在O点找到电子的概率为

$$P(O) = |A_+|^2 + |A_-|^2 + 2\mathrm{Re}A_+ A_-^* = 4|A|^2 \tag{4.79}$$

这是经典值$2|A|^2$的二倍。这说明经过时间反演路径的电子波的干涉相互增加,让电子返回到途中某一点的概率增加,意味着在B点发现电子的概率减小,导致电导率减小或电阻率增加,这就是对经典电导率的量子力学修正—弱局域化现象。在外加磁场中,电子波函数会获得额外的相位$\delta\varphi = (e/\hbar)\boldsymbol{A} \cdot \mathrm{d}\boldsymbol{l}$,$\boldsymbol{A}$是磁场的矢量势。对于闭合路径,外加磁场中沿顺时针和逆时针方向路径的概率幅变化量分别为$\delta\varphi_+ = (e/\hbar)\Phi$、$\delta\varphi_- = -(e/\hbar)\Phi$,$\Phi = \iint \boldsymbol{B} \cdot \mathrm{d}\boldsymbol{S}$是闭合路径包围的磁通量。根据式(4.2),外加磁场中电子返回到O点的概率是

$$P(O) = 2|A|^2[1 + \cos(4e\pi\Phi/h)] \tag{4.80}$$

与式(4.47)相比,磁场破坏了时间反演对称性,降低电子返回到O点的概率,导致负磁阻,这是弱局域效应存在的重要实验依据。除了电子和杂质散射外,还有自旋轨道散射和磁散射,这相当于存在一个有效磁场,因此电子弱局域特性被破坏,这就是反弱局域化效应。在强自旋轨道耦合体系中,外加磁场的作用相当于抵消了有效磁场,随磁场的增加通常会先观察到电阻,即正磁阻效应,然后随磁场增加才会观察到负磁阻效应。

在弱无序体系中,沿着时间反演闭合路径传播的电子波函数之间发生干涉效应,使电子返回到某一点的概率增加,这就是所谓的弱局域效应。在外加磁场中,磁场破坏了时间反演不变性,降低了电子回到给定点的概率,因此导致了正磁导或者负磁阻效应。在磁输运测试中,这种负磁阻效应出现在很弱的磁场下,是弱局域效应存在的重要证据。然而,在磁输运测试中,随磁场的增加首先观察到电导的急速减小,呈现出负磁导,然后随磁场的增加电导才开始增加,这主要和存在强的自旋轨道耦合有关。在低温下,声子散射减弱,即非弹性散射减弱,电子的退相位相干时间 τ_φ 变长,在低磁场下满足 $\tau_\varphi > \tau_B > \tau_{so}$(其中 τ_{so} 是自旋轨道散射的弛豫时间,$\tau_B = \hbar/(4eBD)$ 是与磁场相关的弛豫时间,B 是磁场强度,D 是扩散系数),即自旋轨道引起的散射是主要的散射机制,它将导致负的磁电导,常称为反弱局域效应。当磁场增加到 τ_B 约等于 τ_{so} 时,磁电导由负变正;而随着温度的升高,当 τ_φ 减小到与自旋轨道弛豫时间 τ_{so} 大体相等时,不能观察到自旋轨道耦合导致的负磁电导效应。根据弱局域反弱局域效应,可以研究自旋轨道耦合的栅压调控特性,这将有助于利用外加栅压来调控自旋器件自旋取向以实现器件开关。

4.3.5 半导体低维体系的自旋轨道耦合现象

1. n 型 HgTe 量子阱中 Rashba 自旋轨道分裂

Zhang 等[28] 利用磁输运测试方法研究了分子束外延生长的 n 型 HgTe/$Hg_{0.32}Cd_{0.68}Te$ 单量子阱的自旋轨道耦合特性。在温度为 1.6 K 时,不同栅压的纵向电阻曲线上观察到了明显的 SdH 振荡,如图 4.10(a)所示。图 4.10(b)是 HgTe/$Hg_{0.32}Cd_{0.68}Te$ 单量子阱 SdH 振荡快速傅里叶变化的结果,表明在栅极电压比较高时,电子占据了三个子能带。在栅压是 0.2 V 时,占据了 H1 和 E2 两个子能带,在栅压是 0 V 时,量子阱对称,快速傅里叶变换的频率曲线上没有观察到自旋分裂的峰。不管是正栅压和是负栅压,子能带 H1 均发生了自旋分裂。除了主要的频率峰 E2、H1+、H1-之外,其他高频频率峰是 E2 峰和 H1 峰的频率叠加所致。图 4.11 给出了不同栅压条件下子能级 E2、H1+和 H1-的载流子浓度。当栅压从-2.0 V 增加到 1.6 V 时总的载流子浓度从 $4.9\times10^{11}\ \mathrm{cm}^{-2}$ 增加到 $1.33\times10^{12}\ \mathrm{cm}^{-2}$。为了排除 Zeeman 效应引起的 H1 峰的分裂,改变磁场和二维电子气平面的夹角,并测试输运特性,结果发现快速傅里叶变换的频率峰位置只和垂直磁场有关,因此频率峰上观察到 H1 峰的分裂来自 Rashba 自旋轨道耦合相互作用。由于电子占据了多个子带,在纵向电阻的 SdH 振荡曲线上没有观察到拍频效应。

图 4.12 给出了子能级 H1 的两个自旋分裂能级之间载流子浓度的差。其中圆圈表示实验结果,实现和虚线表示自洽计算得到的理论值,n_{SdH} 表示二维电子气体系总的载流子浓度。我们知道,自旋分裂和界面不对称性引起的电场强度有关,而这个电场强度由总的载流子浓度决定,因此我们用总的载流子浓度做横坐标,而不是用子能级 H1 的载流子浓度。在实验误差范围内,实验结果和理论计算结果近似吻合。

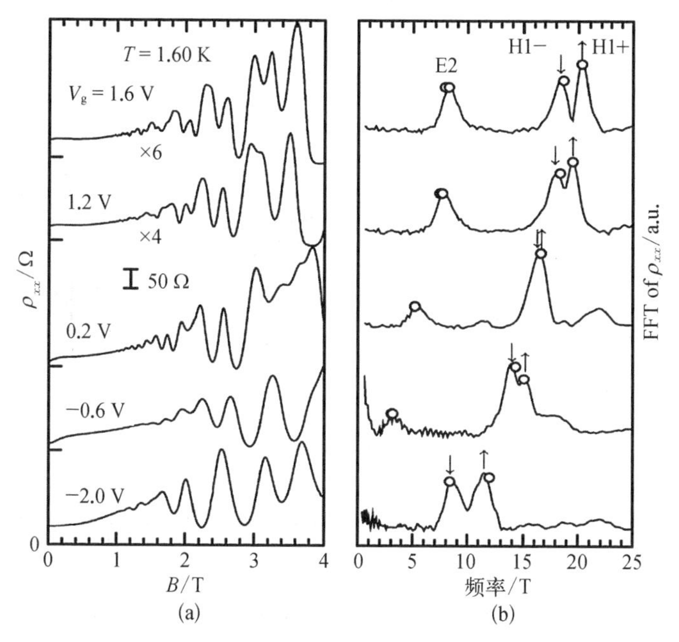

图 4.10　在 1.6 K 时，$HgTe/Hg_{0.32}Cd_{0.68}Te$ 单量子阱纵向电阻的 SdH 振荡测试结果(a)和快速傅里叶变换结果(b)[28]

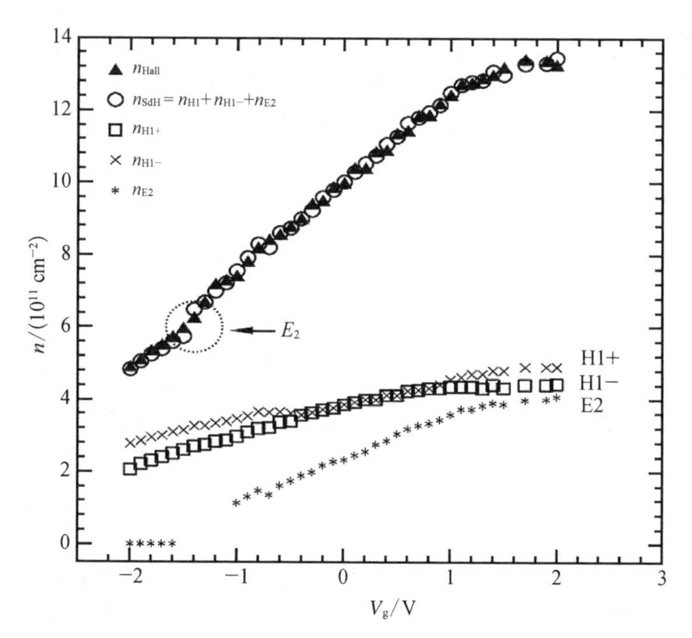

图 4.11　不同栅压条件下子能级 E2、H1+和 H1−的载流子浓度[27]

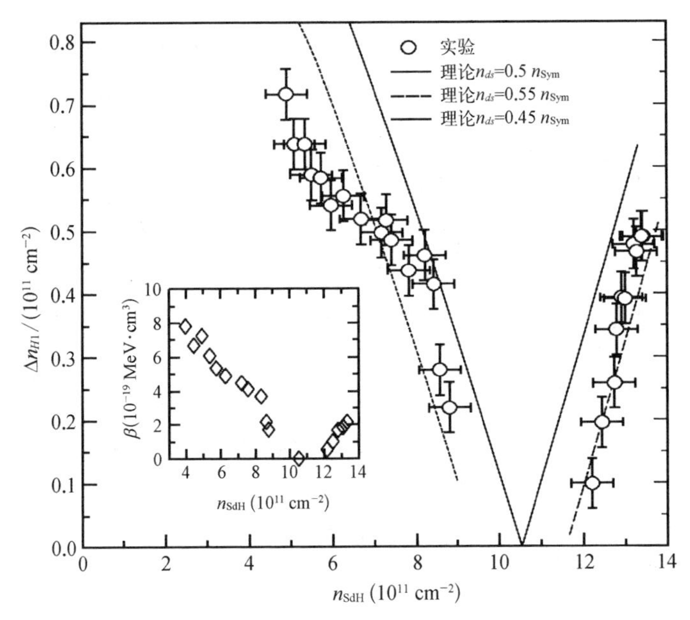

图 4.12 自旋分裂子能级 H1+和 H1-的载流子浓度差的实验和计算结果[27]

2. InAlAs/InGaAs 单量子阱的自旋轨道耦合特性

Zhou 等[28]通过直流磁输运特性测试研究了 $In_{0.52}Al_{0.48}As/In_{0.65}Ga_{0.35}As$ 单量子阱的自旋轨道耦合特性。图 4.13 给出了 1.4 K 下所测得的样品纵向电阻 R_{xx} 的 SdH 振荡曲线。在 0.26～0.62 T 磁场范围内的曲线进行快速傅里叶变换,说明该近邻双峰对应的是两个独立子带电子振荡的叠加,结合霍尔电阻测试结果分析,得到表明拍频的确来源于自旋分裂。在 $B < 1.006T$ 的磁场范围,自旋分裂能随磁场的增加而减小。自旋分裂对 SdH 振荡调制使得振幅满足[8]

$$A \sim \cos \pi \upsilon \tag{4.81}$$

其中,

$$\upsilon = \frac{\Delta}{\hbar\omega_c} \tag{4.82}$$

且 Δ 为自旋分裂朗道能级之间的间隔。式(4.81)表明,拍频节点出现在 υ 为半整数的时候($\upsilon = \pm0.5,\ \pm1.5,\ \pm2.5,\ \cdots$)。某一磁场下总的自旋分裂能 Δ 具有如下形式:

$$\Delta = \Delta_0 + \Delta_1 \hbar\omega_c + \Delta_2 (\hbar\omega_c)^2 + \cdots \tag{4.83}$$

式中,Δ_0 为零场自旋分裂能;$\Delta_1 \hbar\omega_c$ 为线性分裂项,二阶及其高阶项在高磁场范围才起作用。对于低场范围,式(4.83)中只考虑前两项,此时自旋分裂随磁场的变化是线性关系。如果 $\Delta_0 = 0$,则此时 $A \sim \cos \pi\Delta_1$,SdH 振荡的振幅是一个不随磁场

变化的常数，不会出现拍频现象。只有零场自旋分裂不为零的时候，才能出现拍频。图 4.13 中最后一个节点所对应的半整数为 $|\upsilon| = 0.5$，接下来沿低场方向的节点分别对应半整数 1.5、2.5、…，由此得到各节点磁场值所对应的总自旋分裂能 Δ，示于图 4.14。对节点处总自旋分裂能的实验值进行直线拟合且外推，即得零场自旋分裂能为 $\Delta_0 = 3.724\ 7$ MeV。

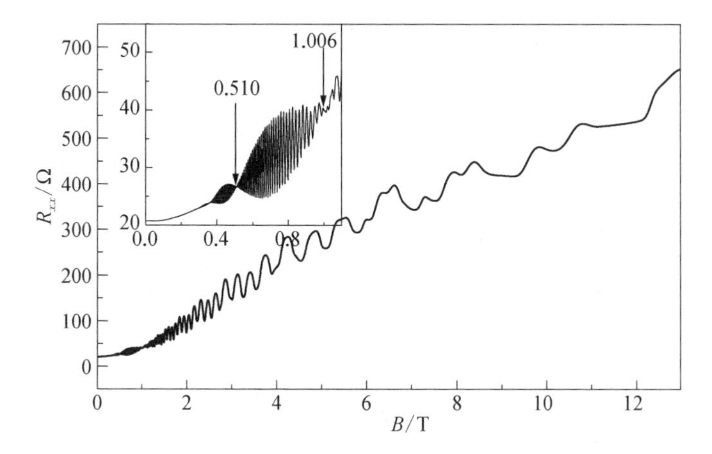

图 4.13　样品在 1.4 K 下纵向电阻的 SdH 振荡曲线，插图给出低场下的曲线和拍频节点位置[28]

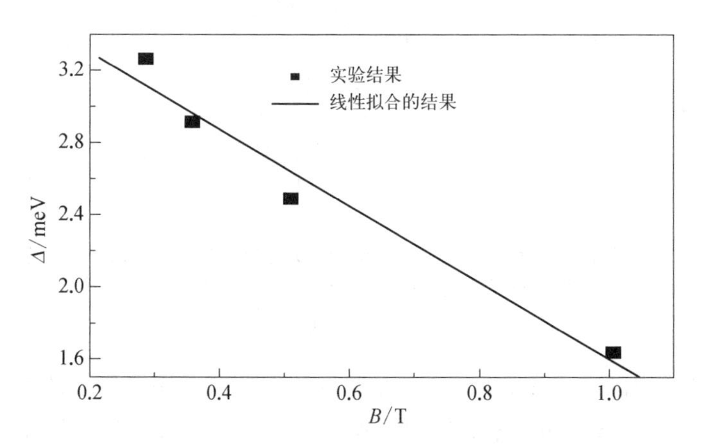

图 4.14　低场范围内，各节点位置的总自旋分裂能。直线是线性拟合结果，直线外推获得零场自旋分裂能[28]

Zhou 等[29]还研究了光照对 $In_{0.52}Al_{0.48}As/In_{0.65}Ga_{0.35}As$ 单量子阱的自旋轨道耦合特性的影响。图 4.15(a) 给出了在 1.5 K 下纵向电阻 R_{xx}(磁电阻) 的 SdH 振荡曲线，出现了明显的拍频效应。从图 4.15(a) 的插图可以看到，拍频节点位置在光照后向低磁场方向移动。为了能更清楚地对比拍频节点位置在光照前后的变化，对低磁场部分的 SdH 振荡曲线进行了一阶微分，如图 4.15(b) 所示。

从图 4.15(b)可以看出,除了拍频节点位置在光照后向低磁场方向移动,无论光照前后,拍频节点位置均不随温度的升高而变化。根据实验测得的霍尔电阻,得到霍尔浓度在光照前后分别是 $2.61\times10^{12}\ \mathrm{cm}^{-2}$ 和 $2.72\times10^{12}\ \mathrm{cm}^{-2}$。

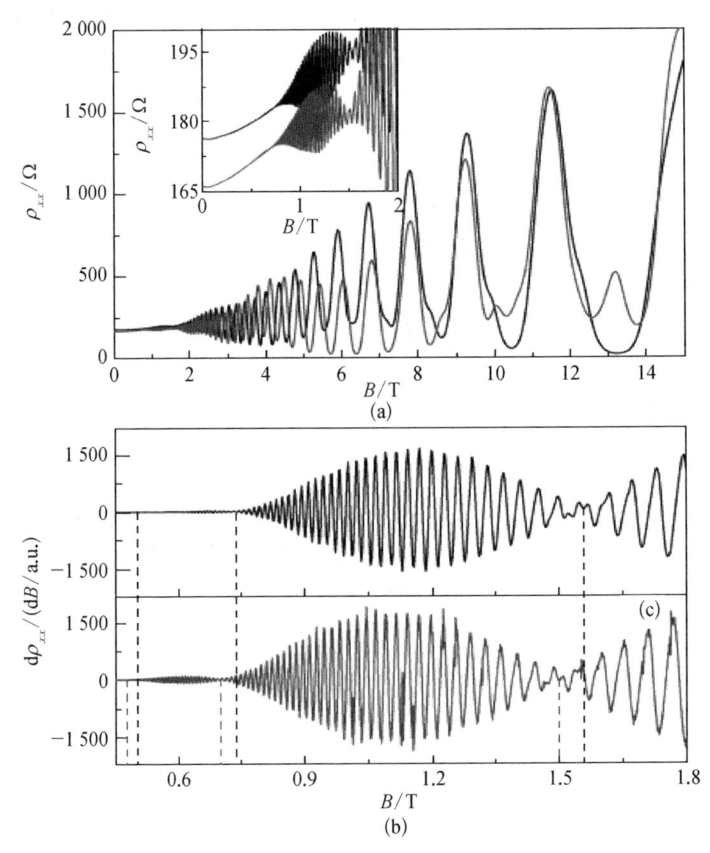

图 4.15 (a) 样品磁电阻在光照前后的 SdH 振荡曲线,插图是低磁场部分的振荡曲线;(b) 低磁场部分 SdH 振荡的一阶微分,图中垂直虚线表示拍频节点出现位置[29]
(彩图见二维码)

图 4.16 是样品在光照前后,纵向电阻 SdH 振荡在不同温度下的快速傅里叶变换结果,双峰结构来自 SdH 振荡的拍频效应。无论是光照前还是光照后,双峰结构随温度的升高迅速降低,峰高强烈依赖于温度效应,表明双峰结构不包含磁致子带之间的散射效应,而是来自两个独立子能带电子振荡的叠加。根据快速傅里叶变换,可以获得两个子能带的浓度,对比霍尔电阻得到的霍尔浓度,得到近邻双峰结构是第一子带自旋分裂后自旋向上和自旋向下的子能带的电子振荡引起。自旋分裂对 SdH 振荡的调制满足式(4.82),而且节点出现在 ν 是半整数的时候,图 4.15(b)对应最后一个半整数 ν 的值是 0.5,沿着低场方向分别对应半整数 1.5、2.5、…因此,可以得到各个节点对应的总自旋分裂能,对节点处自旋分裂能的实验值进行

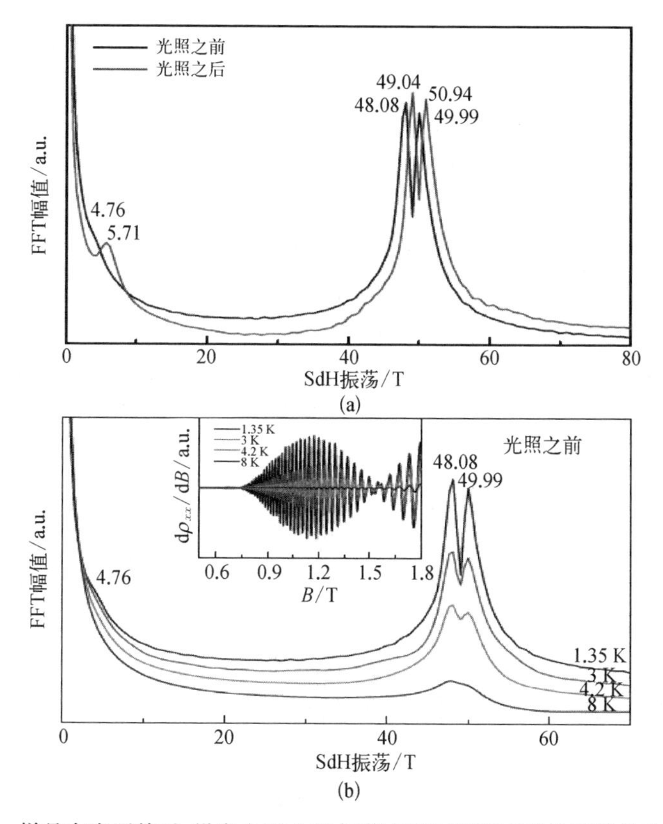

图 4.16　样品在光照前后，纵向电阻 SdH 振荡在不同温度下的快速傅里叶变换[29]
（彩图见二维码）

外推，得到样品在光照前后的零场自旋分裂能分别是 3.81 meV、3.57 meV。在量子阱中，光照使掺杂层的剩余施主发生光电离，电离后的电子转移到阱中，阱中三角形势垒变陡，即势梯度变大。在量子阱中，如果电子自旋分裂的机制是 Rashba 自旋轨道耦合，则三角阱中梯度势场变大，平均电场增加，自旋轨道耦合作用增强。在光照使得二维电子气浓度增加，光照后零场自旋分裂能应该增加。然而实验结果与这一物理图像的结果相反。

近年来，理论研究表明 Rashba 自旋分裂能和费米波矢成非线性关系，而且这种非线性比例关系是本征的[30]。当半导体的禁带宽度越窄时，这种本征的非线性关系越明显。这一非线性 Rashba 模型给出的第 i 个子带零场自旋分裂能与费米波矢的关系如下：

$$\Delta_{0i} = \frac{2\alpha_i k_F}{1 + \beta_i k_F^2} \tag{4.84}$$

与原有的线性 Rashba 模型中 $\Delta_{0i} = 2\alpha_i k_F$ 相比，非线性 Rashba 模型在分母中增加了修正项 $\beta_i k_F^2$，它代表子带电子动能的贡献。根据非线性 Rashba 模型，在半导体量子阱中,随着费米波矢的增加二维电子气的自旋分裂能增加到一最大值后,费米波矢继续增加将导致零场自旋分裂能减小。在 InGaAs/InAlAs 量子阱中,光照前后第一子能带的费米波矢分别为 $3.34\times10^8\ \mathrm{m}^{-1}$、$3.35\times10^8\ \mathrm{m}^{-1}$,零场自旋分裂能可能已经达到最大值,并处于随费米波矢增加而减小的区域。因此,这里的零场自旋分裂来自本征非线性 Rashba 自旋轨道耦合作用。

3. AlGaN/GaN 异质结的自旋轨道耦合特性

AlGaN/GaN 异质结具有强的压电极化和自发极化效应,具有大的导带不连续性,因此在异质结界面存在强的内建电场。尽管 GaN 是宽禁带半导体材料,但是在 AlGaN/GaN 异质结二维电子气中仍然可以观察到自旋轨道耦合特性相关的物理现象[31-40]。Zhou 等[41]研究了光照前后 AlGaN/GaN 异质结中二维电子气体系的自旋轨道耦合特性。

图 4.17 是 1.5 K 下光照前后 AlGaN/GaN 异质结中二维电子气体系的 SdH 振荡。为了更好地分辨拍频节点的位置,将磁电阻扣除了非振荡背底,并对磁电阻曲线进行了微分。图 4.17 中的插图和图 4.18 分别是磁阻曲线扣除非振荡背底和将磁阻曲线进行二阶微分的结果。从图中可以清楚地看到,拍频节点在光照后向低磁场方向移动。由于样品的 SdH 振荡起振点比较高,而且磁场增加到 15 T,仍然没有观察到其他的拍频节点,因此图 4.17 和图 4.18 中的拍频节点,应该是 SdH 振荡的最后一个节点。

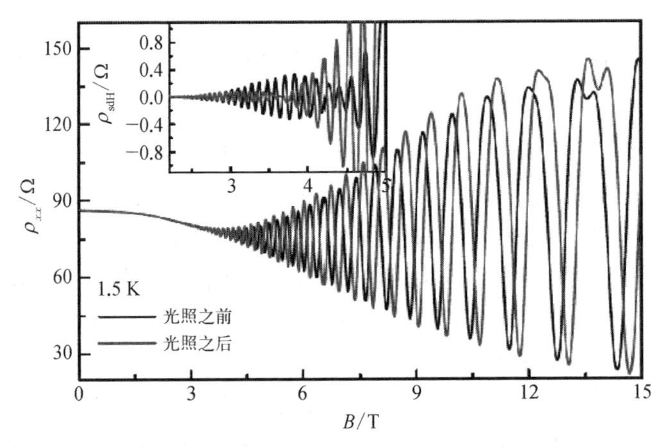

图 4.17 在 1.5 K 时光照前后磁阻的 SdH 振荡曲线,插图扣除非振荡部分[41]
(彩图见二维码)

在不同温度下,AlGaN/GaN 异质结中二维电子气体系的振荡磁阻均观察到了拍频效应,我们对 SdH 振荡曲线进行快速傅里叶变化分析,其结果如图 4.19 所示。图中的近邻双峰效应强烈依赖于温度,因此双峰结构不是来源于磁致子带之间的散射效应,根据快速傅里叶变化得到的振荡频率和子能带浓度之间的关系,并结合霍尔电阻求得的载流子总浓度,分析得到图 4.19 中的近邻双峰效应来自自旋向

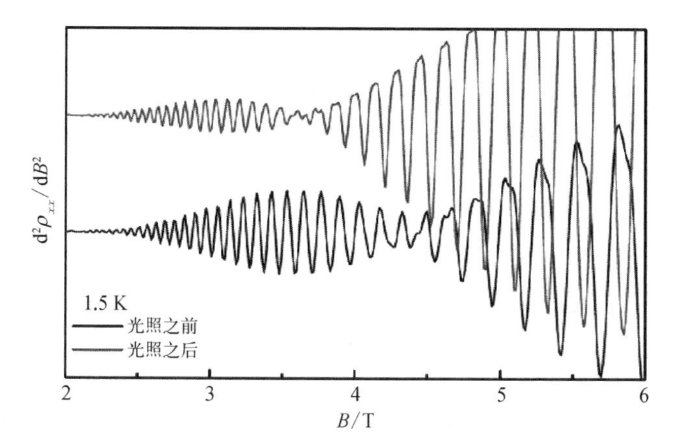

图 4.18 在 1.5 K 下,光照前后磁阻的 SdH 振荡的二阶微分。为了看清拍频节点,光照后的曲线在垂直方向进行了平移[41]
(彩图见二维码)

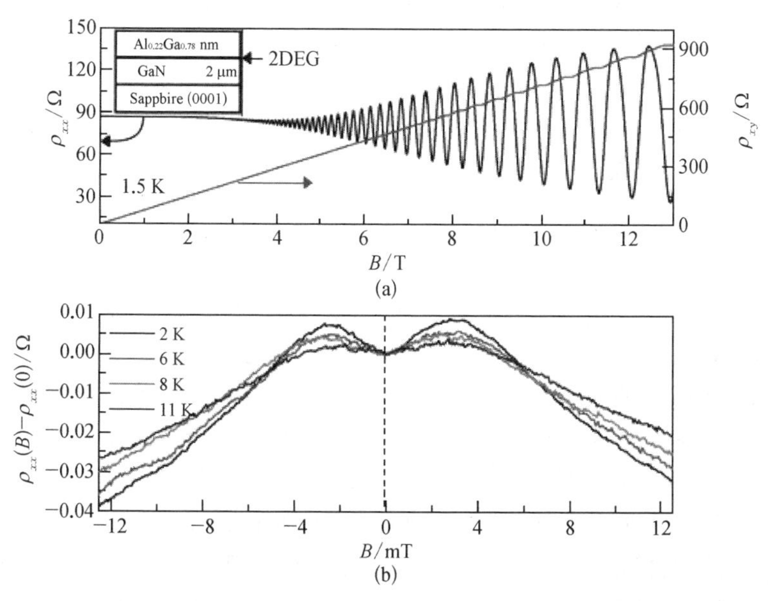

图 4.19 (a) 1.5 K 下 AlGaN/GaN 异质结中二维电子气体系的纵向电阻和横向电阻;(b) 不同温度条件下低磁场的磁阻效应[41]
(彩图见二维码)

上和自旋向下的自旋分裂子能带各自的 SdH 振荡,即近邻双峰效应来自自旋轨道耦合引起的自旋分裂效应。根据拍频节点的位置所对应的磁场,得到样品在光照前后的拍频节点处对应的自旋分裂能分别是 1.1 meV 和 0.9 meV。在一定的磁场下,自旋分裂能和零场自旋分裂和 Zeeman 效应相关,但这里磁场较低,可以近似忽略 Zeeman 效应的影响,近似认为自旋分裂主要来自零场自旋分裂。

在 AlGaN/GaN 异质结中,零场自旋分裂如来自体反演不对称性,则光照后载流子浓度增加,即费米波矢 k_f增加,零场自旋分裂能应该是增加的,这与实验结果相矛盾。因此 Rashba 项是零场自旋分裂能的主要来源。根据 $\Delta_R = 2\alpha k_f$,获得 Rashba 自旋轨道耦合常数在光照前后分别是 9.44×10^{13} eV·m 和7.51×10^{13} eV·m。光照前后,电子浓度改变了 2.2%,而自旋轨道耦合常数改变了 20.4%。根据 $\alpha = e\hbar^2E/(4m^*E_g)$ 可知(m^*为有效质量),光照后样品的三角势阱中平均电场 E 减小。这表明光照后导带的电子来自 GaN 层中,而不是来自 AlGaN 层,而且转移到量子阱中的电子削弱了三角势阱对电子的限制效应。因此,尽管光照增加了量子阱中载流子的浓度,但是削弱了自旋轨道耦合常数,进而削弱了零场自旋分裂能。

在闪锌矿 AlGaN/GaN 结构中,零场自旋分裂可能起源于异质结的结构反演不对称性,也可能起源于闪锌矿结构本身的体反演不对称性。这两种效应引起的自旋分裂能都和费米波矢成线性相关,然而 Rashba 自旋轨道耦合作用可以通过栅压来调控,因此在自旋场效应晶体管中具有潜在的应用价值。Zhou 等[42]还通过分析弱局域和反弱局域效应研究了光照前后 AlGaN/GaN 中二维电子气的自旋轨道耦合特性。图 4.19(a)给出了 AlGaN/GaN 中二维电子气的纵向电阻 R_{xx}和横向电阻 R_{xy}。根据低磁场下的输运数据,我们得到二维电子气中载流子的浓度和迁移率分别是 8.87×10^{12} cm^{-2}和 0.81×10^4 cm^2/V_s。

根据输运场 B_{tr}和电子平均自由程 l_{tr}之间的关系 $B_{tr} = \hbar/(2el_{tr}^2)$,而平均自由程 $l_{tr} = v_F\tau_{tr}$,v_F是费米面上电子的速度,有 $m^*v_F = \hbar k_F$,费米波矢 $k_F = \sqrt{2\pi n_s}$,输运散射时间 $\tau_{tr} = \mu m^*/e$。由此得到输运场 B_{tr}约为 2.08 T,输运散射时间 τ_{tr}和平均自由程 l_{tr}分别为 1.06 ps 和 397 nm。图 4.19(b)给出了低磁场下该二维电子气的磁阻效应,我们观察到了弱局域和反弱局域效应,而且随温度的升高零磁场附近的反弱局域峰高降低。根据反弱局域效应可以提取自旋轨道耦合特性参数,这里我们用 Gloub 模型分析反弱局域效应[43]。图 4.20(a)中实线给出了不同温度下反弱局域效应的拟合结果,可以看到理论和实验吻合很好,而且还可以得到 $\Omega\tau_{tr}$ 和 τ_{tr}/τ_ϕ 这两个参数。因此,根据自旋分裂能 $\Delta_R = 2\hbar\Omega$ 和 $\alpha = \Delta_R/2k_F$ [15,44,45],得到零场自旋分裂能和自旋轨道耦合常数的值分别是 1.11 meV、7.42×10^{-11} meV。自旋进动长度 $l_{so} = \hbar^2/(\sqrt{2}\alpha m^*)$,因此得到该体系中自旋进动的长度是 315 nm。从图 4.20(b)中看到,在温度低于 8 K 时,非弹性散射时间的倒数与温度成正比,即 $1/\tau_\phi \propto T$,表明在该温度范围内电子与电子之间的散射是主要的非弹性散射机制。

上述实验结果是在无光照条件下测试得到的,光照后,二维电子气体的载流子浓度增加。图 4.21 给出了不同浓度条件下反弱局域效应的实验测试和理论拟合结果。从图上可以看到,随着载流子浓度增加,电导极小值对应的磁场值 B/B_{tr}变小。通过拟合可以求出不同浓度下二维电子气体系的零场自旋分裂能,结果发现随着载流子浓度增加,零场自旋分裂能减小。根据零场自旋分裂能,可以得到自旋

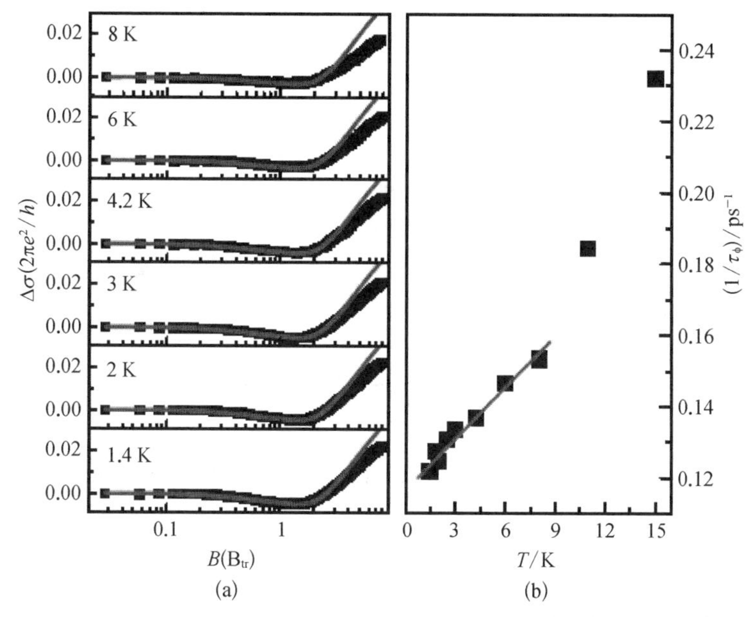

图 4.20 （a）不同温度下反弱局域效应及其拟合结果；（b）非弹性散射时间随着温度的变化[41]

轨道耦合强度参数和自旋散射时间，如图 4.22 所示。从图中可以看到，光照后自旋轨道耦合强度减弱。如果自旋轨道耦合相互作用来自体反演不对称性的话，随载流子浓度增加零场自旋分裂能将增强，这与实验结果不吻合，因此这里的自旋轨道耦合相互作用主要来自 Rashba 自旋轨道耦合相互作用。也就是说，光照后界面电场强度减弱，表明光照后导带的电子来自 GaN 层中，而不是来自 AlGaN 层，而且转移到量子阱中的电子削弱了三角势阱对电子的限制效应，这和该体系振荡磁阻测试结果得到的结论相一致。

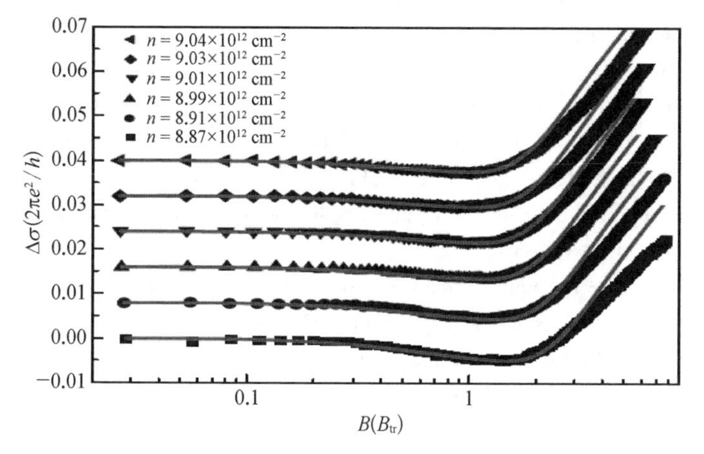

图 4.21 不同载流子浓度条件下二维电子气的反弱局域效应[42]

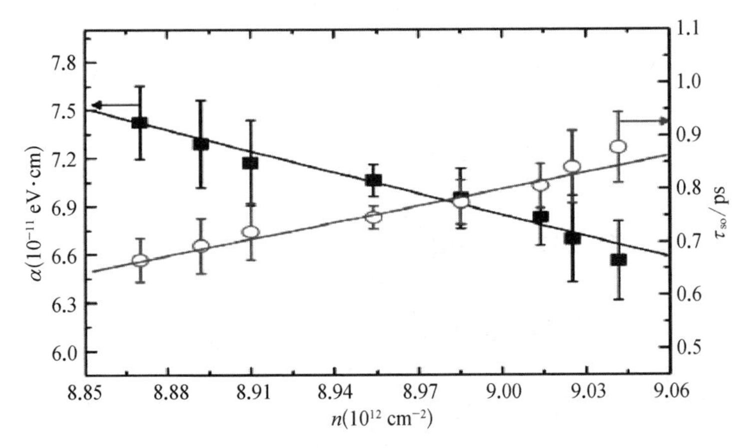

图 4.22 自旋轨道耦合强度参数和自旋轨道散射时间随载流子浓度的变化[42]

参 考 文 献

[1] Donald Neamen. Semiconductor physics and devices: Basic principles [M]. New York: McGraw-Hill, 2003.

[2] Dresselhaus M S. Solid state physics Ⅱ: Optical properties of solids [EB/OL]. http://web.mit.edu/course/6/6.732/www/6.732-pt2.pdf [2020 - 04 - 13]

[3] 曾谨言.量子力学.卷Ⅱ[M].第三版.北京: 科学出版社,2004.

[4] Datta S, Das B. Electronic analog of the electrooptic modulator [J]. Applied Physics Letters, 1990, 56: 665 - 667.

[5] Bychkov Y A, Rashba E I. Oscillatory effects and the magnetic susceptibility of carriers in inversion layers [J]. Journal of Physics C: Solid State Physics, 1984, 17(33): 6039 - 6045.

[6] Lommer G, Malcher F, Rössler U. Spin splitting in semiconductor heterostructures for B→0 [J]. Physcal Review Letters, 1988, 60(8): 728 - 731.

[7] Luo J, Munekata H, Fang F F, et al. Observation of the zero-field spin splitting of the ground electron subband in GaSb-InAs-GaSb quantum wells [J]. Physical Review B, 1988, 38(14): 10142 - 10145.

[8] Das B, Miller D C, Datta S. Evidence for spin splitting in $In_x Ga_{1-x} As/In_{0.52} Al_{0.48} As$ heterostructures as B→0 [J]. Physcal Review B, 1989, 39(2): 1411 - 1414.

[9] Schäpers Th, Engels G, Lamge J, et al. Effect of the heterointerface on the spin splitting in modulation doped $In_x Ga_{1-x} As/InP$ quantum wells for B→0 [J]. Journal of Applied Physics, 1998, 83(8): 4324 - 4333.

[10] Winkler R. Spin-orbit coupling effects in two-dimensional electron and hole systems: Springer Tracts in Modern Physics Vol 91 [M]. Berlin: Springer-Verlag, 2003.

[11] Nitta J, Akazaki T, Takayanagi H, et al. Gate control of spin-orbit interaction in an inverted $In_{0.53}Ga_{0.47} As/In_{0.52} Al_{0.48} As$ heterostructure [J]. Physcal Review Letters, 1997, 78(7): 1335 - 1338.

[12] Engels G, Lange J, Schäpers T H. Experimental and theoretical approach to spin splitting in

modulation-doped $In_xGa_{1-x}As/InP$ quantum wells for $B \to 0$ [J]. Physical Review B, 1997, 55(4): R1958-R1961.

[13] Dresselhaus G, Kip A F, Kittel C. Spin-orbit interaction and the effective masses of holes in germanium [J]. Physical Review, 1954, 95: 568-569.

[14] Dresselhaus G. Spin-orbit coupling effects in zinc blende structure [J]. Physical Review, 1955, 100(2): 580.

[15] Iordanskii S V, Lyanda-Geller Yu B, Pikus G E. Weak localization in quantum wells spin-orbit interaction [J]. JETP Letters, 1994, 60(3): 206-211.

[16] Pikus F G, Pikus G E. Conduction-band spin splitting and negative magnetoresistance in A_3B_5 heterostructures [J]. Physical Review B, 1995, 51(23): 16928-16935.

[17] Knap W, Skierbiszewski C, Zduniak A, et al. Weal antilocalization and spin precession in quantum wells [J]. Physical Review B, 1996, 53(7): 3912-3924.

[18] Stormer H L, Schlesinger Z, Chang A, et al. Energy structure and quantized hall effect of two-dimensional holes [J]. Physcal Review. Letters, 1983, 51(2): 126-129.

[19] Stein D, Klitzing K Von, Weimann G. Electron spin resonance on GaAs-$Al_xGa_{1-x}As$ [J]. Physcal Review Letters, 1983, 51(2): 130-133.

[20] Ando T, Fowler A B, Stern F. Electronic properties of two-dimensional systems [J]. Review of Modern Physics, 1982, 54(2): 437-672.

[21] Altshuler B L, Aronov A G, in Electron-electron interactions in disordered systems [M]. Amsterdam: Elsevier, 1985.

[22] Hikami S, Larkin A I, Nagaoka Y. Spin-orbit interaction and magnetoresistance in the two dimensional random system [J]. Progress of Theoretical Physics, 1980, 63(2): 707-710.

[23] Bergmann G, Weak localization in thin films: a time-of-flight experiment with conduction electrons [J]. Phys. Rep, 1984, 107(1): 1-58.

[24] Dresselhaus P D, Papavassiliou C M A, Wheeler R G, et al. Observation of spin precession in GaAs inversion layers using antilocalization [J]. Physcal Review Letters, 1992, 68(1): 106-109.

[25] Chen G L, Han J, Huang T T, et al. Observation of the interfacial-field-induced weak antilocalization in InAs quantum structures [J]. Physical Review B, 1993, 47(7): 4084-4087.

[26] 阎守胜.固体物理基础[M].北京:北京大学出版社,2000.

[27] Zhang X C, Pferffer-Jeschke A, Ortner K, et al. Rashba splitting in n-type modulation-doped HgTe quantum wells with an inverted band structure [J]. Physical Review B, 2001, 63(24): 245305.

[28] Zhou W Z, Huang Z M, Qiu Z J, et al. Pseudospin in Si δ-doped InAlAs/InGaAs/InAlAs single quantum well [J]. Solid State Communications, 2007, 142(7): 393-397.

[29] Zhou W Z, Lin T, Shang L Y, et al. Anomalous shift of the beating nodes in illumination-controlled $In_{1-x}Ga_xAs/In_{1-y}Al_yAs$ two-dimensional electron gases with strong spin-orbit interaction [J]. Physical Review B, 2010, 81(19): 195312.

[30] Yang W, Chang Kai. Nonlinear Rashba model and spin relaxation in quantum wells [J]. Physical Review B, 2006, 74(19): 193314.

[31] Thillosen N, Schäpers Th, Kaluza N, et al. Weak antilocalization in a polarization-doped Al_x

G_{a1-x}N/GaN heterostructure with single subband occupation [J]. Applied Physics Letters, 2006, 88(2): 022111.

[32] Tang N, Shen B, Wang M J, et al. Beating patterns in the oscillatory magnetoresistance originate from zero-field spin splitting in Al_xG_{a1-x}N/GaN heterostructures [J]. Applied Physics Letters, 2006, 88(17): 172112.

[33] Tang N, Shen B, He X W, et al. Influence of the illumination on the beating patterns in the oscillatory magnetoresistance in Al_xG_{a1-x}N/GaN heterostructures [J]. Physical Review B, 2007, 76(15): 155303.

[34] Tang N, Shen B, Han K, et al. Zero-field spin splitting in Al_xG_{a1-x}N/GaN heterostructures with various Al compositions [J]. Applied Physics Letters, 2008, 93(17): 172113.

[35] Schmult S, Manfra M J, Sergent A M, et al. Quantum transport in high mobility AlGaN/GaN 2DEGs and nanostructures [J]. Physica Status Solidi B, 2006, 243(7): 1706-1712.

[36] Thillosen N, Cabañas S, Kaluza N, et al. Weak antilocalization in gate-controlled Al_xGa_{1-x}N/GaN two-dimensional electron gases [J]. Physical Review B, 2006, 73(24): 241311.

[37] Kurdak Ç, Biyikli N, Özgür Ü, et al. Weak antilocalization and zero-field electron spin splitting in Al_xGa_{1-x}N/AlN/GaN heterostructures with a polarization-induced two-dimensional electron gas [J]. Physical Review B, 2006, 74: 113308.

[38] Lo I, Tsai J K, Yao W J, et al. Spin splitting in modulation-doped Al_xG_{a1-x}N/GaN heterostructures [J]. Physical Review B, 2002, 65(16): 161306(R).

[39] Cho K S, Huang T Y, Wang H S, et al. Zero-field spin splitting in modulation-doped Al_xG_{a1-x}N/GaN two-dimensional electron systems [J]. Applied Physics Letters, 2005, 86(22): 222102.

[40] Weber W, Ganichev S D, Danilov S N, et al. Demonstration of Rashba spin splitting in GaN-based heterostructures [J]. Applied Physics Letters, 2005, 87(26): 262106.

[41] Zhou W Z, Lin T, Shang L Y, et al. Weak antilocalization and beating pattern in high electron mobility Al_xG_{a1-x}N/GaN two-dimensional electron gas with strong Rashba spin-orbit coupling [J]. Journal of Applied Physics, 2008, 104(5): 053703.

[42] Zhou W Z, Lin T, Shang L Y, et al. Influence of the illumination on weak antilocalization in an Al_xG_{a1-x}N/GaN heterostructure with strong spin-orbit coupling [J]. Applied Physics Letters, 2008, 93: 262104.

[43] Gloub L E, Weak antilocalization in high-mobility two-dimensional systems [J]. Physical Review B, 2005, 71(23): 235310.

[44] Knap W, Skierbiszewski C, Zduniak A, et al. Weak antilocalization and spin precession in quantum wells [J]. Physical Review B, 1996, 53(7): 3912-3924.

[45] Koga T, Nitta J, Akazaki T, et al. Rashba spin-orbit coupling probed by the weak antilocalization analysis in InAlAs_InGaAs_InAlAs quantum wells as a function of quantumwell asymmetry [J]. Physcal Review Letters, 2002, 89(4): 046801.

第5章

光电转换材料

从能带结构来说,半导体和电介质在绝对零度的情况下,最高占据能带都是全满的,最低未占能带都是全空的,但由于半导体材料的满带和空带间的能带间隙较小,所以在非绝对零度条件下,热激发的电子有一定的概率从低能量的能带跃迁至高能量的能带,因此,在通常环境下半导体的导带中有电子存在,价带中有空穴存在,在外电场的作用下,电子和空穴同时参与导电,这是半导体导电和金属导电的最大区别。通过掺杂手段可以进一步调控半导体材料的导电类型和材料中的载流子浓度。相对于半导体材料而言,电介质材料的禁带宽度较大,这一方面就使得热激发产生的载流子浓度低,所以在室温环境下电介质的电导率很低,另一方面,采用光生载流子的方法把电介质中的电子从低能量能带激发至高能量能带所需的入射光能量大,因此,基于电介质材料的光电器件,可利用光伏效应、热释电(铁电性电介质)等各种效应实现光信号和电信号的转换,即用于信息的获取;而基于半导体材料的光电器件,主要是采用光激发增加载流子浓度,再利用各种方法实现光生电子和光生空穴的分离,从而将光信号转化为电信号,即用于能量转换。以下从光电信息材料和光电能量材料角度对常用材料做简要的介绍。

5.1 光电信息材料

5.1.1 半导体光电信息材料

1. $Hg_{1-x}Cd_xTe$

在Ⅱ-Ⅵ族化合物半导体中,CdTe 和 HgTe 都具有相同的晶体结构,且导带极小值和价带极大值在 $\boldsymbol{k}$ 空间位于相同的波矢处,属于直接带隙材料。在 4.2 K 温度下,CdTe 的禁带宽度为 1.6 eV,其能带图如图 5.1 所示;而由于导带极小值位于价带极大值之下,HgTe 在该温度下的禁带宽度为-0.3 eV,其能带结构如图 5.2 所示。

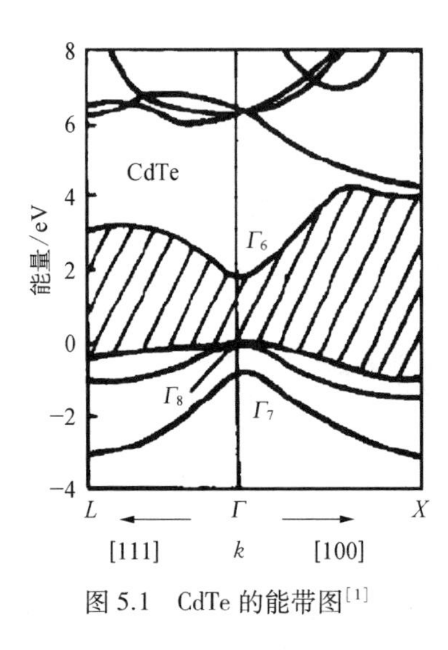

图 5.1 CdTe 的能带图[1]

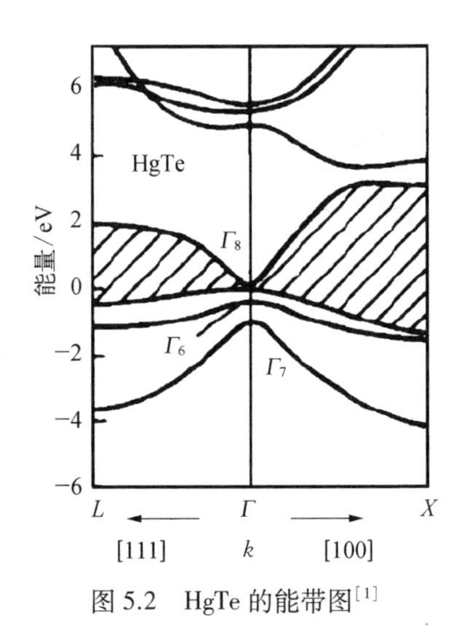

图 5.2 HgTe 的能带图[1]

由于 CdTe 和 HgTe 的晶格常数相近(晶格失配度仅 0.3%),因此二者可以任意比例形成连续固溶体碲镉汞合金,其分子式可写为 $Hg_{1-x}Cd_xTe$(MCT, $0 \leqslant x \leqslant 1$)。褚君浩经过对 MCT 材料的系统性研究,发现 MCT 禁带宽度随组分 x 和温度 T 的变化关系可以定量的表述为[2]

$$E_g(x, T) = -0.295 + 1.87x - 0.28x^2 + (6 - 14x + 3x^3)(10^{-4})T + 0.35x^4(\text{eV}) \tag{5.1}$$

随着组分 x 的变化,MCT 的禁带宽度可在−0.3~1.6 eV 之间连续变化;作为直接带隙半导体,MCT 中的光激发过程为电子在导带和价带间的本征跃迁过程,不涉及杂质能级;而且 MCT 中载流子的直接跃迁过程使得材料具有较高的光吸收系数,根据褚君浩等的研究结果[2],MCT 的吸收系数随组分和温度的变化关系可表述为

$$\alpha = \alpha_0 \exp\left[\frac{\sigma(E - E_0)}{k_B T}\right] \quad (E < E_g)$$

$$\alpha = \alpha_g \exp[\beta(E - E_g)]^{1/2}(\text{cm}^{-1}) \quad (E \geqslant E_g) \tag{5.2}$$

其中

$$\ln \alpha_0 = -18.5 + 45.68x$$

$$E_0 = -0.355 + 1.77x$$

$$\frac{\sigma}{k_0 T} = \frac{\ln \alpha_g - \ln \alpha_0}{E_g - E_0}$$

$$\alpha_g = -65 + 1.88T + (8\,694 - 10.31T)x$$

$$\beta = -1 + 0.083T + (21 - 0.13T)x$$
$$0.165 \leqslant x \leqslant 0.443,\ 4.2\mathrm{K} \leqslant T \leqslant 300\mathrm{K} \tag{5.3}$$

上述优点使得 MCT 材料在红外波段的信息探测和获取方面具有重要的应用价值：1~30 μm 宽的光谱范围，覆盖三个主要的大气红外窗口；本征跃迁的光激发过程，避免了杂质型红外探测器的缺陷，而本征复合使得载流子具有较长的寿命，同时使器件具有较低的热产生率，允许器件在较高温度工作；大的光吸收系数使得器件具有高的内量子效率[2]。

2. ZnO

Ⅱ-Ⅵ族化合物半导体中，有相当一部分材料的禁带宽度等于或大于 2.3 eV，被称为宽禁带半导体，其中最典型的为 ZnO。ZnO 在室温下为六方纤锌矿结构，在一定条件下会转变为立方闪锌矿结构或立方 NaCl 结构，图 5.3 所示为 ZnO 的六方纤锌矿结构示意图，Zn 原子和 O 原子在层内呈六角排布，不同的 Zn－O 双层以 A－B－A－B 的形式堆积，由于 Zn 和 O 电负性差别较大，因而 ZnO 中的 Zn－O 共价键存在着很强的离子键成分，从而使得 ZnO 沿 c 轴方向具有较强的极性[2]。

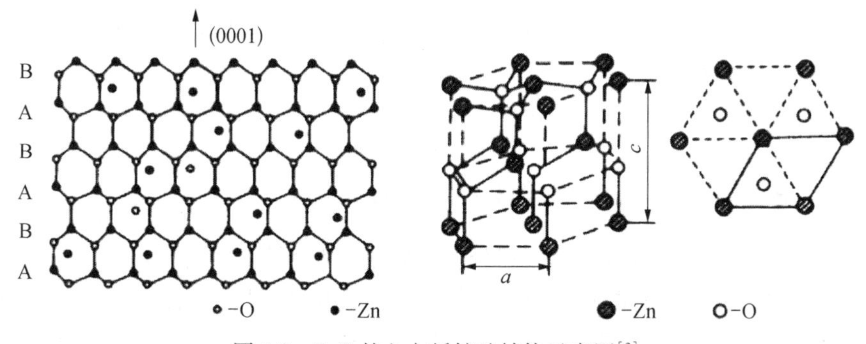

图 5.3　ZnO 的六方纤锌矿结构示意图[3]

ZnO 为直接带隙半导体，其室温下禁带宽度约为 3.37 eV，图 5.4 所示为纤锌矿 ZnO 的能带结构。采用 MgO 或 CdO 掺杂的方法，可使得 $Zn_{1-x}M_xO$（M=Mg、Cd）的禁带宽度展宽或变窄，其中 MgO 掺杂可使 $Zn_{1-x}Mg_xO$ 的禁带宽度在 3.3~7.8 eV 范围内连续变化，该范围覆盖了波长 200~280 nm 波段的日盲紫外区，因此基于 $Zn_{1-x}Mg_xO$ 的紫外探测器在航空航天领域具有重要的应用前景，叶志镇等对掺杂 ZnO 的性能及应用进行了系统的研究[3]。

5.1.2　热释电及铁电材料

通常情况下，电介质材料中的电子处于束缚态，无法在外电场的作用下做准自由运动，形成传导电流，因此无法用于光生电流型的光电转换器件或能量采集器

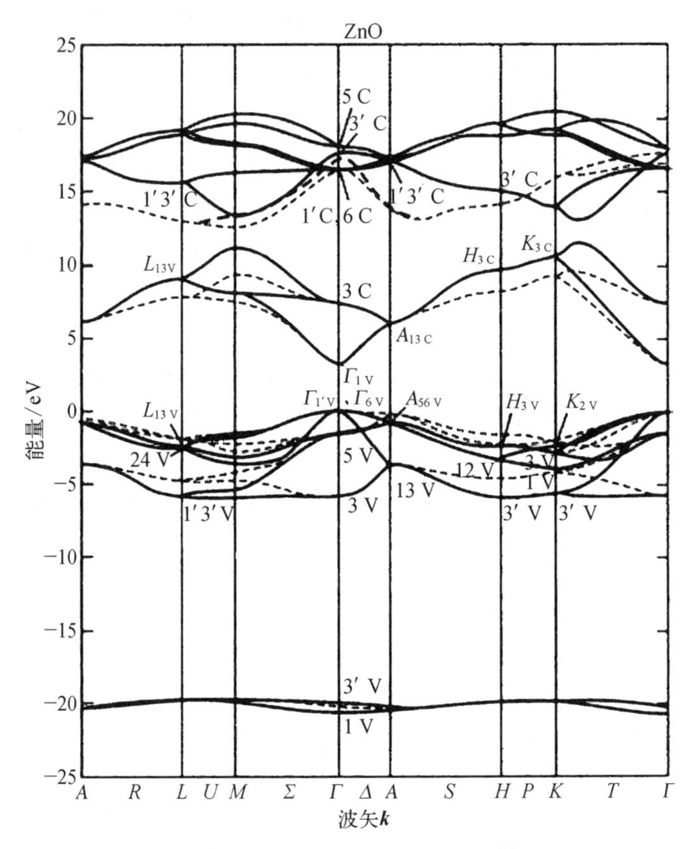

图 5.4 纤锌矿 ZnO 的能带结构[3]

件。但电介质中有一类材料称为热释电材料，这类材料具有热释电效应，即在环境温度发生变化时，相对的两端面有电荷放出[4,5]。因此，利用光辐照的热效应，可将热释电材料用于光电信息获取和探测器件[6]。热释电效应最早在电气石晶体中发现，目前常用的热释电材料包括硫酸三甘氨酸和 ABO_3 型铁电材料[7]。

1. 硫酸三甘氨酸

硫酸三甘氨酸，又称硫酸三甘肽（TGS），分子式为（HN_2CH_2COOH）$_3$ · H_2SO_4。TGS 是一种有序-无序型铁电体，其居里温度在 49℃附近。TGS 分子包含三个氨基酸基团，其中两个基团中的 C 和 O 呈准平面排列，另一个基团中的 C 和 O 呈非平面排列。TGS 在居里温度发生有序-无序型相变。TGS 常以晶体形式用于热释电器件中，TGS 和氘化的 TGS（DTGS）的热释电系数约为 550 μC/（m^2 · K），通过丙氨酸掺杂及砷酸根取代部分硫酸根或磷酸根取代部分硫酸根得到的 ATGSAs 和 ATGSP 的热释电系数可进一步提高到 620 μC/（m^2 · K）以上，同时减小了材料的介电常数和介电损耗，从而可获得更好的探测率优值。TGS 晶体的热释电系数大、光谱响应范围宽、响应灵敏度高，而且 TGS 的单晶可以从水溶液中生长获得。但与钙钛矿结构铁电材料相比，TGS 的居里温度较低，容易出现退极化的现象，而且由于 TGS 容易发生潮解，从而对器件的寿命和使用环境造成了一定的影响。

2. ABO_3型铁电材料

铁电材料属于热释电材料的子类，因此铁电材料都具有热释电性质，常用于热释电器件的 ABO_3型铁电材料包括钙钛矿结构的 $Pb(Zr,Ti)O_3$(PZT)系列和铌酸锂结构的 $LiTaO_3$系列，其晶体结构分别如图 5.5 和图 5.6 所示。相对于 TGS 系列材料来说，ABO_3型材料的居里温度普遍较高($LiTaO_3$：618℃；$PbTiO_3$：492℃)，因此基于 ABO_3型材料的热释电器件可工作于更高的温度。

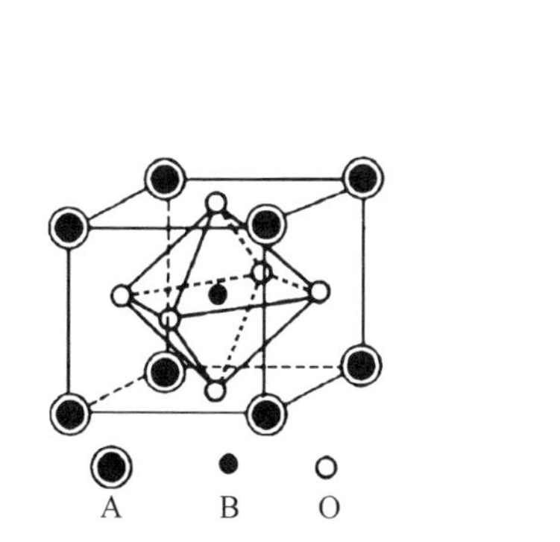

图 5.5 钙钛矿氧化物的晶体结构示意图[4]

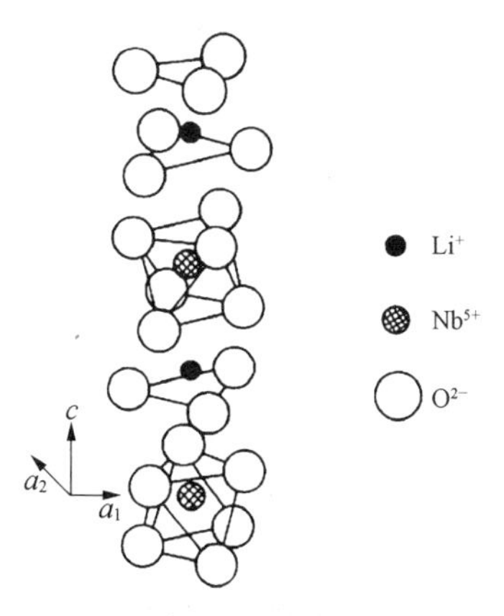

图 5.6 铌酸锂晶体结构[5]

PZT 为铁电性 $PbTiO_3$和反铁电性 $PbZrO_3$的固溶体，图 5.7 所示为 PZT 的相图。PZT 材料在组分 38/62 附近存在高温 R 相和低温 R 相之间的铁电-铁电相变，在高温 R 相和 T 相之间的组分 52/48 附近存在准同型相界，在相变区域，材料的介电常数、热释电系数等性能参数迅速增大；而通过掺杂等手段可以进一步调控材料的性能，例如减小热滞、扩大热释电系数的线性响应温区等，从而改善器件性能；采用 PZT 薄膜代替陶瓷体材料用于热释电器件，可进一步减小器件体积及功耗。中国科学院上海技术物理研究所的研究组对用于热释电探测器的 PZT 薄膜材料的制备和性能进行了系统性的研究[8-15]。除 PZT 外，$BiFeO_3$也具有钙钛矿结构，在室温下不仅具有铁电性，还具有反铁磁性，这类同时具有铁电序参量和磁学序参量的材料被称为多铁序材料，是近年来的研究热点之一。Li、Chu 等研究了 $BiFeO_3$薄膜在硅基衬底上的生长，并提出了采用介电频谱技术分析其氧空位影响的方法[16,17]。

$LiTaO_3$的热释电系数约为 230 $\mu C/(m^2 \cdot K)$，该数值虽然比 TGS 系列小，但 $LiTaO_3$介电常数较低(约 47)，且介电损耗小，因而器件的探测优值很高，非常适合单元的热释电探测器[5]。

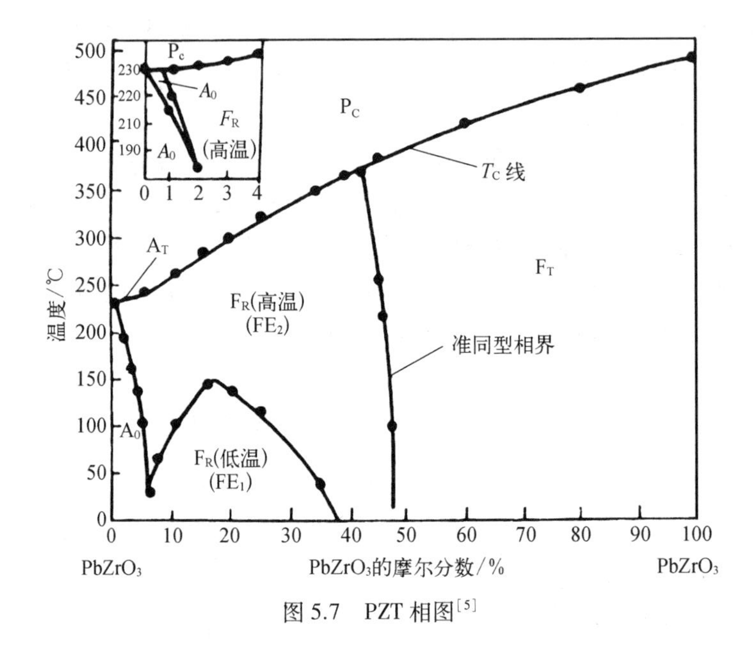

图 5.7 PZT 相图[5]

5.2 光电能量材料

5.2.1 无机光电能量材料

1. 单晶硅和多晶硅

单晶硅在微电子领域已经得到了广泛的应用,也是太阳能电池领域研究最早的材料,其光电转换效率高,可靠性高,因而也是最早进入应用的材料。此外,由于硅在集成电路中的重要地位,所以高纯度单晶硅的生产和 pn 结的制造工艺都极为成熟,使得单晶硅太阳能电池的大规模生产不存在大的技术障碍。单晶硅的晶体结构为金刚石结构,由两套硅原子形成的面心立方沿体对角线方向平移 1/4 长度嵌套构成,晶格常数 0.54 nm,图 5.8(a)所示为其晶体结构。硅晶体为间接带隙半导体,在动量空间其导带底和价带顶分别位于 X 和 Γ 点附近,室温下禁带宽度约为 1.1 eV。其能带结构如图 5.8(b)所示[15]。

间接带隙导致硅的吸收系数比直接带隙半导体 GaAs 低了近一个数量级,图 5.9 所示为其在红外-可见-紫外波段的吸收系数曲线[17]。为了提高单晶硅光电器件对光的吸收,需要在器件结构上加以优化,例如采用陷光结构等。为了减小材料中由于缺陷引起的载流子复合,提高光的利用效率,单晶硅太阳能电池中所用硅晶体的纯度要高于常规集成电路的要求。

硅半导体可以很容易地通过五价元素(如 P)或三价元素(如 B)掺杂形成 n 型或 p 型半导体,从而使得基于单晶硅的 pn 结型光伏器件的制备较为简单。

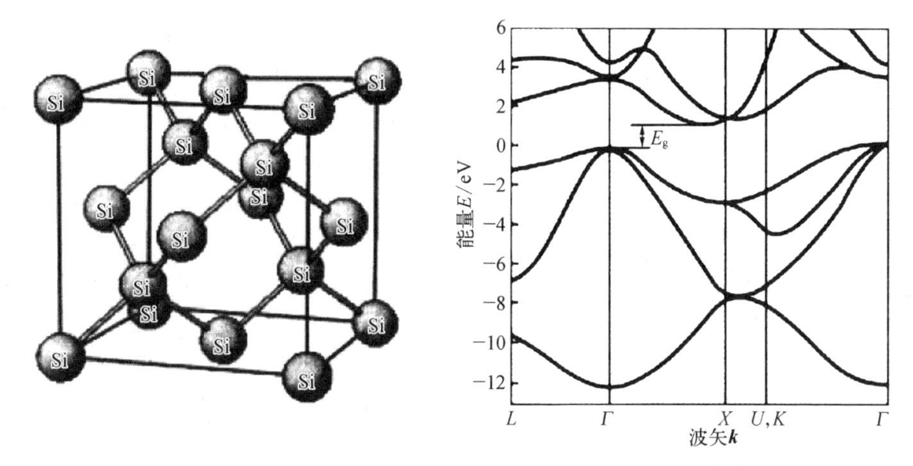

图5.8　(a)单晶硅的晶体结构;(b)单晶硅的能带图[17]

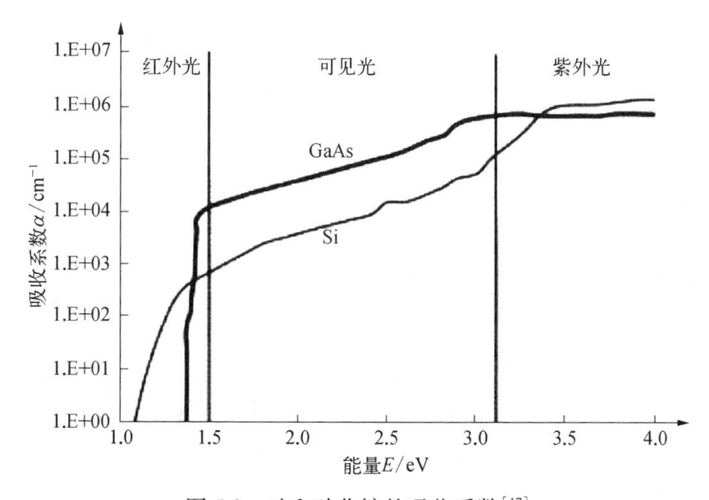

图5.9　硅和砷化镓的吸收系数[17]

单晶硅材料的晶格完整,缺陷浓度低,材料纯度高。但由于间接带隙导致的吸收系数较低,因而在使用中,需要增加厚度才能确保对太阳光的吸收,且硅片的切割损耗比例较高,从而导致单晶硅成本相对较高。与单晶硅材料不同,多晶硅由大量尺寸不同、晶向不同的晶粒构成。多晶硅与单晶硅具有同样的光照稳定性,但由于晶界等缺陷的存在,使得材料中存在较多的复合中心,从而影响光生少子的传输,导致多晶硅太阳能电池的光电转换效率比单晶硅太阳能电池略低[19]。但多晶硅材料的制备采用改良的西门子工艺等方法,所需能耗远低于单晶硅,从而使得多晶硅生产成本大大降低[20,21]。

2. 非晶硅和微晶硅

以单晶硅为主要材料的第一代太阳能电池虽然效率高,但制备高纯度单晶硅的工艺很复杂,而且生产成本也高。非晶硅是一种新型的非晶态半导体材料,非晶硅中原子之间的结合与晶体硅相似,都是由共价键形成空间网络结构。但与晶体硅不同的是,组成非晶硅的原子排列没有长程有序性。在金刚石型结构的单晶硅中,每个 Si 原子和相邻的四个 Si 原子形成共价键,每个 Si 原子的配位数都是 4,共价键的长度都相同,键角也相同,在空间中形成正四面体结构;而非晶硅的晶格虽然也近似于四面体结构,但其内部不同共价键的键长会有所不同,共价键之间的键角也会发生变化;在非晶硅中,还存在配位数未达到 4 的硅原子,这些硅原子上会形成悬挂键,如图 5.10 所示。这种悬挂键缺陷分布在整个非晶硅内部。

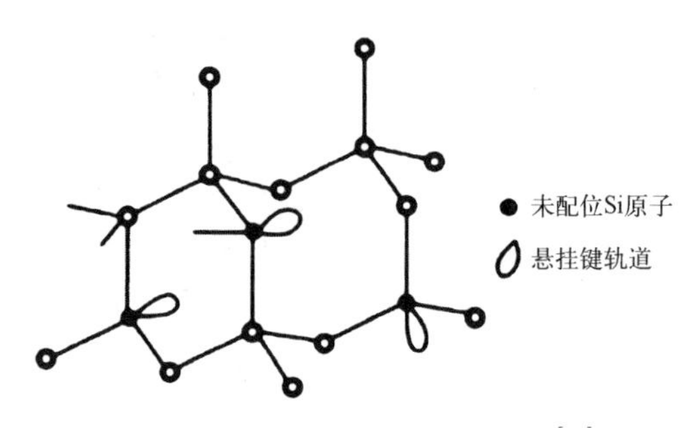

图 5.10 非晶硅原子结合示意图[17]

原子排列的长程无序性以及键长和键角的差别使非晶硅的能带结构与周期性硅原子形成的晶体硅的能带结构不同。一方面,允态向带隙内扩展,形成乌尔巴赫带尾(Urbach tail);另一方面,非饱和硅原子上的悬挂键缺陷对应的能量状态以陷阱能级的形式存在于禁带深处,非晶硅的态密度分布如图 5.11 所示。不饱和的悬挂键具有放出和俘获电子的能力。在放出或俘获电子的过程中,电中性的悬挂键(D^0态)可以转变为带正电荷的D^+态或带负电荷的D^-态。在 n 型非晶硅中,会有大量的D^-态,而 p 型非晶硅中会有大量的D^+态。非晶硅中悬挂键的浓度受多种因素的影响,例如采用高强度的光照射、非本征掺杂都会使悬挂键浓度增加。

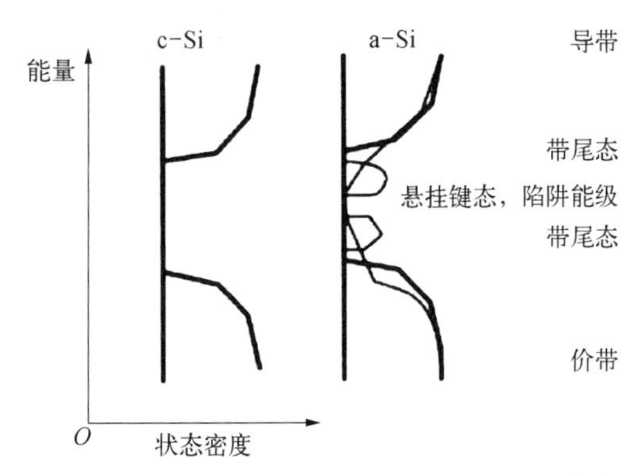

图 5.11 单晶硅和非晶硅态密度分布的比较[17]

非晶硅原子排列的无序性使得非晶硅没有确定的 $E-k$ 关系,因而光子的吸收可以遵循更加宽松的选择定则。非晶硅表现出直接带隙半导体的行为,在吸收光子的过程中,不需要借助声子就可以实现电子的跃迁,因此在可见光波长范围内,非晶硅的吸收系数比晶体硅高将近一个数量级。而且非晶硅的光谱响应的峰值与太阳光谱峰值接近,这进一步提高了非晶硅对可见光的吸收效率。

非晶硅中由于大量悬挂键的存在,其陷阱浓度可达 $10^{16}\ cm^{-3}$以上,这造成采用掺杂手段制备 n 型半导体或 p 型半导体很困难,掺杂效率低。施主杂质给出的电子(或受主杂质给出的空穴),不能进入导带(或价带),而被悬挂键D^0态俘获,形成D^-态(或D^+态),进而成为空穴(或电子)的复合中心,从而降低载流子寿命。而且较高的悬挂键密度也会导致费米能级的钉扎。低的掺杂效率意味着多数载流子的激活能很高，对典型的p型非晶硅，其激活能为0.4 eV。这么大的激活能限制了pn结或者p-i-n结的内建电压的形成。为了降低悬挂键密度，可以采用氢化处理，未配对的硅原子与H原子结合，悬挂键被饱和，从而减少缺陷态密度。悬挂键和H原子形成共价键后，D^0态不再具有俘获电子（或空穴）形成D^-态（或D^+态）的能力，非晶硅带隙内悬挂键形成的陷阱态可以显著减少，图5.12所示为经过H_2钝化前后非晶硅中的态密度曲线，实验表明：H含量为5%~10%的a-Si：H中悬挂键缺陷浓度可以降低到10^{15} cm^{-3}。

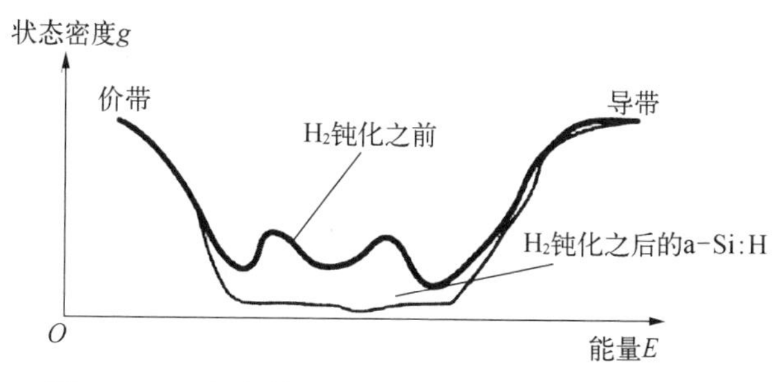

图5.12　H_2钝化前后非晶硅内态密度分布的变化[17]

采用氢气钝化形成氢化非晶硅的方法，不仅可以降低悬挂键缺陷浓度，还可以增加非晶硅的吸收系数和带隙。经过充分H_2钝化的非晶硅，其禁带宽度可以达到1.7 eV。虽然这样一个数值与太阳能电池材料的最佳带隙1.4 eV相差较大，但与高缺陷态浓度导致的掺杂效率降低和载流子输运特性降低相比，氢气钝化对改善非晶硅光电转换性能的效果是非常显著的。

此外，当连续地改变非晶硅中掺杂元素的种类和浓度时，可以连续改变其电导率、禁带宽度等物性参数，实现连续的物性调控，据此，可以制备不同带隙的合金，形成异质结的叠层太阳能电池。

与晶体硅相比，非晶硅具有显著的优势。首先，材料用量少，制造成本低：由于非晶硅光吸收系数大，以非晶硅作为吸收层，其厚度可以很薄。其次，非晶硅的制造工艺简单，相对于单晶硅的西门子法生产，非晶硅薄膜可以采用化学气相沉积、气体分解等方法在300℃甚至更低的温度下生产，非晶硅薄膜的低温制备，也使得薄膜不仅可以在玻璃或金属衬底上生长，还可以在有机高分子材料上生长，从而制备柔性光电转换器件。

与晶体硅相比，非晶硅作为光电转换材料的缺点在于其转换效率低，以及光致衰减效应的存在。光致衰减效应（又称为S-W效应）是指氢化非晶硅在连续的光照后，出现陷阱浓度增加，电导率和转换效率下降的现象。这种性能的衰减快慢以及程度不仅与非晶硅薄膜的制备工艺有关，还与电池的结构及工作状态有关，例如，若连续光照射时非晶硅太阳能电池处于反偏状态，则性能没有变化。电容-电压（$C-V$）测试的结果表明，经过长时间的连续光照，氢化非晶硅禁带内的缺陷态密度会增加。进一步的实验表明，采用向氢化非晶硅中掺入杂质元素的方法，可以有效改善其光致衰减特性，例如，向 p－i－n 结构的非晶硅太阳能电池的 i 层中掺入少量的硼元素后，其转换效率可比未掺杂 i 层的太阳能电池显著增加，连续光照后，其光致衰减现象会显著减弱。

对于光致衰减效应的起因，目前国内外有多种物理模型，如电荷转移模型、Si－H 弱键模型等。大多数模型中都提到 H 在光致变化中起到关键性作用，目前普遍认为，光致衰减效应是入射光子的能量使表面的弱 Si－H 断裂，从而增加了表面的悬挂键密度。掺硼之所以可削弱衰减效应，有可能是形成了 B－H 键，从而减少了弱 Si－H 键的浓度。为了减少材料中的氢含量，可以在制备方法方面加以改进，如采用电子回旋共振化学气相沉积（ECR－CVD）、化学退火法、热丝法等工艺可以显著降低材料中的氢含量。

单晶硅的禁带宽度 1.12 eV，可以利用太阳光中的红外成分，但其间接跃迁的能带结构决定了其吸收系数较低，因而体硅太阳能器件的厚度较大，硅材料的使用量大；非晶硅具有直接跃迁的能带结构，吸收系数高，且可以低温生长，因而在硅基薄膜太阳能电池的应用中具有较大的潜力。但非晶硅的禁带宽度约 1.7 eV，无法吸收红外波段的太阳光，因而对太阳光谱的利用率不高，从而就限制了其转换效率。而且由于非晶硅自身的光致衰减效应，使得电池的稳定性成为限制非晶硅薄膜太阳能电池发展的重要瓶颈。综合上述两类材料的特点，人们发展了基于微晶硅的太阳能光电转换器件的研究。微晶硅是一种介于非晶硅和晶体硅之间的硅基半导体材料，它是由大量晶体硅的小晶粒和非晶硅成分组成的混合相材料。其中的小晶粒具有类似单晶硅的长程有序的晶体结构，晶粒的尺寸在 10～30 nm 范围内根据生长条件的不同而变化。大量的小晶粒与非晶组分混合在一起，呈现出无序的组织结构。微晶硅的光学特性与晶体硅相近，但微晶硅太阳能电池中微晶硅薄膜的厚度可以仅有 2～3 μm，所以比单晶硅电池节约材料；与非晶硅相比，微晶硅在很大程度上克服了非晶硅中光致衰减效应的影响，在光照稳定性方面比非晶硅更胜一筹，而且由于材料中晶态颗粒的存在，微晶硅可以吸收能量位于 1.1～1.75 eV 范围的光子，与非晶硅相比，其吸收范围向红外波段扩展，从而可以进一步提高光电转换效率。单晶硅、微晶硅、非晶硅的吸收光谱的比较如图 5.13 所示。

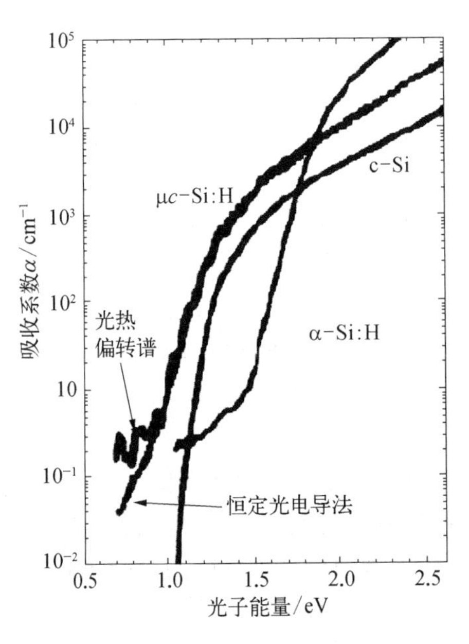

图 5.13 单晶硅、微晶硅、非晶硅的吸收光谱[18]

除上述优点外，与非晶硅的技术制备相似，微晶硅也可以在较低的温度环境下生长，因而可以在高分子有机物等衬底上制备，从而可用于生产柔性太阳能电池。

由于微晶硅是由小晶粒和非晶组分形成的混合相，因而微晶硅中存在大量的晶界，这些晶界对微晶硅的电学性能有很大的影响，而微晶硅的微结构，包括薄膜的晶化率、结晶的择优取向、晶粒大小等因素，对微晶硅中晶界的分布有显著的影响。图5.14(a)所示的是微晶硅薄膜的TEM照片，从图中可见，该微晶硅薄膜中的晶粒呈柱状结构。在微晶硅薄膜的晶化过程中，晶核首先出现在薄膜和衬底之间的界面处，不同的晶核在相互竞争的过程中长大，最终在靠近衬底表面处形成柱状或锥状的晶粒。晶粒与晶粒之间的区域为非晶硅成分，晶粒的形态、尺寸，以及晶化率等微观特征与沉积条件和具体的衬底表面状态有关。

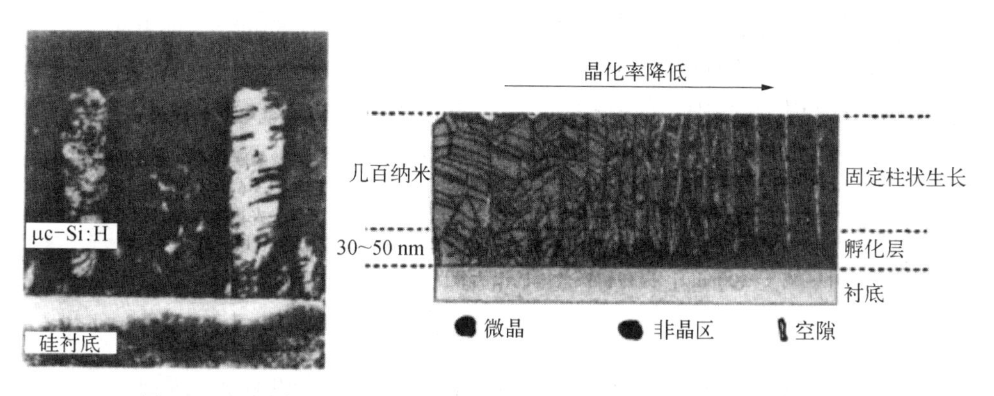

图5.14　(a) 微晶硅的TEM照片；(b) 微晶硅结构随晶化率的变化[18]

图5.14(b)显示了从高度晶化过渡到完全非晶的过程中，微晶硅的微结构随着晶化率的变化情况。从图中可见，随着晶化率的不断降低，微晶硅中柱状晶粒的尺寸逐渐减小，与此同时，晶粒间非晶相的成分越来越多，这些增多的非晶成分也阻碍了柱状晶粒在侧向的生长。

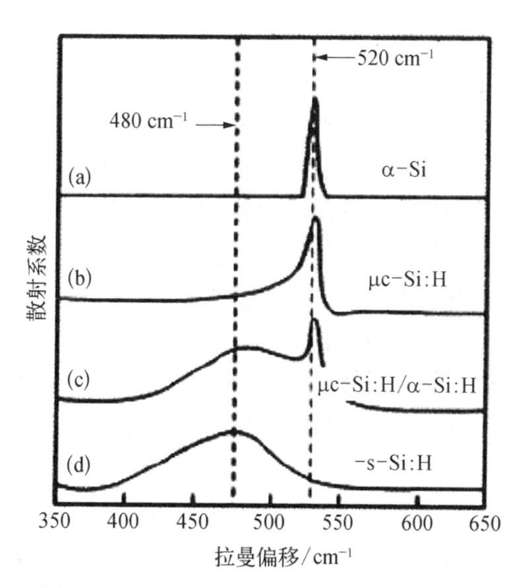

图5.15　不同结构硅材料的拉曼散射谱[18]

微晶硅薄膜的晶化率可以采用拉曼光谱的手段来研究。图5.15给出了不同硅材料的拉曼散射谱。对于单晶硅来说，其拉曼振动峰位于520 cm^{-1}处，该峰对应着晶体硅中的类横向光学模式的振动。而对于非晶硅，其拉曼振动峰位于

480 cm^{-1}处，是非晶硅的类横向光学模式振动引起的。对于晶化率比较高的微晶硅薄膜，其拉曼光谱曲线与单晶硅的相似，但振动峰的位置有些偏移，位于 518 cm^{-1}处，而且其拉曼散射峰的半高宽也大于晶体硅的散射峰。而对于晶化率不是很高的微晶硅材料，其拉曼散射峰的主峰仍然位于 520 cm^{-1}附近，但低波数一侧的强度明显增大，通常，用如下的公式来计算材料的晶化率：

$$\chi_c = \frac{I_c}{I_c + I_a} \tag{5.4}$$

其中，I_c和 I_a分别对应晶化部分和非晶部分的积分面积，通过高斯拟合得到。在高斯拟合过程中，I_c包含 520 cm^{-1}和 510 cm^{-1}处的两个峰，I_a对应的峰位于 480 cm^{-1}处。

除晶化率外，晶粒尺寸和薄膜择优取向也是影响微晶硅薄膜微晶硅的重要因素。晶粒尺寸和薄膜择优取向的情况可以采用 X 线衍射(XRD)的方法测定。通常微晶硅的 XRD 曲线中，可以观察到较强的(220)衍射峰、(111)、(311)衍射峰以及较弱的(400)、(422)和(511)衍射峰。理想的微晶硅薄膜应该是呈各向异性的柱状形式生长，且具有高度的(220)择优取向。微晶硅中晶粒的尺寸可以利用 XRD 的测试结果，采用 Scherrer 公式估算

$$x = \frac{k\lambda}{(\Delta\theta)\cos\theta} \tag{5.5}$$

除晶界外，材料内的缺陷也会对微晶硅的电学性能产生较大的影响。这些缺陷包括类似于非晶硅中的悬挂键和生长过程中引入的杂质元素的掺杂。这些缺陷态分布在全部微晶硅的禁带内，与晶界共同影响微晶硅(包括 n 型和 p 型)的输运特性。

3. Ⅲ-Ⅴ族化合物半导体

Ⅲ-Ⅴ族化合物半导体，通常形成闪锌矿的晶体结构，其结构如图 5.16(a)所示(以 GaAs 为例)，Ⅲ族元素原子和Ⅴ族元素原子各自形成面心立方结构，两套面心立方晶格沿着体对角线方向平移 1/4 长度相互嵌套。由于构成两套面心立方的原子电负性不同，所以Ⅲ-Ⅴ族化合物虽然是以共价键结合，但共价键两侧的电子云密度不同，具有一定的离子性。这一具有离子性的共价键结合方式，使得Ⅲ-Ⅴ族化合物半导体在结晶过程中产生的缺陷较少，因而可以获得稳定性好、晶体结构完整且体积较大的Ⅲ-Ⅴ族化合物半导体晶体和高质量的外延薄膜。Ⅲ-Ⅴ族半导体化合物的生长主要是采用各种外延方法(如金属有机物化学气相沉积 MOCVD、液相外延 LPE、分子束外延 MBE 等)，因而其生产成本远高于单晶硅。在Ⅲ-Ⅴ族化合物半导体中掺入Ⅳ族元素，会出现Ⅳ族元素的双性掺杂现象，即当掺入的Ⅳ族元素原子代替原有的Ⅲ族元素原子时，掺入的Ⅳ族元素原子可以比原有的Ⅲ族元素

原子提供更多的电子，此时Ⅳ族元素原子作为施主杂质存在，整块材料表现为n型导电；当掺入的Ⅳ族元素原子代替原有的Ⅴ族元素时，Ⅳ族元素原子可以比原有的Ⅴ族元素原子容纳更多的电子，此时Ⅳ族元素原子作为受主杂质存在，整块材料表现为p型导电。

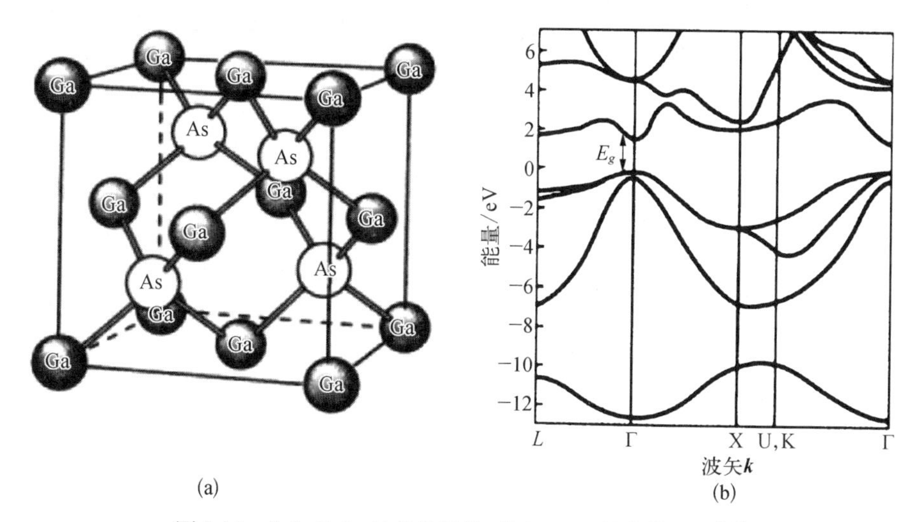

图5.16 （a）GaAs的晶体结构；（b）GaAs的能带结构[17]

二元的Ⅲ-Ⅴ族化合物还可以相互固溶形成多元合金，例如$Al_xGa_{1-x}As$合金、$In_xGa_{1-x}As$合金、$In_{1-x}Ga_xAs_yP_{1-y}$合金等，Ⅲ-Ⅴ族多元合金化合物的晶格常数与合金的组分成线性关系，即遵循VeGard定律。因此可以通过调整合金组分的比例——例如$In_xGa_{1-x}As$和$In_{1-x}Ga_xAs_yP_{1-y}$合金中的x和y——来调整合金的晶格常数，从而使不同的合金达到晶格匹配。为了实现高的光电转换效率，光电转换材料/器件需要尽可能充分的利用入射光中各个波长的能量，而对于多元Ⅲ-Ⅴ族化合物半导体来说，除了其晶格常数可以随合金的组分变化之外，其禁带宽度也可以通过合金的组分来调节，例如$Al_xGa_{1-x}As$和$In_xGa_{1-x}As$的禁带宽度都随组分x的变化而改变。禁带宽度处于1.4~1.5 eV左右的材料，被认为是最适合制作太阳能电池，因此，E_g为1.42 eV的GaAs及1.35 eV的InP等是最适合太阳光光电转换器件的材料。

在Ⅲ-Ⅴ族化合物半导体中，GaAs为直接带隙半导体，其能带结构如图5.16(b)所示。与单晶硅相比，GaAs的禁带宽度更接近于最佳带隙1.4 eV；作为直接带隙材料，GaAs的吸收系数比硅高，这意味着只需很薄厚度的GaAs即可实现对入射光子的充分吸收，所以GaAs太阳能电池的厚度可以远小于硅基太阳能电池。此外，半导体材料中的载流子复合会随着温度的上升而迅速增加，从而导致太阳能电池的转换效率下降，作为间接带隙的硅具有较大的温度系数，所以温度的上升对硅基太阳能电池的性能影响较大；而直接带隙的GaAs的温度系数则较低，此外，由于

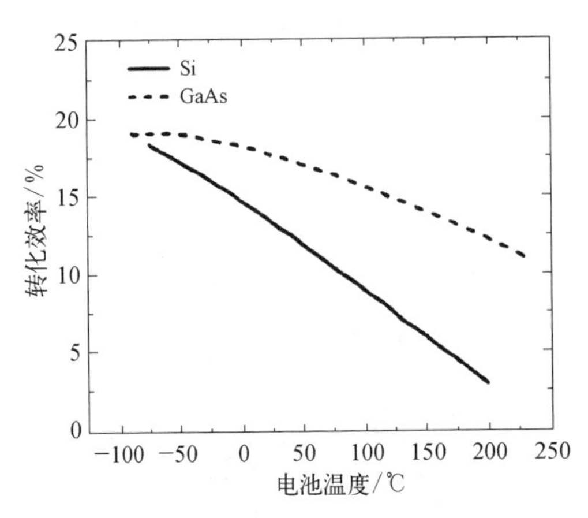

图 5.17 基于硅和砷化镓的电池转化效率对比[18]

GaAs 的禁带宽度大于 Si，在高温环境下工作时，其暗电流的变化小，因而电池效率的衰减也小，图 5.17 所示为 Si 太阳能电池和 GaAs 太阳能电池在不同温度下的光电转化效率，随着温度的升高，GaAs 太阳能电池的转换效率明显优于 Si 太阳能电池。所以 GaAs 在高工作温度方面比硅基太阳能电池更具有优势，更适合于聚光太阳能电池。

n 型和 p 型 GaAs 的制备，可以利用Ⅳ族元素双性掺杂的原理，通过引入 Si 或 Sn 等Ⅳ族元素原子取代 Ga 原子，形成 n 型掺杂；通过引入 C 原子取代 As 原子形成 p 型掺杂。

禁带宽度 1.35 eV 的 InP 也是直接带隙半导体，光吸收系数很大且吸收边陡峭，其光吸收系数可近似表示为

$$\alpha = 4 \times 10^4 (h\nu - 1.31)^{1/2} (\mathrm{cm}^{-1}) \quad (1.31\ \mathrm{eV} < h\nu < 1.58\ \mathrm{eV})$$

$$\alpha = 1.1 \times 10^7 \exp(-9.9/h\nu)^{1/2} (\mathrm{cm}^{-1}) \quad (h\nu > 1.58\ \mathrm{eV})$$

其中，$h\nu$ 是光子的能量。与 GaAs 太阳能电池相比，早期的 InP 太阳能电池在转化效率等关键性能参数方面并不具有明显的优势，因而对 InP 的研究没有突破性的进展。1984 年有研究组报道，与 Si 和 GaAs 太阳能电池相比，InP 太阳能电池具有优异的抗辐射性能，InP 太阳能电池的研究开始引起人们的广泛关注。图 5.18 所示为基于 Si、GaAs、InP 三种半导体材料的 pn 结太阳能电池的效率在 1 MeV 能量的电子辐射照射下光电转化效率的衰减情况，从图中可以看出，InP 太阳能电池的抗辐照性能明显优于 Si 和 GaAs 太阳能电池。

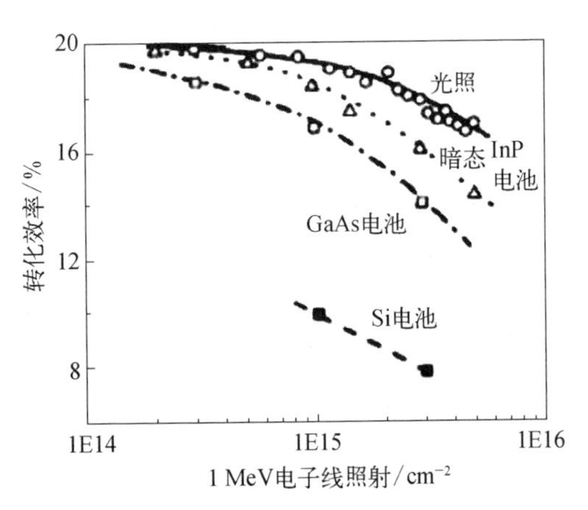

图 5.18 基于 Si、GaAs 和 InP 的光电电池的抗辐照性能(1 MeV 电子辐照下)[18]

研究表明，Ⅲ－Ⅴ族化合物半导体的抗辐射性能普遍优于 Si，这是由于Ⅲ－Ⅴ族化合物材料大都是直接带隙半导体，光吸收系数高达 $10^4 \sim 10^5\ \mathrm{cm}^{-1}$，而少子扩散长度很短，只有 3～5 μm，有源层很浅；Si 是一种间接带隙半导体材料，其光吸收系数约为 $10^2 \sim 10^3\ \mathrm{cm}^{-1}$，少子扩散长度大于 100 μm，有源层通常厚达 50～300 μm。图

5.19 所示为 Si 和Ⅲ-Ⅴ族化合物中载流子收集强度与深度和缺陷密度的模型计算结果，从图中可以看出，一方面，Si 中载流子收集效率随着辐射造成的载流子增加而显著降低；另一方面，即使辐射在材料中产生同样密度的缺陷，但对 Si 的影响比对Ⅲ-Ⅴ族化合物的影响要大得多。

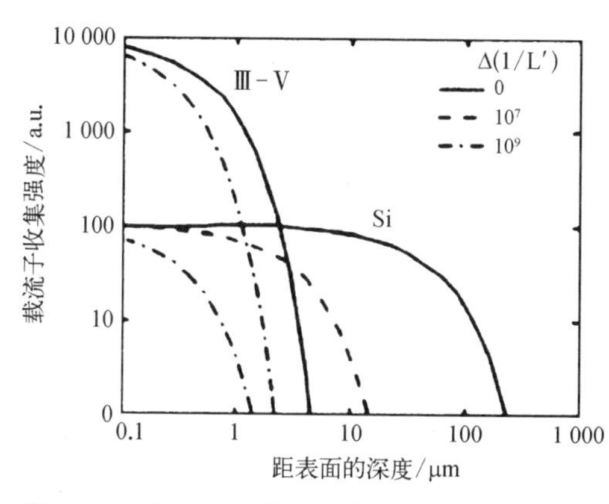

图 5.19 硅和Ⅲ-Ⅴ族半导体中载流子收集强度随距表面深度和缺陷浓度的关系[18]

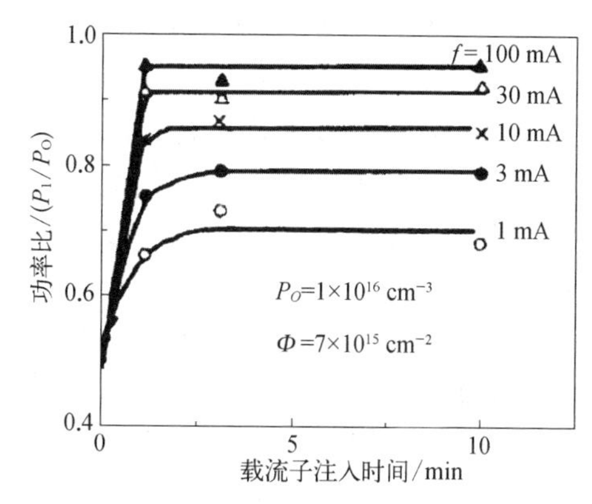

图 5.20 1 MeV 电子辐照后器件效率恢复情况[18]

与 GaAs 等其他Ⅲ-Ⅴ族材料相比，InP 具有更优异的抗辐照性能。通常半导体中的照射缺陷包括原子空位和晶格间原子以及不纯物混合引起的复合缺陷；根据研究的结果推断，InP 中主要的照射缺陷是原子空位和晶格间原子的自由电子对，这些缺陷在室温条件下即可移动，并与材料中的空穴复合，从而使 InP 具有优良的抗辐照性能。此外，研究还发现，经辐照后的 InP 有缺陷的自修复能力。图 5.20 给出了被 1 MeV 电子辐射过的 InP 太阳能电池的效率恢复情况。从图中可以看出，在较大的正偏电流下，器件的效率随着时间的推移，逐渐恢复到接近辐照之前的水平。

从上述分析中可以看出，由于具有合适的禁带宽度，Ⅲ-Ⅴ族半导体材料比 Si 基材料有望制备更高光电转换效率的器件；作为直接带隙半导体材料，光吸收系数高，从而可以使器件做得更薄；由于少数载流子扩散长度短，所以基于Ⅲ-Ⅴ族半导体化合物的光伏器件具有比硅基器件更好的抗辐照性能，这一优点对于空间光电转换器件来说是极为重要的。

除了用于制造将太阳光转化为电能的太阳能光伏器件外，Ⅲ-Ⅴ族材料在其他的光电能量转换器件中也有重要的应用。发光二极管（light emitting diode, LED）利用半导体材料的电致发光效应，将电能转化为光能的器件，其所发出的光的颜色（波长）由材料的禁带宽度决定。由 GaP 和 GaAs 所形成的固溶体 $GaAs_{1-x}P_x$，当 x 处于 0.38~0.40 时为直接带隙半导体，室温下禁带宽度可在 1.84~1.94 eV 变化，可发射出波长位于 640~680 nm 的红光；Ⅲ-Ⅴ族四元化合物 $Ga_{1-x}In_xP_{1-y}As_y$ 的禁带宽度随组分 x 和 y 的改变而变化，发射波长位于 1.3~1.6 μm 的红外光；随 Al 成分的变化，GaAlInP 的发射光谱可在红光（680 nm）至绿光（560 nm）的范围内改变；采用 In、Al、Mg 等元素掺杂的 GaN 可用于蓝绿光的 LED[22-24]。

此外，Ⅲ－Ⅴ族元素形成的三元化合物，以及 InAs、InSb 等二元化合物还被用于制造光纤通信中的光接收器和光导型红外探测器[25]。

4. 铜铟硒和铜锌锡系列材料

S. Wagner 在 1974 年首次提出了以 $CuInSe_2$（CIS）作为太阳能电池材料的设想，1976 年，美国研制出了首块以 CIS 为吸收层的薄膜太阳能电池，其转换效率达到 6.6%。CIS 太阳能电池具有稳定性好、耐空间辐射能力强等优点，逐渐得到业界的重视。到 20 世纪 90 年代，CIS 太阳能电池的效率从最初的 6.6% 提高到了 17.6%，有了巨大的提升。之后的研究表明，在 $CuInSe_2$ 的 In 位掺杂 Ga 元素，使得 In 部分被 Ga 原子取代，得到的 $CuInGaSe_2$（CIGS）具有比 CIS 更加优越的性能。

铜铟镓硒（CIGS 或 $CuIn_xGa_{1-x}Se_2$）属于化合物半导体，它可视为 $CuInSe_2$ 和 $CuGaSe_2$ 的固溶体合金。Cu－In－Se 系统的三元相图如图 5.21（a）所示。通常生长的 CIGS 薄膜，其组分位于 Cu_2Se 和 In_2Se_3 之间的连线上。CIGS 具有和 CIS 相似的黄铜矿结构，其结构是在闪锌矿结构的基础上，由ⅠB 族的 Cu 和ⅢA 族的 In 或 Ga 原子代替闪锌矿结构中体对角线上的Ⅱ族 Zn 原子所形成的四方晶格结构，如图 5.21（b）所示。

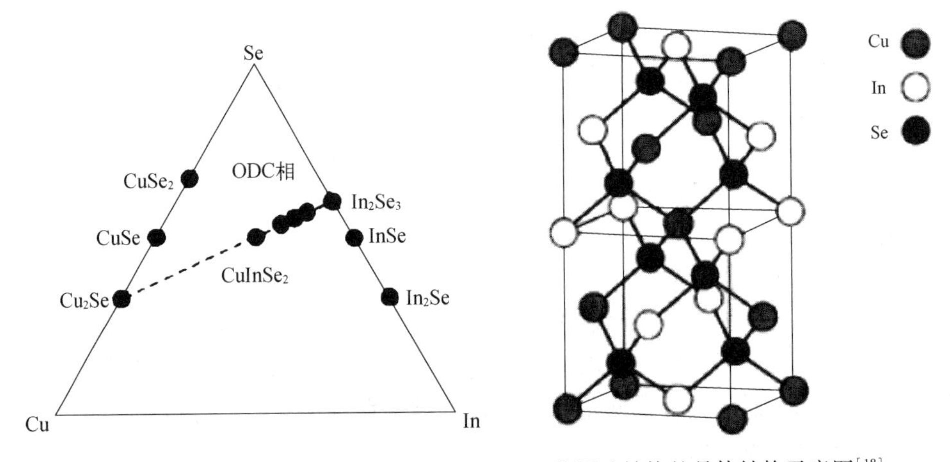

图 5.21 （a）Cu－In－Se 系统的三元相图；（b）黄铜矿结构的晶体结构示意图[18]

与前述的Ⅳ族中的硅材料和Ⅲ－Ⅴ族材料相比，CIGS 具有如下特点：

1）CIGS 是直接带隙的化合物半导体，具有高的光吸收系数。作为直接带隙半导体材料，在光电转化过程中，当有载流子注入时，会产生辐射复合过程，辐射过程产生的光子可以被再次吸收，即所谓的光子再循环效应。CIGS 在可见光区域中，吸收系数可达到 $10^5\ cm^{-1}$，厚度为 1 μm 的 CIGS 薄膜就可以充分地吸收太阳光。

2）CIGS 的带隙 E_g 由组分 x 决定，当 $x=1$，$CuInSe_2$ 的带隙 $E_g=1.0\ eV$；当 $x=0$，$CuGaSe_2$ 的带隙 $E_g=1.7\ eV$，所以可通过调整掺入的 Ga 替代 In 的量，实现禁带带隙在 1.0~1.7 eV 范围内的可控调节，这一特点使得 CIGS 非常适用于最佳带隙的半导体化合物材料，这也是 CIGS 材料相对于硅系太阳能电池材料的最显著优势。禁带带隙的可调节性也使得器件背接触的电学性能可以得到改善。

3）与单晶硅或非晶硅不同，光电转换器件中的 CIGS 薄膜是以多晶形态存在的，晶粒尺寸约 1 μm 左右，由于生长过程的约束，晶粒呈现出垂直于基底的柱状结构，晶界与空间电荷区的方向垂直因而对多数载流子的输运影响较小。与此同时，由于晶界方向与电流的方向平行，所以多晶 CIGS 的晶界对少数载流子没有拦截的作用，加之电子扩散长度与晶粒尺寸相近，因此即使晶粒仅为 1 μm 大小的 CIGS 也具有高的转换效率。由于 CIGS 作为吸收层，其厚度仅需要 1~2 μm，相比晶体硅太阳能电池，制备 CIGS 薄膜太阳能电池使用的原材料较少，从而可以进一步降低器件生产成本。

4）CIGS 可以制备成 n 型或 p 型。黄铜矿结构 CIGS 中的本征缺陷主要是 In 原子空位和 Cu 原子对 In 原子的替位式掺杂，这些本征缺陷可以俘获电子，从而使 CIGS 呈现出 p 型导电。从缺陷的分布来说，这些本征缺陷倾向于聚集在 CIGS 的晶界处，从而在价带顶以上的禁带内形成陷阱能级。CIGS 的空穴激活能约为 0.3 eV，比 a－Si 的小，所以 CIGS 中本征缺陷的影响不如 a－Si 中显著。另外，Se 原子的空位也会俘获空穴，形成一定浓度的本征缺陷，这些缺陷也聚集在晶界附近，可以通过在 O_2 中的退火使其钝化。

5）CIGS 材料中不存在 Si 系太阳能电池中很难克服的光致衰退效应。

6）从器件制备来说，黄铜矿结构 CIGS 吸收层和闪锌矿结构的 CdS 缓冲层可以形成良好的晶格匹配，失配率不到 2%，CdS 的带隙为 2.5 eV，重掺杂的 CdS 缓冲层可以作为窗口层材料，避免短波长光生载流子在器件的表面复合，从而减小载流子收集过程中的损失；此外，重掺杂的 CdS 还可以改善电子在器件内的输运，从而减小串联电阻。与早期使用 $CuInSe_2$（CIS）制备的 p－n 同质结薄膜太阳能电池相比，使用重掺杂的 n 型 CdS 作为发射极制备的异质结薄膜太阳能电池具有更好的性能。CIGS 的内部量子效率最高达到 90%。是开发薄膜太阳能电池的理想材料。

但是，CIGS 薄膜太阳能电池从材料到器件的设计仍然存在一些问题，主要集中在晶界和异质结界面的复合方面。晶界缺陷的存在会使得光生载流子的寿命缩短，进而导致光生电流的强度降低。如果希望改善光生电流，则需要更长的电子扩散长度，但目前 CIGS 中电子扩散长度已经与晶粒尺寸相接近，因此需要减小晶界复合。采用退火的方法，可以使得晶界产生钝化，并增大晶粒的尺寸，从而减少晶界复合。此外，CdS 的铅锌矿结构和 CIGS 的黄铜矿晶体结构的晶格失配会产生较高的异质结缺陷面密度，从而产生异质结界面的载流子复合。

CIGS 薄膜太阳能电池的光电转换效率等主要参数在近些年获得了较大的发展,但对 In 和 Ga 等稀有元素的大量需求成为其未来发展的瓶颈,寻找自然界的富含元素代替稀有元素是 CIGS 薄膜太阳能电池的研究热点之一。基于 CIGS 系列材料演化的八电子规则(最小晶胞需满足电中性原则)[26],人们获得了 Cu_2ZnSnS_4(CZTS)系列材料。CZTS 属于 I_2-Ⅱ-Ⅳ-VI_4型的四元化合物半导体,是由黄铜矿结构的 CIS 中两个 In 原子分别被一个 Zn 原子和一个 Sn 原子取代得到。在取代过程中,由于取代原子所处的空间位置不同,会导致 CZTS 存在锌黄锡矿和黄锡矿两种结构,两种结构如图 5.22 所示[27]。

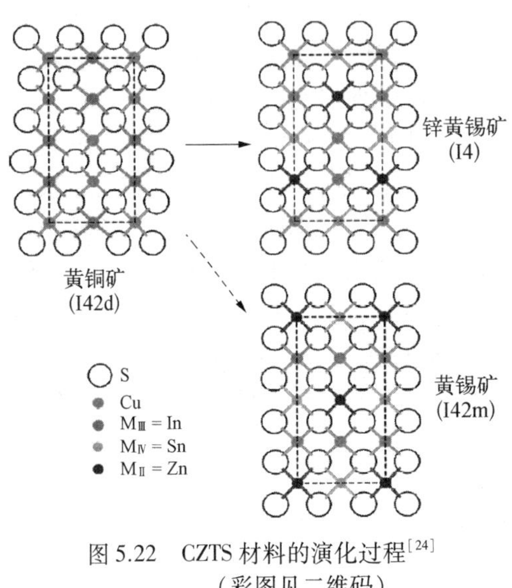

图 5.22 CZTS 材料的演化过程[24]
(彩图见二维码)

作为直接带隙材料,CZTS 的禁带宽度约为 1.5 eV,光吸收率高于 10^4/cm,不仅可实现对光子的高利用率,也可显著降低薄膜厚度,减少器件所用材料;CZTS 薄膜中所含元素,在自然界均有较丰富的储量。上述特点使得 CZTS 太阳能电池的成本可以大大降低。此外,CZTS 太阳能电池性能稳定,克服了硅电池的光致衰退现象且薄膜在制备过程中对工艺参数的敏感度较低,在制备工艺参数和衬底方面有较大的选择空间。Chu、Yang、Sun 等研究人员所在的课题组对 CZTS 薄膜的制备和性能进行了全面的研究,获得了硫化、快速热处理等工艺参数以及采用 Se 取代 S 对 CZTS 薄膜性能的影响[28-34]。

5. *钙钛矿结构材料*

钙钛矿结构材料具有 ABX_3的化学式,其名称来源于 $CaTiO_3$所具有的晶体结构,在钙钛矿结构材料中,B 位原子位于立方体的中心附近,A 位置原子位于立方体的顶角位置,X 原子位于立方体的面心位置,由 X 原子构成的八面体相互连接,形成三维的空间结构。

钙钛矿结构材料由于其晶体结构的特殊性,从而体现出丰富的性质,例如超导电性、巨磁电阻特性、铁电性等。在对钙钛矿结构铁电氧化物的研究中,人们曾发现其在光照下可以产生很高的光生电压,但由于铁电氧化物本身为绝缘体,无法输出足够强度的光生电流,因而限制了其在太阳能光电领域的应用,目前,钙钛矿结构铁电氧化物在光电转换领域的应用,主要是利用其热释电效应用于室温红外探测等领域。2009 年,有研究组报道了一种钙钛矿结构的卤铅氨类化合物 $CH_3NH_3PbX_3$(其中 X 为卤族元素),在这类材料中,卤素原子构成的八面体形成空间网络结构,Pb 原子位于立方体的中心,甲氨基团位于立方体的顶角位置。这种材料在太阳光谱范围内具有较高的吸收系数、好的载流子传输能力，且对杂质和缺陷不敏感[35]。之后的进一步研究表明，$CH_3NH_3MX_3$(M=Sn、Pb)系列材料都有类似的性质，且材料的禁带宽度等参数可以受到 B 位和 X 位元素的种类和浓度的调控，例如，$CH_3NH_3PbI_3$的禁带宽度为 1.51 eV，而 $CH_3NH_3Sn(Br,I)_3$的禁带宽度可以随 Br^-浓度的改变在 1.3~2.15 eV 内变化。最初卤氨类材料是作为染料用于染料敏化太阳能电池，但由于此类材料在染料敏化太阳能电池的液体电解质中不稳定，从而影响器件性能，2012 年，该材料被用作固体电解质的太阳能电池中，使器件的光电转换效率得到显著提升，也推动了近年来对钙钛矿结构材料在光电转换领域的研究[36-38]。

5.2.2　有机光电能量材料

基于无机半导体材料的光电转换器件，其能量转换效率较高，但器件制备成本高、器件重量较大且原材料在生产过程中的能耗较高，从而限制了基于无机材料的光电转换器件的推广和应用。与无机材料相比，有机材料的原料来源广泛，材料的重量轻、柔性好、容易加工，可大面积成膜、器件制备工艺简单；而且有机高分子材料的化学可变性大，可通过多种方法对其化学结构进行修饰，从而提高材料的光谱吸收能力和载流子的输运能力。因此，基于有机材料的光电转换器件是近年来的研究热点之一，李永舫等对聚合物材料在光电转换器件中的应用进行了系统性的研究[39]。除此之外，有机材料还被用于制备有机晶体管等器件，闫东航等人对基于有机半导体材料的异质结构进行了全面的研究[40]。

从能带角度来说，由于原子的周期性排列，在无机晶体材料内存在周期性势场，原子的外层电子轨道由于相互交叠而在能量上出现差异，进而形成准连续的能带。原本被原子核束缚的电子可在这些能带内做准自由的运动。而有机分子之间的结合通常是通过范德瓦尔斯力作用，由于范德瓦尔斯力的作用较弱，因此有机材料通常具有无定型相。由于有机材料内不存在周期性势场，电子无法在整块材料内进行准自由的共有化运动，更多的是局域在分子轨道上。当分子处于基态时，低能量的分子轨道全部被电子占据，其中有电子存在的能量最高的分子轨道称为最高占据分子轨道(highest occupied molecular orbital, HOMO)；能量更高的分子轨道中没有电子，其中未被电子占据的能量最低的分子轨道称为最低未占分子轨道(lowest unoccupied molecular orbital, LUMO)。当分子受到激发时，处于 HOMO 上的电子可以吸收能量跃迁至 LUMO 上，同时在 LUMO 上留出空位置，该过程类似于无机半导体中电子从价带跃迁至导带同时在价带中产生空穴的过程[37]。

不同的有机分子束缚电子的能力也不同，有些分子束缚电子能力弱，容易失去电子，这类材料称为电子给体，类似 n 型掺杂的无机半导体；有些分子得电子能力强，被称为电子受体，类似 p 型掺杂的无机半导体。当给体和受体相互接触，给体分子中的电子转移到受体分子，则在给体分子的 HOMO 中产生一个类似无机半导体中空穴的空位置,该空位置可以接受其他分子上的电子;受体分子从给体分子得到一个电子,该电子位于其 LUMO 上,类似于无机半导体的导带中存在一个电子,该电子可转移到其他分子上。与无机半导体不同的是,由于周期性势场引起的电子共有化,无机半导体中价带或导带中电子的运动是一种准自由运动,而有机材料中电子局域在分子上,电子在分子和分子之间的转移是通过跳跃实现的。

光伏型有机光电转化器件的工作过程和无机半导体 p－n 结的光电转换过程相似。图 5.23 所示为给体和受体形成的有机异质结能带图。给体中的电子在光照的激发下,从 HOMO 跃迁至 LUMO,从而产生电子–空穴对。跃迁至 LUMO 上的电子有可能自发地回到给体的 LOMO 上,与空穴复合放出能量,也有可能转移至受体的 LUMO 上,在空间上实现电子和空穴的分离,之后电子和空穴分别向两侧的电极移动并被电极收集,从而完成光电转化过程。显然,在这一过程中,入射光的能量要大于材料的 LOMO 和 LUMO 之间的能隙,才能把电子从低能量轨道激发到高能量轨道,并产生空穴。在有机光电转换器件中,给体材料和受体材料的选择对器件的性能起决定性作用,以下分别对给体材料和受体材料进行介绍。

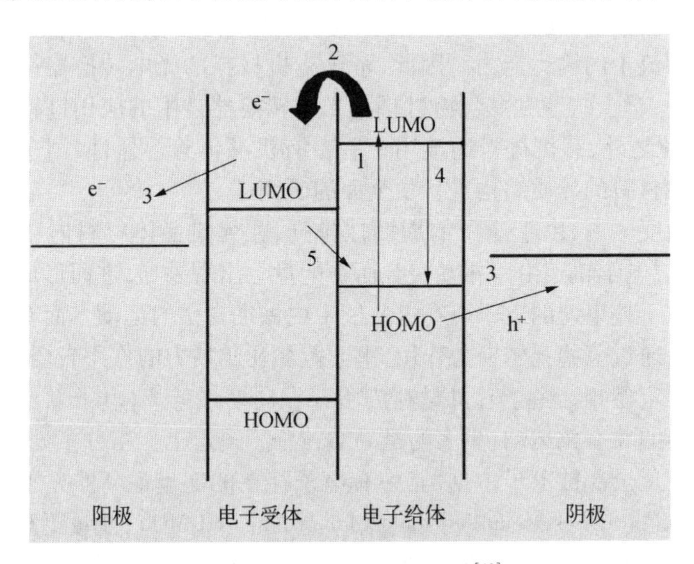

图 5.23　有机异质结能带图[18]

1. 电子给体材料

(1) 有机小分子电子给体材料

给体材料可分为小分子给体材料和高聚物给体材料。在小分子给体材料中,早期的代表物是卟啉类化合物。由于卟啉类分子的结构与叶绿素的结构相似,因此卟啉类材料很早就作为光敏介质被用于制造有机光电转换器件,图 5.24 所示为两种典型的卟啉类化合物 MTPP 和 MOEP 的分子结构。

卟啉类材料光电转化的过程与植物中的分子通过光合作用的原理相似，卟啉分子中的共轭 π 键可以把光生的电子很快地传递到受体。从光吸收的角度来说，卟啉类分子可见光的短波部分（蓝光区域）有很高的吸收系数，在中波段（绿光区域）的吸收也适中，因此卟啉类分子对可见光具有很好的响应。此外，通过对卟啉分子的进一步修饰，可以调整其得失电子的能力。这些优点使得卟啉类材料作为光敏层材料得到了较广泛的使用。但是，因为卟啉类材料也具有激子扩散长度短（<10 nm）、载流子迁移率低的缺点，从而限制了此类器件的光电转化效率。

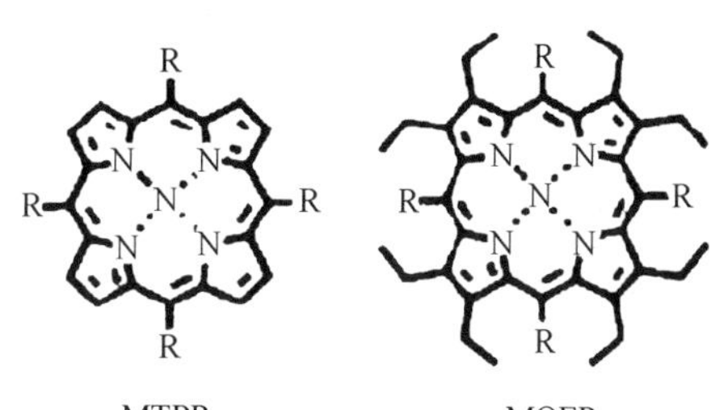

MTPP　　MOEP

$M = H_2$, Cu, Zn, Ti, Co, Pb, Sn, …

图 5.24　卟啉类化合物 MTPP 和 MOEP 分子结构[18]

与卟啉类材料相比，含酞菁类功能团的材料在空穴迁移率、激子扩散长度和吸收光谱范围方面具有更大的优势。酞菁类化合物的分子结构如图 5.25 所示，其中 M 为金属离子。1986 年报道的首个异质结双层结构的有机光伏器件中，即采用酞菁铜为给体材料。此后酞菁铜（CuPc）和酞菁锌（ZnPc）作为太阳能电池的给体材料，得到了广泛和深入的研究。

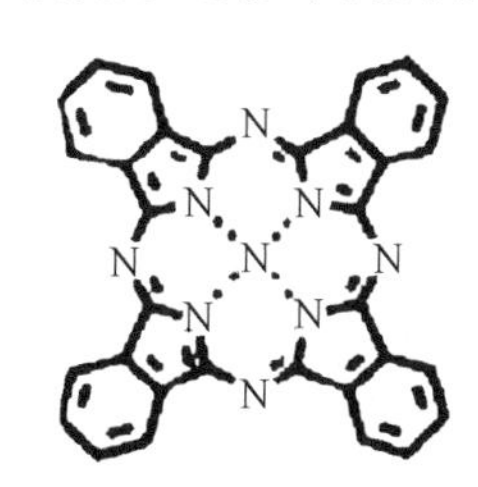

图 5.25　酞菁类化合物 MPC 的分子结构[18]

但是由于 CuPc 和 ZnPc 的 HOMO 能级分别达到了 5.2 eV 和 4.8 eV，因此以 CuPc 和 ZnPc 为给体材料的光电器件的开路电压较低，从而限制了器件的光电转换效率的进一步提高。

除上述材料外，并苯类稠环化合物也被用作有机光电器件的给体材料。与酞菁类材料相比，并苯类材料的激子扩散长度长，空穴迁移率也较高，这使得器件的光敏层厚度可以增大，从而提高对光的吸收效率，同时也使得空穴的传输和收集效率得以增加，进而得到较高的光电转化效率。

（2）聚合物电子给体材料

在聚合物电子给体材料中，研究者们首先关注的是主链含乙烯双键的共轭聚合物，与不含乙烯双键的聚合物相比，该类聚合物的吸收光谱呈现明显的红移，这意味着可以提高对可见光中的长波成分的利用率。第一个体异质结聚合物有机太阳能电池中采用的共轭聚合物给体为聚对亚苯基乙烯衍生物 MEH－PPV，图 5.26 所示为 MEH－PPV 的分子结构式。

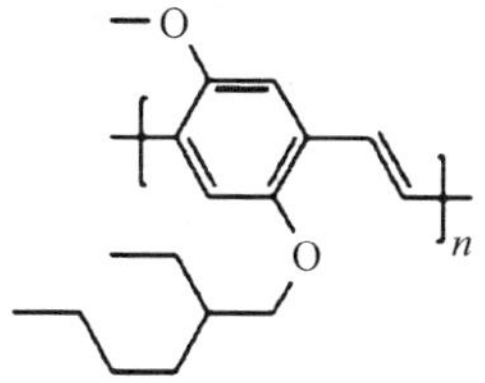

图 5.26　MEH－PPV 的分子结构[18]

MEH－PPV 属于可溶性 PPV 衍生物，其带隙约为 2.2 eV，具有较好的抗氧化稳定性，但其空穴迁移率不高，且激子扩散长度较短。

聚噻吩类衍生物是近些年研究较多的给体材料，其中以聚（3－己基噻吩）

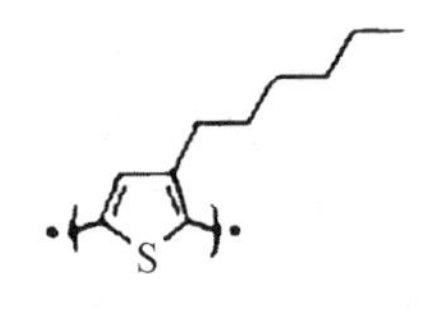

图 5.27 P3HT 的分子结构[18]

(P3HT)为代表,图 5.27 所示为 P3HT 的分子结构。与 PPV 类材料相比,P3HT 的禁带宽度更小(1.7 eV),空穴迁移率更高,但其过高的 HOMO 值限制了器件的转换效率。

此外,稠环噻吩比噻吩具有更好的分子平面性和更大的共轭性,从而使得含有稠环噻吩单元的聚合物在空穴迁移率、带隙宽度等方面更具优势,例如并二噻吩和噻吩的共聚物 PBTTT,通过改变不同共聚单元,其分子轨道能级位置、吸收光谱都会受到调制。图 5.28 所示为三种 PBDTTT 分子的结构和能级示意图。从图中可见,随着功能团的改变,材料的 HOMO 和 LUMO 分别降低,但降低的幅度基本相同,所以三种材料的禁带宽度也相近。这就在降低材料 HOMO 的同时保持了窄带系材料原有的易于吸收光的特点。

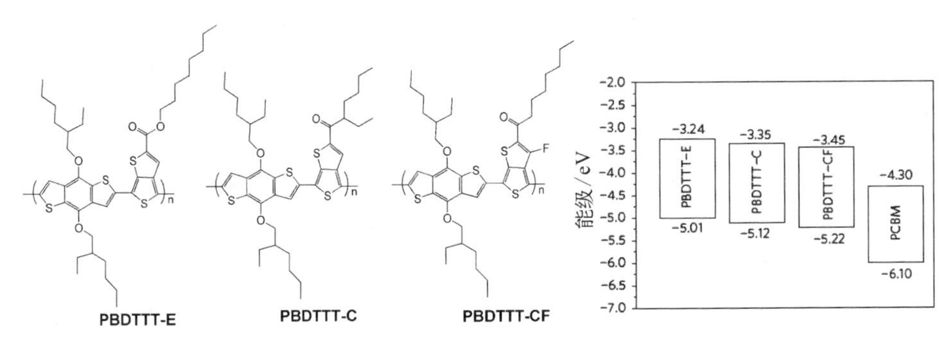

图 5.28 PBDTTT - E、PBDTTT - C、PBDTTT - CF 的分子式及能级示意图[18]

2. 电子受体材料

目前电子受体材料主要包括共轭聚合物衍生物和富勒烯衍生物两类。共轭聚合物包括氰基取代 PPV 衍生物(例如 MEH - CN - PPV、DOCN - PPV)和含氰基取代 PPV 结构单元的共聚物(例如 CN - Ether - PPV、PCNEPV)。图 5.29 所示为 MEH - CN - PPV 的分子结构。这些材料由于其 LUMO 和给体的 HOMO 之间有较大的能级差,因此可使器件产生很高的开路电压,但器件的短路电流较低。

富勒烯是指由碳原子形成的笼状分子,除了最常见的 C_{60}(由 60 个碳原子形成的球形分子)之外,还有 C_{70}和 C_{84},C_{60}和 C_{70}的分子结构如图 5.30 所示。

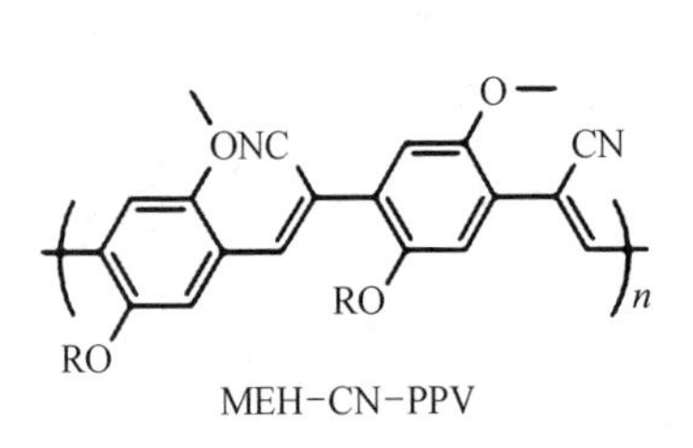

图 5.29 MEH - CN - PPV 的分子结构[18]

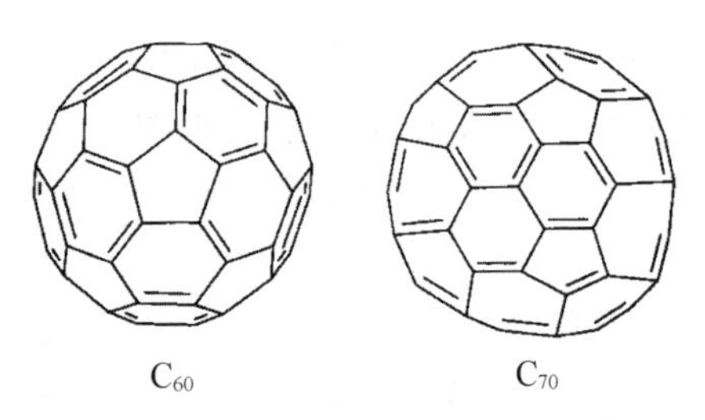

图 5.30 C_{60}和 C_{70}的分子结构[18]

C_{60}的 σ 键是由 sp2.28 杂化轨道形成，π 键垂直于球面，包含 10%的 s 轨道成分和 90%的 p 轨道成分。C_{60}的共轭键是非平面的，显示出不饱和双键的性质，易于发生加成反应生成 C_{60}衍生物，图 5.31 给出了几种富勒烯衍生物的分子结构。富勒烯衍生物是典型的 n 型有机半导体，其电子迁移率高，激子扩散长度长，在可见光谱区域有较好的吸收。以 PCBM 为例，其 LUMO 位于 4.3 eV 位置，电子迁移率约为 2×10^{-7} cm^2/eV。

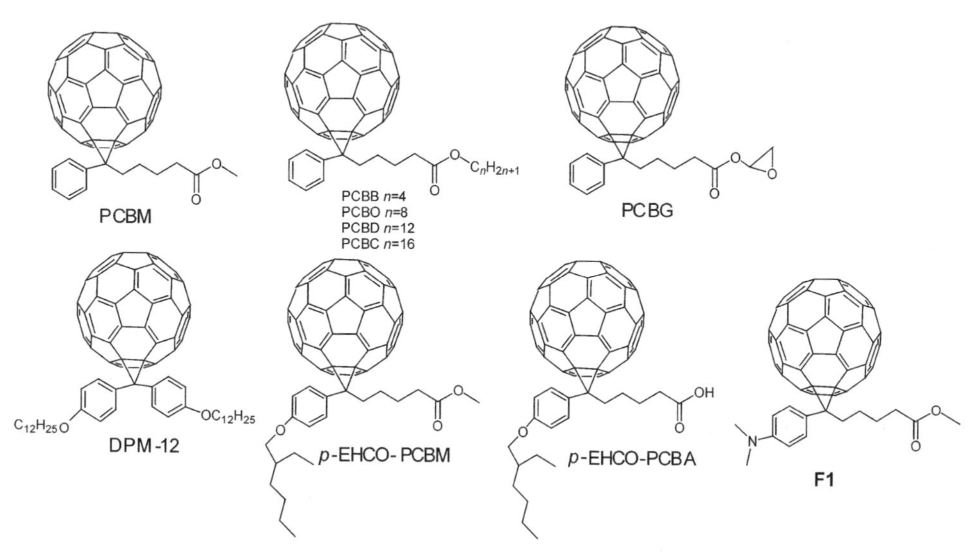

图 5.31　几种用作电子受体的富勒烯衍生物的分子结构[18]

5.3　其他功能材料

5.3.1　拓扑结构材料

如前所述，从能带结构来看，导体和绝缘体的区别在于费米能级附近是否存在自由载流子。绝缘体的费米能级位于能隙内部，其所在位置处电子态密度为零，没有自由载流子；导体的费米能级位于某个能带内，其所在位置处有电子态密度存在，因而导体的最高占据能带为部分填充，在非绝对零度环境下表现出较高的电导率。而在对量子霍尔效应的研究中，人们发现，有些绝缘材料内部虽然存在能隙，但在材料的表面上存在边缘激发态，这些电子态位于能隙内部，并连接价带顶和导带底，从而使得材料表面表现为金属性，这类材料被称为拓扑材料，图 5.32 所示为导体、绝缘体和拓扑材料的能带示意图。

1980 年和 1982 年，Klaus von Klitzing 和 Tsui 分别在半导体异质界面处的二维电子气和Ⅲ-Ⅴ族化合物半导体界面的二维电子气研究中发现了整数量子霍尔效

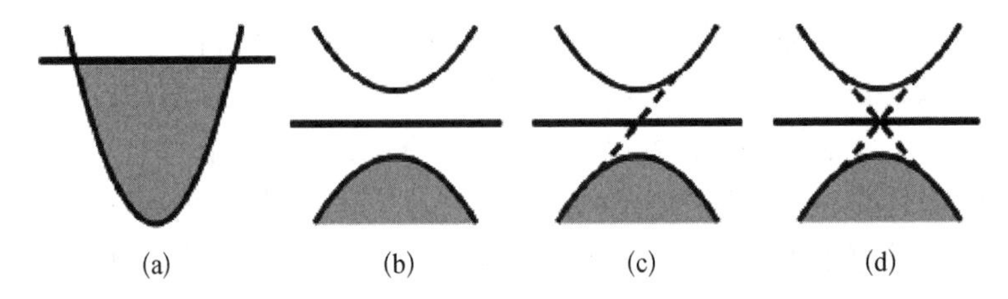

图 5.32　导体(a)、绝缘体(b)和拓扑材料(c)(d)的能带示意图[41]

应和分数量子霍尔效应[42,43]。根据他们的研究结果,在某些体系中,霍尔电阻的数值对被测样品的尺寸、缺陷等细节因素不敏感,为精确的量子化数值 $h/\nu e^2$,其中量子数 ν 对应了由边缘态形成的 ν 个对量子霍尔效应有贡献的导电通道。导电通道的形成,是由于在强磁场的作用下,二维电子气中的载流子在垂直于磁场方向的面内作局域化的回旋运动,其原本准连续的能带会变为分立的朗道能级,在材料边界区域,朗道能级穿越费米能级,从而形成导电通道[44]。在量子霍尔效应的实验研究中还发现,在量子数 ν 不变的情况下,四端法测得的纵向电阻为零,这意味着载流子在传输过程中没有发生散射,若将其用于器件中,则可大大降低器件的功耗和发热。量子霍尔效应的发现是在强磁场条件下完成的,为了实现无外加磁场情况下的量子霍尔体系,Haldane 提出了基于六角晶格的紧束缚模型,通过在六角原胞的中心引入磁偶极子,破坏体系的时间反演对称性,从而实现量子霍尔效应;之后的研究发现,除破坏体系时间反演对称性的量子霍尔体系之外,还存在时间反演不变拓扑绝缘体,简称为拓扑绝缘体[45-51]。若材料中存在有自旋轨道耦合,则自旋耦合的作用可以使材料中的运动电子受到一个等效于前述的外界强磁场的作用。薛其坤院士领导的课题组在拓扑结构材料方面有深入的研究[41]。

1. 二维石墨烯

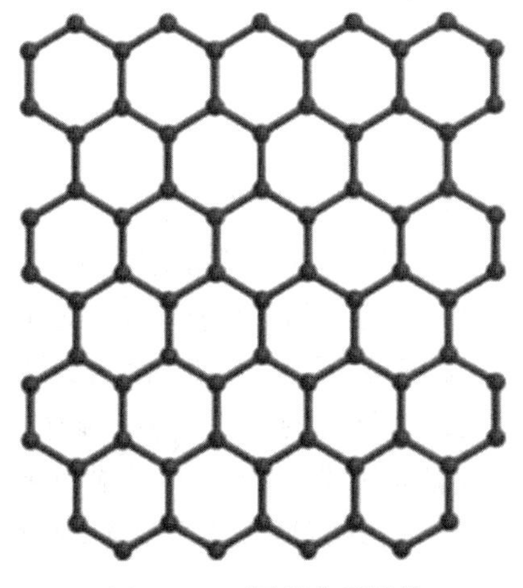

图 5.33　石墨烯分子结构

作为典型的二维材料,石墨烯由碳原子以 sp^2 轨道杂化形成面内的六角晶格排布,其分子结构如图 5.33 所示。在石墨烯中,自旋轨道耦合起到了 Haldane 模型中周期性磁场的作用[52,53]。图 5.34 所示为石墨烯的色散关系图,从图中可见,单层石墨烯的价带和导带在布里渊区内存在简并点,在简并点附近电子的 $E(k)$ 关系呈各向同性的线性变化,该点称为狄拉克点。

在狄拉克点附近,电子理论上的静止质量为零,又由于电子在石墨烯内的传输过程中不易发生散射,因而迁移率可达 $2\times10^5\ cm^2/(V\cdot s)$,所以石墨烯比现有的铜、银等金属具有更好的导电性[55,57]。

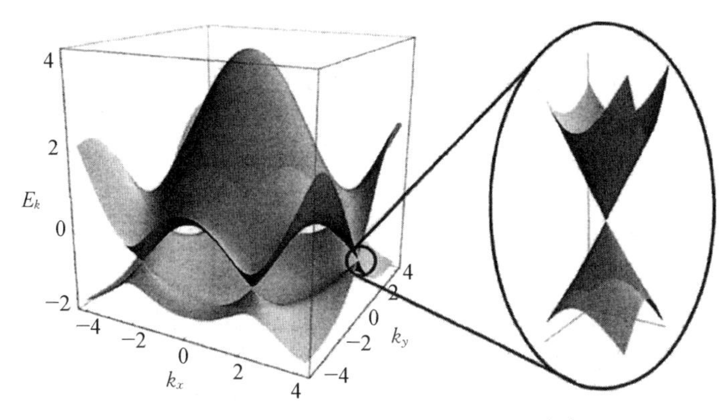

图 5.34 k 空间石墨烯的能量色散图[54]

石墨烯的制备可采用机械剥离、化学剥离、SiC 热解、化学气相沉积(CVD)等多种方法实现。机械剥离法是选用合适的石墨作为原料,利用胶带从原料上粘下石墨薄片,再对薄片反复进行粘贴胶带-剥离的操作,最终获得单层石墨烯。[5]化学剥离法的过程利用了石墨烯的氧化-还原反应,通过氧化反应在石墨中引入官能团,使得石墨层与层之间的距离增大,再通过超声等手段将氧化的石墨层剥离,之后通过还原反应去除剥离层中的官能团得到单层石墨烯[59-61]。SiC 热解法是将 SiC 单晶置于高真空环境下加热,在高温下(>1 200℃)SiC 发生裂解,由于 Si 具有较高的饱和蒸气压,SiC 热解后 Si 原子挥发,C 原子发生重构,从而在 SiC 表面上形成石墨烯[62,63]。CVD 法是利用气相的含碳化合物——例如甲烷等——作为碳源,将其输送至高温反应腔,使其在衬底表面分解,从而获得石墨烯[64-66]。在此过程中,若衬底为铜等溶碳量较低的金属,高温裂解产生的 C 原子吸附在衬底表面,通过常规的岛状生长方式形成石墨烯薄膜;若衬底为镍等溶碳量较高的金属,高温裂解产生的 C 原子会扩散进入金属衬底,在降温过程中会从衬底内部析出,在衬底表面形成层状石墨烯[63]。

由于石墨烯独特的能带结构及由此引起的电学和光学性质,其在光电转换领域的应用也引起人们的关注。国内外的研究者提出采用石墨烯和硅形成异质结,进而实现光电的能量转换[67-69]。

2. 二元 Bi 合金系列

除了二维的石墨烯外,研究者也在 Bi 系二元合金中发现了具有拓扑电子态的三维材料。2007 年,研究人员从理论上预言了 $Bi_{1-x}Sb_x$ 合金具有拓扑特性,2008 年,实验人员采用角分辨光电子谱(ARPES)对 $Bi_{1-x}Sb_x$ 合金的表面态进行了观察,验证了 $Bi_{1-x}Sb_x$ 合金是一种三维拓扑绝缘体[70]。中国科学院物理研究所的方忠研究组和斯坦福大学的张首晟研究组合作,从理论上预言了 Bi_2Se_3、Bi_2Te_3 和 Sb_2Te_3 等一系列三维拓扑绝缘体,之后被其他实验人员采用 ARPES 技术从实验上证实[71-73]。该系列材料具有共同的斜方六面体结构,图 5.35 所示为 Bi_2Se_3 的晶体结构。沿 z 轴方向,每五个原子层构成一个单元(图 5.35c),其中包含两个等价的 Se 原子层(图中标注 A 层)、两个等价的 Bi 原子层(图中标注 B 层),和一个不等价的 Se 原子层(图中标注 C 层)。单元内的层与层之间存在较强的耦合作用,单元之间则是弱的范德瓦尔斯力作用。

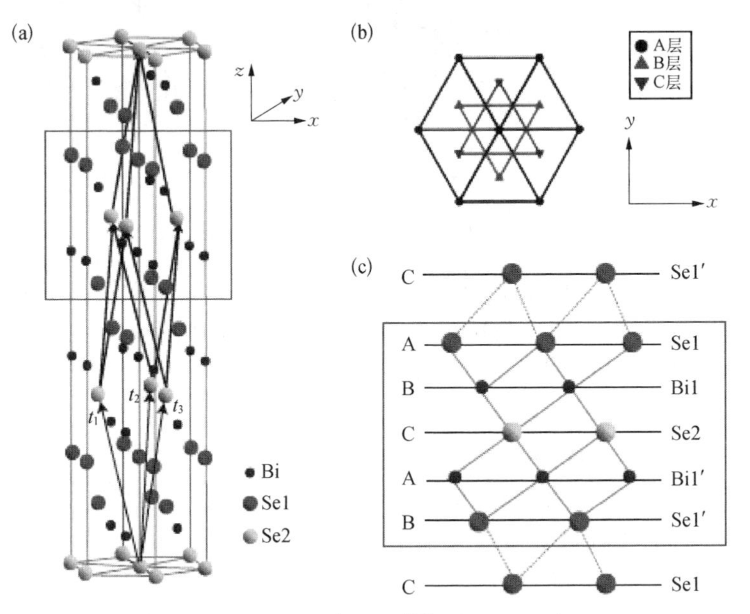

图 5.35 Bi_2Se_3的晶体结构[68](彩图见二维码)

Bi_2Se_3晶体具有中心反演对称性。考虑自旋轨道耦合作用后,其能带结构如图 5.36 所示。计算结果表明,当材料中的自旋轨道耦合强度超过某一数值后,会导致材料中的两个能级发生交叉,从而使材料进入拓扑绝缘相[68]。

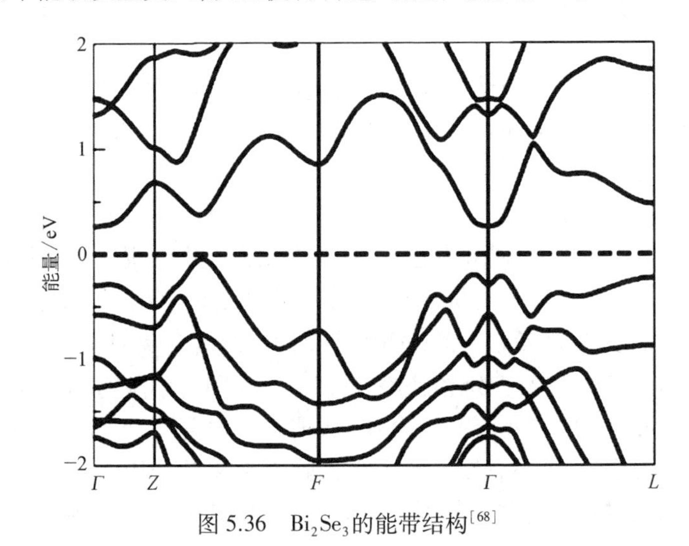

图 5.36 Bi_2Se_3的能带结构[68]

5.3.2　声光和磁光材料

从广义上来讲,任何物质在外界的激励下,出现光学性质的改变,都可用于光信息的获取。因此,除了外加电场之外,外加磁场及外界声波引起的机械形变,都可作为激励手段。以下就声光效应和磁光效应及相应材料做简单介绍。

声光效应是指声波(超声波)在物质中传播时引起光的传播特性的改变[74]。作为纵波,当声波在介质中传播时,会引起介质密度的周期性变化;若与此同时有光在该介质中传播,这种密度在空间上呈周期性分布的介质则具有光栅的作用,引起光的衍射,即所谓的光声效应。若入射的超声波频率较低,出现与光学中相位光栅相似的衍射,称为拉曼-Nath 型衍射,呈现多级衍射图像;若入射的超声波频率较高,则出现与光学中体光栅相似的衍射,称为 Bragg 型衍射,呈单级衍射图像[74]。材料声光效应的优劣用声光优值 M_1(或 M_b)和 M_2(或 M_e)来表征。若仅考虑材料的固有衍射效率,声光优值 M_2 可写为[75,76]

$$M_2 = \frac{n^6 p^2}{\rho V^3} \tag{5.6}$$

其中,n 为材料的折射率;p 为光弹系数;ρ 为材料密度;V 为体积。

若同时考虑材料的衍射效率和衍射带宽,则声光优值 M_1 可写为

$$M_1 = \frac{n^6 p^2}{\rho v} \tag{5.7}$$

上述公式表明,声光优值都与材料的折射率和弹光系数有关,要获得高的声光优值,就要求材料的折射率和弹光系数尽可能得高。图 5.37 所示为一些典型声光材料的声光优值。

常见的声光材料主要包括玻璃和晶体两类。与晶体材料相比,声光玻璃的优点在于价格低廉、易于加工,可批量化生产;经过退火处理后,玻璃材料的均匀性好,光损耗小。但由于玻璃的弹光系数低,在可见光波段的折射率通常小于 2.1,所以玻璃通常用于声频低于 100 MHz 的声光器件[75]。

常见的声光晶体材料包括 $PbMoO_4$、TeO_2、$HgCl_2$。上述材料均属于四方晶系,$PbMoO_4$ 在可见和红外光波段使用最广的声光材料之一,其声损耗系数小,声光衍射效率与入射光的偏振无关,广泛应用于声频约 500 MHz 以下的声光调制器和偏转器。TeO_2 内在[001]方向传播的纵波声光优值可高达 142×10^{-7} cm^2s/g;沿[110]方向传播的声波声速低,旋光性高,折射率大,可用于高分辨率的各向异性声光偏转器和可调声光滤波器[75]。除了上述材料外,对于工作在红外波段的声光器件来说,要求材料在低的射频驱动功率下能获得高的衍射效率,单质 Ge 和 Tl_3AsS_4、Tl_3AsSe_3 等系列化合物是优异的红外声光材料,Gottlieb 和 Roland 对红外声光材料进行了系统的研究[77]。

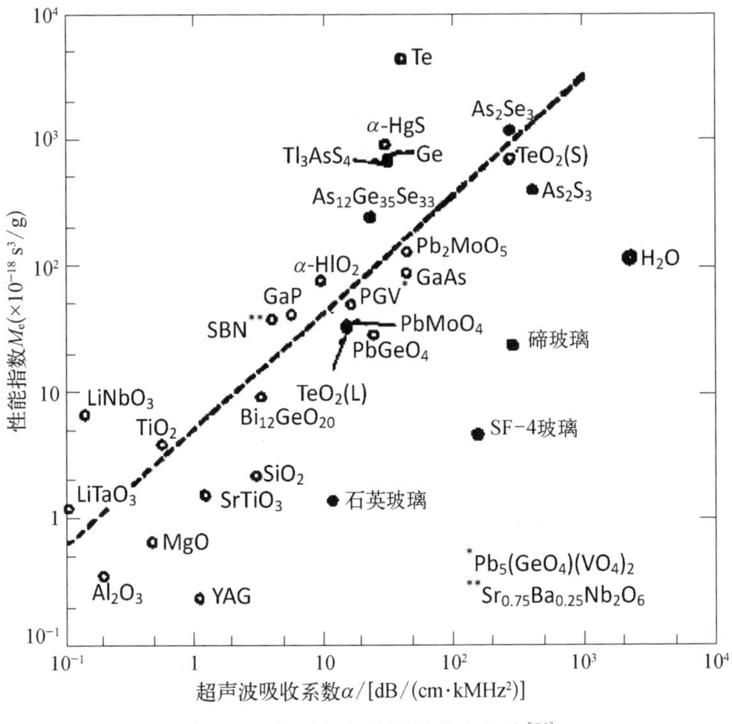

图 5.37 典型声光材料的声光优值[76]

磁光效应是指在磁场作用下,材料使在其内部传播的光的强度、相位、偏振状态等参数发生变化的现象。一束线偏振光通过介质,若在光的传播方向施加磁场,引起光的偏振面发生旋转的现象称为法拉第旋光效应(磁致旋光效应),如图 5.38 所示。若光的传播方向与磁场方向垂直,则出现双折射现象,称为磁致双折射效应,包括铁磁质和亚铁磁质中的 Cotton - Mouton 效应及反铁磁质中的 Voigt 效应。当一束线偏振光在磁化了的介质表面发生反射时,反射光会成为椭圆偏振光,这种现象称为磁光克尔效应,根据介质磁化的方向,磁光克尔效应又分为极向磁光克尔效应、横向磁光克尔效应和纵向磁光克尔效应,其配置如图 5.39 所示[74]。

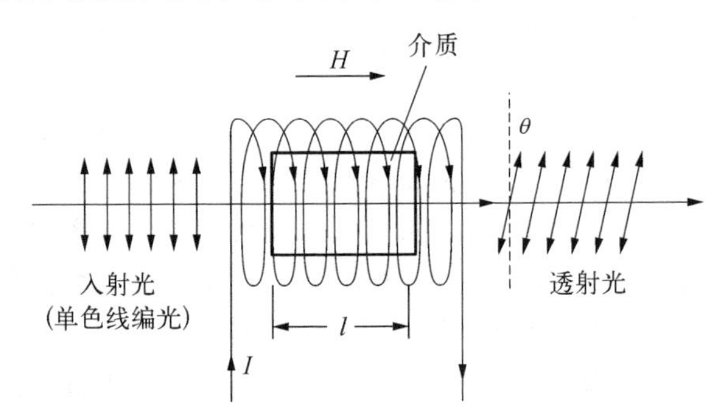

图 5.38 磁致旋光效应示意图[74]

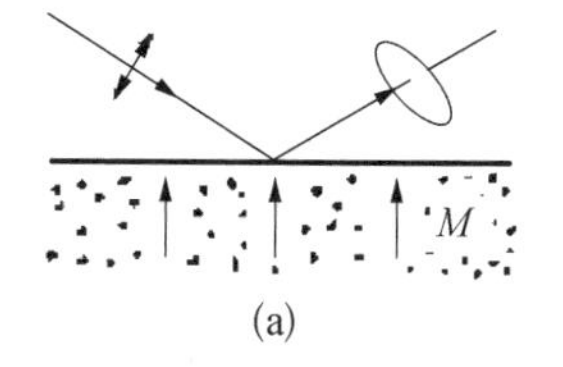

(a)

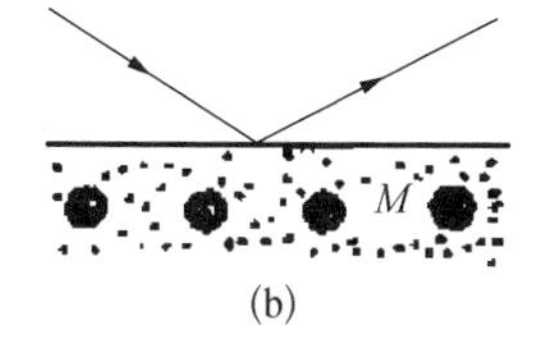

(b)

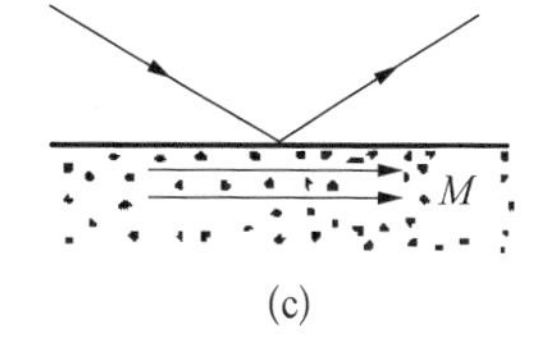

(c)

图 5.39 磁光克尔效应示意图

(a) 极向磁光克尔效应;(b) 横向磁光克尔效应;(c) 纵向磁光克尔效应[74]

磁光玻璃为非晶态的磁光材料,包括含 Tb^{3+}、Dy^{3+}、Pr^{3+}等稀土离子的顺磁玻璃和含有 Bi^{3+}、Pb^{2+}、Sb^{3+}等高极化率的逆磁玻璃[78-80];采用 Bi 和 Ce 掺杂的钇铁石榴石(YIG)单晶及薄膜具有高的比法拉第旋光比[81,82];上述材料在磁光调制器、磁光隔离器、磁光记录、磁光开关等领域有广泛的应用[79,80]。

参 考 文 献

[1] 于军胜,钟建,林慧.太阳能光伏器件技术[M].成都: 电子科技大学出版社,2011.

[2] 褚君浩.窄禁带半导体[M].北京: 科学出版社,2005.

[3] 叶志镇,吕建国,张银珠.氧化锌半导体材料掺杂技术与应用[M].杭州: 浙江大学出版社,2009.

[4] Lines M E, Glass A M.铁电体及有关材料的原理和应用[M].钟维烈,译.北京: 科学出版社,1989.

[5] 钟维烈.铁电体物理学[M].北京: 科学出版社,2000.

[6] Kenji Uchino. Ferroelectric devices [M]. Boca Raton: CRC Press, 2010.

[7] 殷之文.电介质物理学[M].北京: 科学出版社,2003.

[8] Chu J H, Meng X J. Study on the ferroelectric thin films tor uncooled infrared detection [J]. Ferroelectrics, 2007, 352: 260-272.

[9] Zhang X D, Meng X J, Sun J L, et al. Low-temperature preparation of highly (100)-oriented $Pb(Zr_xTi_{1-x})O_3$ thin film by high oxygen-pressure processing [J]. Applied Physics Letters, 2005, 86(25): 252902.

[10] Ma J H, Meng X J, Sun J L, et al. Effect of excess Pb on crystallinity and ferroelectric properties of PZT(40/60) films on $LaNiO_3$ coated Si substrates by MOD technique [J]. Applied Surface Science, 2005, 240(1-4): 275-279.

[11] Yu J, Meng X J, Sun J L, et al. Optical and electrical properties of highly (100)-oriented $PbZr_{1-x}Ti_xO_3$ thin films on the $LaNiO_3$ buffer layer [J]. Journal of Applied Physics, 2004, 96(5): 2792-2799.

[12] Hu Z G, Huang Z M, Wu Y N, et al. Spectroscopic-ellipsometry characterization of the interface layer of $PbZr_{0.40}Ti_{0.60}O_3/LaNiO_3/Pt$ multilayer thin films [J]. Journal of Vacuum Science & Technology A, 2004, 22(4): 1152-1157.

[13] Meng X J, Sun J L, Wang X G, et al. Temperature dependence of ferroelectric and dielectric properties of $PbZr_{0.5}Ti_{0.5}O_3$ thin film based capacitors [J]. Applied Physics Letters, 2002, 81(21): 4035-4037.

[14] Sun J L, Chen J, Meng X J, et al. Evolution of Rayleigh constant in fatigued lead zirconate titanate capacitors [J]. Applied Physics Letters, 2002, 80(19): 3584 - 3586.

[15] Wang G S, Meng X J, Sun J L, et al. $PbZr_{0.5}Ti_{0.5}O_3/La_{0.5}Sr_{0.5}CoO_3$ heterostructures prepared by chemical solution routes on silicon with no fatigue polarization [J]. Applied Physics Letters, 2001, 79(21): 3476 - 3478.

[16] Li Y W, Shen Y D, Yue F Y, et al. Preparation and characterization of $BiFeO_3/LaNiO_3$ heterostructure films grown on silicon substrate [J]. Journal of Crystal Growth, 2010, 312(4): 617 - 620.

[17] Li Y W, Hu Z G, Yue F Y, et al. Oxygen-vacancy-related dielectric relaxation in $BiFeO_3$ films grown by pulsed laser deposition [J]. Journal of Physics D: Applied Physics, 2008, 41(21): 215403.

[18] 李永舫,何有军,周祎.聚合物太阳能电池材料和器件[M].北京:化学工业出版社,2013.

[19] Joshi D P, Bhatt D P. Grain-boundary barrier heights and recombination velocities in polysilicon under optical illumination [J]. Solar Energy Materials, 1991, 22(2 - 3): 137 - 159.

[20] Flamant G, Kurtcuoglu V, Murray J, et al. Purification of metallurgical grade silicon by a solar process [J]. Solar Energy Materials & Solar Cells, 2006, 90(14): 2099 - 2106.

[21] Markvart T, Castañer L.太阳能电池:材料、制备工艺及检测[M].梁骏吾,译.北京:机械工业出版社,2009.

[22] Huang K H, Yu J G, Kuo C P, et al. Two fold efficiency improvement in high-performance AlGaInP light-emitting-diodes in the 555 - 620 nm spectral region using a thick gap window layer [J]. Applied Physics Letters, 1992, 61(9): 1045 - 1047.

[23] Nakamura S, Mukai T, Senoh M. High-brightness InGaN/AlGaN double -heterostructure blue-green-light-emitting diodes [J]. Journal of Applied Physics, 1994, 76(12): 8189 - 8191.

[24] Perlin P, Osinski M, Eliseev P G, et al. Low-temperature study of current and electroluminescence in InGaN/AlGaN/GaN double-heterostructure blue light-emitting diodes [J]. Applied Physics Letters, 1996, 69(12): 1680 - 1682.

[25] 汤定元,糜正瑜.光电器件概论[M].上海:上海科学技术文献出版社,1989.

[26] Walsh A, Chen S Y, Wei S H, et al. Kesterite thin-film solar cells: advances in materials modelling of Cu_2ZnSnS_4[J]. Advanced Energy Materials, 2012, 2(4): 400 - 409.

[27] Mitzi D B, Gunawan O, Todorov T K, et al. The path towards a high-performance solution-processed kesterite solar cell [J]. Solar Energy Materials and Solar Cells, 2011, 95(6): 1421 - 1436.

[28] He J, Sun L, Chen Y, et al. Influence of sulfurization pressure on Cu_2ZnSnS_4 thin films and solar cells prepared by sulfurization of metallic precursors [J]. Journal of Power Sources, 2015, 273: 600 - 607.

[29] Sun L, He J, Kong H, et al. Structure, composition and optical properties of Cu_2ZnSnS_4 thin films deposited by pulsed laser deposition method [J]. Solar Energy Materials and Solar Cells, 2011, 95(10): 2907 - 2913.

[30] He J, Sun L, Chen Y, et al. Cu_2ZnSnS_4 thin film solar cell utilizing rapid thermal process of precursors sputtered from a quaternary target: A promising application in industrial processes [J]. RSC Advances, 2014, 4: 43080 - 43086.

[31] He J, Tao J H, Meng X K, et al. Effect of selenization time on the growth of $Cu_2ZnSnSe_4$ thin

films obtained from rapid thermal processing of stacked metallic layers [J]. Materials Letters, 2014, 126: 1-4.

[32] He J, Sun L, Zhang K Z, et al. Effect of post-sulfurization on the composition, structure and optical properties of Cu_2ZnSnS_4 thin films deposited by sputtering from a single quaternary target [J]. Applied Surface Science, 2013, 264: 133-138.

[33] He J, Sun L, Ding N F, et al. Single-step preparation and characterization of $Cu_2ZnSn(S_xSe_{1-x})_4$ thin films deposited by pulsed laser deposition method [J]. Journal of Alloys and Compounds, 2012, 529: 34-37.

[34] He J, Sun L, Chen S Y, et al. Composition dependence of structure and optical properties of $Cu_2ZnSn(S, Se)_4$ solid solutions: An experimental study [J]. Journal of Alloys and Compounds, 2012, 511: 129-132.

[35] Kojima A, Teshima K, Shirai Y, et al. Organometal halide perovskites as visible-light sensitizers for photovoltaic cells [J]. Journal of the American Chemical Society, 2009, 131(17): 6050-6051.

[36] Hao F, Stoumpos C C, Cao D H, et al. Lead-free solid-state organic-inorganic halide perovskite solar cells [J]. Nature Photonics, 2014, 8(6): 489-494.

[37] Lee M M, Teuscher J, Miyasaka T, et al. Efficient hybrid solar cells based on meso-superstructured organometal halide perovskites [J]. Science, 2012, 338(6107): 643-647.

[38] Xing G C, Mathews N, Sun S Y, et al. Long-range balanced electron- and hole-transport lengths in organic-inorganic $CH_3NH_3PbI_3$ [J]. Science, 2013, 342(6156): 344-347.

[39] 李永舫,何有军,周祎.聚合物太阳能电池材料和器件[M].北京:化学工业出版社,2013.

[40] 闫东航,王海波,杜宝勋.有机半导体异质结导论[M].北京:科学出版社,2008.

[41] 叶飞,苏刚.拓扑绝缘体及其研究进展[J].物理,2010,39(8):564-569.

[42] Klitzing K V, Dorda G, Peper M. New method for high-accuracy determination of the fine-structure constant based on quantized hall resistance [J]. Physical Review Letters, 1980, 45(6): 494-497.

[43] Tsui D C, Stormer H L, Gossard A C. Two-dimensional magnetotransport in the extreme quantum limit [J]. Physical Review Letters, 1982, 48(22): 1559-1562.

[44] 何珂,王亚愚,薛其坤.拓扑绝缘体与量子反常霍尔效应[J].科学通报,2014,59(35):3431-3441.

[45] Haldane F D M. Model for a quantum Hall-effect without Landau-levels-condensed-matter realization of the parity anomaly [J]. Physical Review Letters, 1988, 61(18): 2015-2018.

[46] Hasan M Z, Kane C L. Colloquium: Topological insulators [J]. Reviews of Modern Physics, 2010, 82(4): 3045-2067.

[47] Qi X L, Zhang S C. Topological insulators and superconductors [J]. Reviews of Modern Physics, 2011, 83(4): 1057-1110.

[48] Moore J E, Balents L. Topological invariants of time-reversal-invariant band structures [J]. Physical Review B, 2007, 75(12): 121306.

[49] Roy R. Topological phases and the quantum spin Hall effect in three dimensions [J]. Physical Review B, 2009, 79(19): 195322.

[50] Fu L, Kane C L, Mele E J. Topological insulators in three dimensions [J]. Physical Review Letters, 2007, 98(10): 106803.

[51] Fu L, Kane C L. Topological insulators with inversion symmetry [J]. Physical Review B, 2007, 76(4): 045302.

[52] Kane C L, Mele E J. Quantum spin Hall effect in graphene [J]. Physical Review Letters, 2005, 95(22): 226801.

[53] Kane C L, Mele E J. Z_2 topological order and the quantum spin Hall effect [J]. Physical Review Letters, 2005, 95(22): 226802.

[54] Castro Neto A H, Guinea R, Peres N M R, et al. The electronic properties of graphene [J]. Reviews of Modern Physics, 2009, 81: 109 - 162.

[55] Zhang Y, Tan Y, Stormer H, et al. Experimental observation of the quantum Hall effect and Berry's phase in graphene [J]. Nature, 2005, 438(7065): 201 - 204.

[56] Ishigami M, Chen J H, Cullen W G, et al. Atomic structure of graphene on SiO_2 [J]. Nano Letters, 2007, 7(6): 1643 - 1648.

[57] Bolotin K I, Sikes K J, Jiang Z, et al. Ultrahigh electron mobility in suspended graphene [J]. Solid State Communications, 2008, 146(9 - 10): 351 - 355.

[58] Novoselov K S, Geim A K, Morozov S V, et al. Electric field effect in atomically thin carbon films [J]. Science, 2004, 306(5696): 666 - 669.

[59] Stankovich S, Dikin D A, Piner R D, et al. Synthesis of graphene-based nanosheets via chemical reduction of exfoliated graphite oxide [J]. Carbon, 2007, 45(7): 1558 - 1565.

[60] Park S, Ruoff R S. Chemical methods for the production of graphenes [J]. Nature Nanotechnology, 2009, 4(4): 217 - 224.

[61] Dikin D A, Stankovich S, Zimney E J, et al. Preparation and characterization of graphene oxide paper [J]. Nature, 2007, 448(7152): 457 - 460.

[62] Berger C, Song Z M, Li X B, et al. Electronic confinement and coherence in patterned epitaxial graphene [J]. Science, 2006, 312(5777): 1191 - 1196.

[63] Yu H, Chen X, Zhang H, et al. Large energy pulse generation modulated by graphene epitaxially grown on silicon carbide [J]. ACS Nano, 2010, 4(12): 7582 - 7586.

[64] Li XS, Cai W W, An J, et al. Large-area synthesis of high-quality and uniform graphene films on copper foils [J]. Science, 2009, 324(5932): 1312 - 1314.

[65] Kim K S, Zhao Y, Jang H, et al. Large-scale pattern growth of graphene films for stretchable transparent electrodes [J]. Nature, 2009, 457(7230): 706 - 710.

[66] Li X S, Cai W W, Colombo L, et al. Evolution of graphene growth on Ni and Cu by carbon isotope labeling [J]. Nano Letters, 2009, 9(12): 4268 - 4272.

[67] Li X M, Zhu H W, Wang K L, et al. Graphene-on-silicon Schottky junction solar cells [J]. Advanced Materials, 2010, 22(25): 2743 - 2748.

[68] Song Y, Li X M, Mackin C, et al. Role of interfacial oxide in high-efficiency graphene-silicon Schottky barrier solar cells [J]. Nano Letters, 2015, 15(3): 2104 - 2110.

[69] Li X M, Lv Z, Zhu H W. Carbon/silicon heterojunction solar cells: State of the art and prospects [J]. Advanced Materials, 2015, 27(42): 6549 - 6574.

[70] Hsieh D, Qian D, Wray L, et al. A topological Dirac insulator in a quantum spin Hall phase [J]. Nature, 2008, 452(7190): 970 - 975.

[71] Zhang H, Liu C X, Qi X L, et al. Topological insulators in Bi_2Se_3, Bi_2Te_3 and Sb_2Te_3 with a single Dirac cone on the surface [J]. Nature Physics, 2009, 5(6): 438 - 442.

[72] Xia Y, Qian D, Hsieh D, et al. Observation of a large-gap topological-insulator class with a single Dirac cone on the surface [J]. Nature Physics, 2009, 5(6): 398-402.

[73] Chen Y L, Analytis J G, Chu J H, et al. Experimental realization of a three -dimensional topological insulator, Bi_2Te_3[J]. Science, 2009, 325(5937): 178-181.

[74] 陈宜生,周佩瑶,冯艳全.物理效应及其应用[M].天津: 天津大学出版社,1996.

[75] 高希才.声光材料及其应用[J].功能材料,1992,23(3): 129-139.

[76] 秦炳.声光材料[J].无机材料学报,1973,4: 1-10.

[77] Gottlieb M, Boland G W. Infrared acousto-optic materials applications, requirements, and crystal development [J]. Optical Engineering, 1908: 19(6): 901-907.

[78] Hayakawa T, Nogami M, Nishi N, et al. Faraday rotation effect of highly Tb_2O_3/Dy_2O_3-concentrated $B_2O_3-Ga_2O_3-SiO_2-P_2O_5$ glasses [J]. Chemistry of Materials, 2002, 14(8): 3223-3225.

[79] 张春香,殷海荣,刘立营.磁光材料的典型效应及其应用[J].磁性材料及器件,2008,39(3): 8-11.

[80] 房旭龙,杨青慧,张怀武.磁光材料及其在磁光开关中的应用[J].磁性材料及器件,2013,44(1): 68-72.

[81] Inoue M, Fujii T. A theoretical analysis of magneto-optical Faraday effect of YIG films with random multilayer structures [J]. Journal of Applied Physics, 1997, 81(8): 5659-5672.

[82] Xu Z C. Magneto-optic characteristics of BiTbGaIG film/TbYbBiIG bulk crystal composite structure in 1550 nm band [J]. Applied Physics Letters, 2006, 89(3): 32501.

第6章

光电子器件与原理

光学主要是研究光的行为和性质,以及光和物质相互作用的物理学科,而光学器件是基于光的某些属性而设计出人类想要的器件,如传统的放大镜、反射镜、凹透镜和凸透镜等,以及与光纤技术相协同发展的隔离器、分光镜和光栅等。电子学主要是研究电子的特性和行为,以及应用电子学原理设计制造的电子器件、电路来解决实际问题的科学。电子器件主要分为有源和无源器件两种。无源器件,如电阻器、电容器和电感器,其本身不产生电子,对电压、电流无控制或变换作用。有源器件,譬如晶体管、电子管、集成电路(IC)等本身能产生电子,且对电压、电流有控制和变换作用(如开关、放大、整流、检波和调制等)。20 世纪 60 年代,激光(laser)的诞生促使光学与电子学相互结合而形成了一门新兴学科——光电子学,与之相关的是光电子材料和光电子器件。光电子材料前面章节已有详细讲解,因此本章内容只涉及电场对光波、光场对载流子(包括电子、空穴)的“调制”而设计的电光和光电器件,如基于克尔(Kerr)效应和泡克耳斯(Pockels)效应的电光器件,以及爱因斯坦光电效应的光控电子器件,如发光二极管(light emitting diode,LED)、光电探测器(photodetector)和光伏电池(photovoltaic cell)等。我们将介绍几类典型电光器件和光电器件的结构和工作原理。

6.1 电光器件

6.1.1 电光效应

理论和实验数据均表明某些晶体材料在电场作用下,材料的折射率会随之发生改变。这种外场的存在会导致改变物质的原子或分子中的电子运动,使得材料晶体结构发生扭曲或形变,从而引起材料光学性质的变化,其物理本质是电场引起极化效应进而导致晶体介电常数的改变。对于电介体而言,电位移矢量 $\boldsymbol{D}$(或电极化矢量 $\boldsymbol{P}$)是电场强度 $\boldsymbol{E}$ 的函数,即 $\boldsymbol{D}$ 和 $\boldsymbol{E}$ 的变化可表示为

$$D = \varepsilon_0 E + \alpha E^2 + \beta E^3 + \gamma E^4 + \cdots \tag{6.1}$$

式中，ε_0为不加外场时的介电常数；α、β 和 γ 均是与电场无关的常量。

对表达式(6.1)进行一阶微分，即可求得介电体的介电常数与外加电场之间的关系：

$$\varepsilon(E) = \frac{dD}{dE} = \varepsilon_0 + 2\alpha E + 3\beta E^2 + 4\gamma E^3 + \cdots \tag{6.2}$$

进而利用折射率与介电常数之间的关系，即 $n^2 = \varepsilon$，则式(6.2)可表示为

$$n^2(E) = n_0^2 + 2\alpha E + 3\beta E^2 + 4\gamma E^3 + \cdots \tag{6.3}$$

考虑到介电体的折射率随外电场变化一般都非常小，因此，上式只作二阶近似处理，即

$$n(E) = n_0 + \frac{\alpha}{n_0}E + \frac{3\beta}{2n_0}E^2 + \frac{2\gamma}{2n_0}E^3 + \cdots \tag{6.4}$$

式中，n_0为无外加电场时的折射率。若外电场引起的折射率 n 的变化设为 Δn，则其值可表示为

$$\Delta n = n(E) - n_0 = \frac{\alpha}{n_0}E + \frac{3\beta}{2n_0}E^2 + \frac{2\gamma}{2n_0}E^3 + \cdots \tag{6.5}$$

上式由外电场导致晶体折射率变化的物理现象，被称为电光效应。其中式(6.5)中的第一项和第二项分别被称为线性电光效应和二阶电光效应。尽管我们在式(6.1)中给出了高阶项，但到目前为止，人们没有发现任何一种材料呈现出高阶电光响应特性。第一项电场 E 引起的折射率的变化 Δn 的线性效应，于 1893 年由德国物理学家泡克耳斯(Pockels)所发现，所以该电光效应又被称为 Pockels 效应，其电光系数表示为 $\eta = \frac{\alpha}{n_0}$。折射率变化 Δn 与 E^2项成正比关系的二阶电光效应，由英国物理学家克尔(J. Kerr)于 1875 年所发现，所以又被称作 Kerr 效应，其电光系数表示为 $k = \frac{3\beta}{2n_0}$。但电光系数仅取决于晶体的性质，如其结构和对称性，而与电场大小无关。一般而言，任何一类晶体中都能观察到二阶 Kerr 效应。对于具有中心反演对称的晶体而言，$\alpha = 0$，因此，在该类晶体中不存在线性 Pockels 效应。但对于中心对称破缺的晶体而言，如 $LiNbO_3$、KDP（磷酸二氢钾）晶体等，其线性 Pockels 效应远大于非线性 Kerr 效应，因此，这些晶体中只考虑线性 Pockels 电光效应，忽略高阶效应。更为重要的是，人们可利用 Pockels 和 Kerr 效应，通过外加电场改变晶体介质的折射率，进而引起通过该介质的光波特性的改变，从而实现对光波信号的相位(phase)、振幅(amplitude)、强度(intensity)和偏振态(polarization)等

基本参数的调制。利用该效应以制作光电器件,称之为电光调制器。

6.1.2 Pockels 池相位调制器

Pockels 池相位调制器是指通过光电晶体的光波在外电场作用下,其相位 phase 能够被调控。按外场方向与光波传播方向之间的关系,Pockels 池相位调制器可以分为横向和纵向相位调制器。在横向相位调制器中,外场方向与光波传播方向是横向的;而外场方向与光波传播方向相同时,被称为纵向相位调制器。

如图 6.1 所示为横向 Pockels 池相位调制器原理图,一束沿着 z 轴方向行进的线偏振光,若其在 x 轴和 y 轴方向的电场分量分别是 E_x 和 E_y,经过一电光晶体时,E_x 和 E_y 将会经历不同折射率 n_x 和 n_y,根据 Pockels 电光效应原理,E_x 和 E_y 将会经历不同的相位变化,其相位差 $\Delta\phi$ 为

$$\Delta\phi = \phi_x - \phi_y = \left(\frac{2\pi}{\lambda}\right) n_0^3 \gamma_{63} \frac{L}{d} V \tag{6.6}$$

其中,λ 是输入激光的波长;n_0 为无外场时的折射率;γ_{63} 是折射率的电光张量的分量;L 和 d 分别是晶体材料的长度和厚度;V 是外加电压。在实际的器件设计中,需考虑如下因素:① 当前电光晶体总是存在双折射现象,即出现寻常光(o 光)和异常光(e 光),所以偏振光经过晶体时,不同方向的电场分量也有相位差的出现;② 电光晶体极大的依赖于温度,温度改变也会引起折射率的变化;③ 如公式(6.6)所示,相位调制除了晶体的本质属性所决定外,也取决于晶体的大小,即晶体长度 L 和外加电压方向的晶体厚度 d,由此可见,选择合适的 L/d 比值将会极大地降低器件的外加电压。这里我们仅介绍相位调制器件,其他电光调制器可参阅光电子器件相关的书或文献。

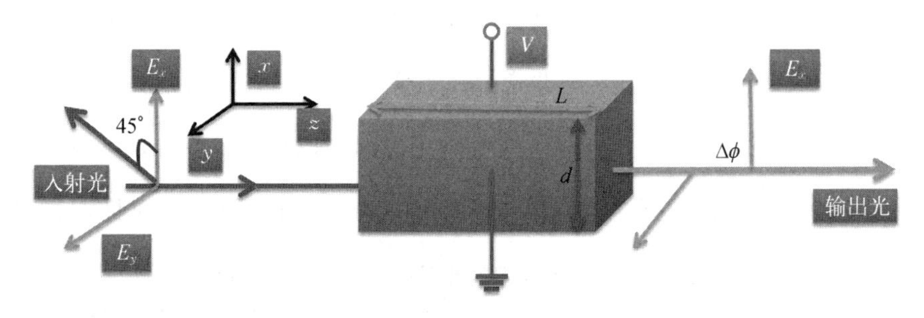

图 6.1 横向 Pockels 池相位调制器工作原理图

6.2 发光二极管

发光二极管(light emitting diode, LED),其本质是一种电注入式电致发光器

件，由 p 型和 n 型半导体制成的 pn 结二极管，是少数载流子在 pn 结区内的注入而产生辐射复合所导致发光的一种半导体光源器件。二极管发光现象最早于 1955 年由美国无线电公司(Radio Corporation of American)在Ⅲ－Ⅴ族半导体砷化镓(GaAs)及其他化合物半导体材料中发现。1962 年，通用电气公司开发出实际应用的 LED。光纤通信用 LED 的发射波长必须在光纤低损耗的窗口区域，即 0.8～0.9 μm 的$Ga_{1-x}Al_xAs$－GaAs 发光二极管和 1.3～1.6 μm 的 InGaAsP－InP 发光二极管[1]，其发光波长分别落在光导纤维(optical fiber)的第一和第二个透明窗口。近些年，随着半导体薄膜制备技术的发展，二极管发光器件发展迅速，LED 发光器件具有功耗小、体积小、可直接与固体电路连接使用；其性能稳定、可靠且寿命长(10^5～10^6 h)；调制方便，通过调制 LED 的电流来调制光输出；光输出响应速度较快(1～100 MHz)；价格便宜等诸多优势，已广泛应用于指示灯、文字和数字显示，以及光耦合器件等领域。

6.2.1　LED 分类

按发光颜色分：LED 是由直接带隙半导体(如 GaAs、GaN 等)制成的 pn 结二极管。发光是由于电子-空穴对的复合而产生，光子能量就是半导体材料的带隙能量，即 $h\nu = E_g$。因此，可选用具有不同带隙能量的半导体材料，实现发射波长可调的发光 LED 器件，如红、橙、黄、绿、青、蓝、紫和红外等不同颜色的发光二极管。

从结构上分，LED 主要有五种类型：侧面发光二极管(ELED)、边发光二极管(SLED)，圆顶型 LED、平面型 LED 和超发光型 LED。前面两种二极管广泛应用于光纤通信系统；圆顶和平面型 LED 发光功率低、成本也低，主要应用于显示、报警等领域；超发光 LED 介于激光和荧光之间，发光原理是基于激子辐射，其强度要强于 ELED 和 SLED，但弱于激光二极管，因此，非线性较大，对温度较为敏感。

6.2.2　LED 工作原理

图 6.2 所示为典型的 LED 结构示意图，由 p 型和重掺杂的 n^+ 型半导体构成的 pn^+结，在 pn^+结中，电子和空穴分别在做扩散运动，随着扩散的进行，在结区附近，n 区和 p 区分别出现不动的正离子实和负离子实，形成内建电场，随着扩散和漂移运动的进行，最终达到动态平衡，此时的内建电场设为 E_0，其值为最大内建电场，不动的正负离子区域被称为空间电荷区。此时，该区域几乎没有可移动的电子或空穴等载流子，所以该区域又被称为耗尽区。pn 结的形成过程可理解为：电子向 p 区扩散，耗尽区主要发生在

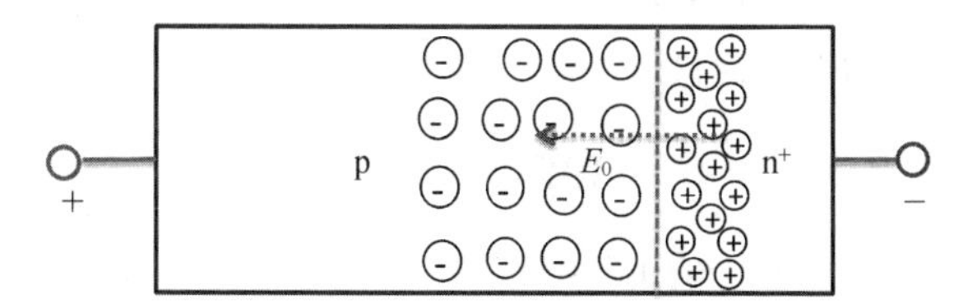

图 6.2　LED 发光二极管 pn 结内建电场形成示意图

p 型区,内建电场 E_0取决于 p 型和 n^+型半导体的费米能级 E_F差。在 LED 器件中,该空间电荷区被称为有源区。

从能带理论来讲,如图 6.3 所示。在 pn^+结形成过程中,p 区中的空穴向 n^+区(重掺杂表明其费米能级 E_F接近或进入导带底 E_c)扩散或注入,而 n^+区中电子向 p 区扩散或注入,从而形成一个从 n 区上的 E_c到 p 区上的 E_F的势垒 eV_0,即 $\Delta E_c = \Delta E_v = eV_0$ (V_0为内建电势)。在此势垒能量下,p 区中的空穴和 n 区中的电子受阻,电子和空穴扩散运动和内建电势作用后,获得一个动态平衡态,且形成由正负离子组成的电荷耗尽区,该区域也被称为阻挡层。

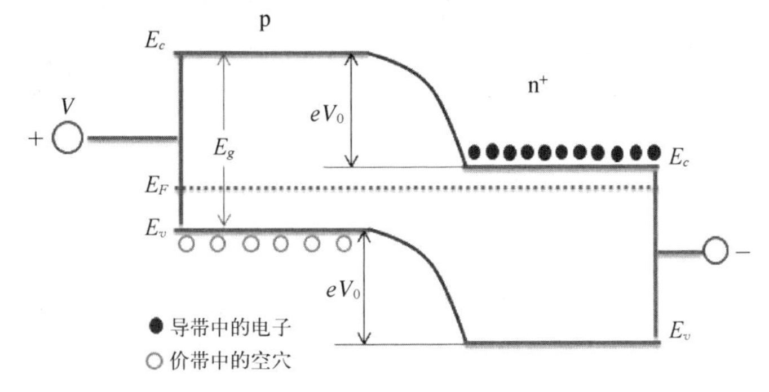

图 6.3　发光二极管的能带结构图

由于空间电荷区的电阻是 LED 器件的最大值部分,因此,有正向偏置电压 V 时,这个电压降主要是发生在这部分耗尽区域,从而阻挡层的内建势垒降低到 $e(V_0-V)$。在此情况下,平衡态被破坏,n^+区中的电子外加电压作用下扩散或注入 p 区,而 p 区中的空穴扩散或注入 n^+区,但 n^+区中到 p 区中的电子浓度远低于 p 区到 n^+区中的空穴。发生在耗尽层和中性 p 区中的电子与空穴产生复合,导致光子的发射。因此,复合主要发生在耗尽区中,且在体内扩展到 p 区中电子的扩散长度,这个复合区域被称为活性区(active region)。这种由少数载流子注入而导致电子-空穴对的复合而产生的发光现象叫作电注入发光。因此,LED 是电能转化为光能的电子器件。

6.2.3　LED 半导体材料

商业化的 LED 材料主要是Ⅲ-Ⅴ族半导体 GaAs 和 GaP 合金材料,以及 GaN 和 InN 合金化合物,通过调节化学组分可实现从红外到蓝光发光的 LED。发光波段 λ 取决于材料的带隙(E_g),即波长和能带满足:$\lambda(\mu m) = 1.24(eV)/E_g$。根据该关系式,主要有以下几种类型的发光二极管半导体材料体系。

1) GaAs 型红外发光二极管。GaAs 化合物半导体是一种直接跃迁半导体,其室温的带隙 $E_g \approx 1.424$ eV。考虑到发射光子的能量与带隙基本相等,因此,根据 $\lambda(\mu m) = 1.24(eV)/E_g$ 关系,其发射波长约为 870 nm。这就是第一代光纤通信系统所使用的工作波长。一般地，由于 GaAs 材料不是很完美，在该体系中存在受主带尾态能级，因此，也会发生导带电子与这些受主态能级之间的跃迁复合，这样能隙将会变窄，LED 所发射的波长相应会变长，受主能级不同，波长会红移到 910～1 020 nm 之间。另外，基于 GaAs 半导体，掺入一定量的Ⅲ族元素 Al 和 In 或Ⅵ族元素 n 和 p 等，分别取代 Ga 或 As 晶格位置，形成三元或四元合金化合物，会成为发射不同发光波长的 LED 材料。

2）$Ga_{1-x}Al_xAs$ 型发光二极管。在 GaAs 半导体中掺入一定组分的Ⅲ族 Al 形成 $Ga_{1-x}Al_xAs$ 合金化合物，其带隙随 Al 掺杂量 x 的变化关系为

$$E_g = 1.424 + 1.247x \ (0 \leqslant x < 0.45) \tag{6.7}$$

通过改变组分 x 值，使能带发生变化，其室温发光波长可覆盖红光区到近红外波段（600～900 nm）。根据式（6.7），制造出相应波段发光的 LED 器件。但 Al 有一定的掺杂极限，当掺杂量超过 0.45 时，跃迁方式发生变化，从直接跃迁半导体变为间接带隙跃迁半导体。另外，研究发现 Al 掺杂会导致 LED 器件的发光效率降低。

3）$GaAs_{1-x}P_x$型发光二极管。GaAs 和 GaP 是两种不同电子跃迁类型的半导体，因此，两者形成合金制造 LED 器件时，当掺杂量 x 超过 0.45 时，带隙从直接带隙转变为间接带隙半导体，并且发光机理也发生改变，一个是以带带间跃迁，电子－空穴对复合发射光子，而另一个是以等电子缺陷为复合中心，形成激子，以激子形式辐射光子，如 $x=0$ 时，发射近红外光（870 nm）；$x=1$ 时，发射绿光（560 nm）；$x=0.4$ 时，发射红光（650 nm）。

4）InGaAsP 型发光二极管。通过在 InP 体系中分别掺入一定组分 x 的 As 和 y 的 Ga，形成一种四元化合物 $In_{1-y}Ga_yAs_xP_{1-x}$。室温下，其禁带宽度为

$$E_g = 1.35 - 1.89y + 1.48y^2 - 0.56y^3 \tag{6.8}$$

该合金中 As 元素的掺入目的是与衬底 InP 外延时晶格匹配，不同衬底 x 的值选择也不同。Ga 组分含量 y 增加，可得到 900 nm 以上的红外波段区，涵盖了目前光纤通信系统的 1.31 μm 和 1.55 μm 的波长，因此，该类材料具有很大的应用价值。

5）GaP 型发光二极管。GaP 是典型的间接跃迁带隙半导体，它的发光不同于直接带隙半导体 GaAs 的带带间电子－空穴对复合，而是通过禁带中的发光中心来实现的，掺入不同元素以形成等电子陷阱中心，因此，主要是以激子形式发光。GaP 半导体的带隙为 2.26 eV，满足绿光发射，是早期绿光 LED 的主要材料。但其是间接带隙半导体，发光效率较低。研究发现通过 N 掺杂 P，其发光效率显著提升。N 和 P 为同族元素，因此 N 取代 P，并未提供电子或空穴，是等电子掺杂。N 束缚电子－空穴对形成的激子，因此，这种发光机制称为以等电子缺陷为复合中心的光发射。但掺入元素不同，其等电子陷阱中心俘获电子－空穴能量也不同，对应于不同的辐射波长。目前，基于 GaP 材料制造的 LED 主要有红光 LED、绿光 LED

和橙黄色 LED 等发光二极管。

6) GaN 型蓝光发光二极管。近年在 GaN 蓝光 LED 发光取得了巨大进展，2014 年诺贝尔物理学奖授予了日本科学家赤崎勇(I. Akasaki)、天野浩(H. Amano)和美籍日裔科学家中村修二(S. Nakamura)。GaN 是一种直接跃迁带隙半导体，其带隙 E_g = 3.4 eV。应用于蓝光 LED 的材料其实是 In 掺杂的 GaN，其带隙调制到 2.7 eV，对应于蓝光发光。应用于蓝光发光的材料还有 Al 掺杂的 SiC 材料，它是一种间接跃迁带隙半导体，与 GaP 发光机理相似，它是受主型局域化能级俘获价带的空穴，然后与导带上的电子复合而产生一个光子，因此，Al 掺杂 SiC 蓝光 LED 的效率不是很高，发光强度也较弱。此外，人们在Ⅱ-Ⅵ半导体 ZnSe 取得了很大的进展，但其最大的挑战仍在于合适的掺杂元素和掺杂工艺以制备 pn 结。

6.2.4 LED 的特性参数

(1) 输出特性

输出特性是 LED 发光器件的基本参数，是指其输出功率 P 与输入电流 I 之间的依赖关系。LED 的 $P-I$ 特性，如图 6.4 所示。由于 LED 是非阈值器件，因此输出功率与注入电流之间满足：低注入电流时，基本是线性关系；高注入电流时，会出现功率饱和。此外，温度对 LED 器件的影响也非常显著，温度升高时，器件的输出功率会降低，发光强度将会变弱。可见，LED 器件输出功率是注入电流和温度的函数。另外，不同材料，不同工艺制造的 LED 发光器件，其 $P-I$ 特性会有所不同。$P-I$ 性能好的 LED 器件，一注入电流就可能有功率输出，会有光发射。而 $P-I$ 特性不好的 LED 器件，在低注入情况下，无法测出光功率，即出现所谓的“死区”。“死区”是源于 LED 晶体材料本身的微缺陷所引起的。

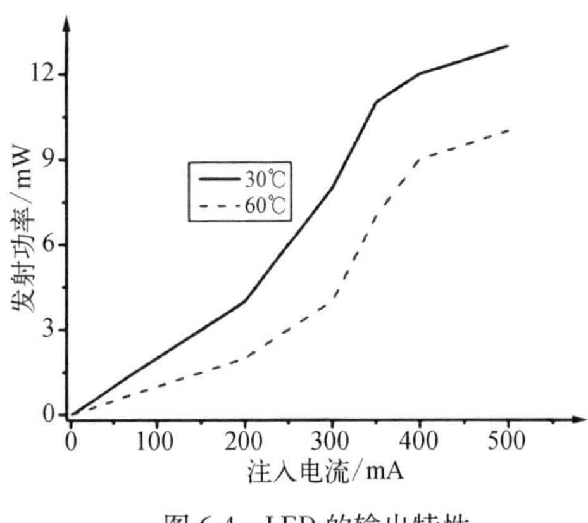

图 6.4 LED 的输出特性

光束发散程度是 LED 器件输出特性的另外一个重要参数。表征光束的空间分布情况，既可以是发光强度的角分布，也可以是辐射亮度来表征。LED 器件的发光强度角分布取决于器件的结构、封装形式和透镜的几何结构等因素。如果不做特别封装，角度分布很广，较为发散，无指向性。若在管子的头部制成半球形透镜，则具有一定的聚光性，且光发射具有一定指向性，适合与其他光学装置组装促进之间的耦合效率。

(2) 光谱特性

LED 是一种自发辐射的发光器件，因此，呈现出较宽的发光频谱范围，即谱线宽度,简称线宽,用 $\Delta\lambda$ 表示。其分布与晶体材料的种类、性质及发光机理相关,而与器件的几何结构、封装方式无关。一般而言,LED 器件发光峰有一个最大值,如图 6.5 所示的发光强度与辐射波长之间的关系,对应于材料带边发射的波长。另外,谱线宽度 $\Delta\lambda$ 实际反映了有源区材料的导带和价带内载流子分布情况,与温度密切相关。图 6.6 所示为 LED 在不同工作温度下的频谱性质,其中曲线“1”工作温度低于曲线“2”的工作温度。因此,当 LED 器件的温度升高时,谱线发生如下两点变化:一是谱线展宽较严重,二是辐射峰向长波长移动。其主要原因有:① 当温度升高时,禁带宽度 E_g减小,进而导致红移(red-shift)现象;② 温度升高时,导带底和价带顶对载流子限制效应降低,从而使得导带和价带的能隙展宽,从而引起 LED 输出线宽展宽。

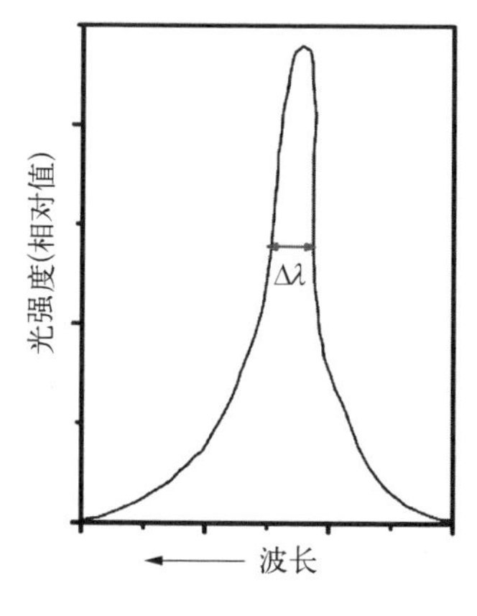

图 6.5 LED 的辐射谱线

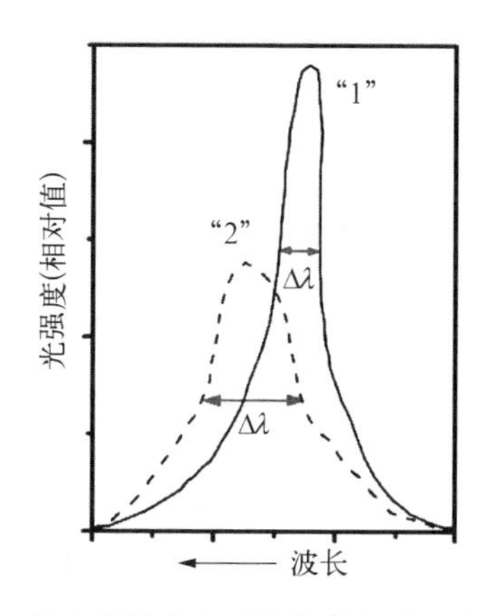

图 6.6 输出谱线宽度及峰值波长随温度的变化

(3)调制特性

LED 的调制特性主要分析哪些因素影响调制带宽。一般地,调制频率较低时,功率与调制电流满足线性关系;当频率提高后,光功率满足关系式:

$$P(\omega) = P(0)/[1 + (\omega\tau)^2]^{1/2} \tag{6.9}$$

其中,$P(0)$是直流电流时产生的输出光功率;τ 为 LED 器件中有源区中少数载流子的寿命。考虑归一下情况,当调制响应 $R(\omega) = P(\omega)/P(0)$ 降到 0.707 时,即输出光功率是直流电流所产生的输出光功率的 0.707 时,所对应的 $\omega = 1/\tau$ 被称为调制带宽。可见,提高 LED 器件的频率响应范围,需降低少数载流子的寿命。换言之,使辐射复合寿命 τ_r减小和非辐射复合寿命 τ_{nr}增加,并且 τ_{nr}远大于 τ_r时,才能够既可以提高调制带宽又不降低发光效率,图 6.7 所示为调制响应与调制频率在不同少子寿命情况下的关系示意图。LED 器件的调制频率在几十 MHz 量级,有的甚至可达数百 MHz。

2015 年 1 月,国家科学技术奖励大会在人民大会堂隆重举行,其中“硅衬底高光效 GaN 基蓝色发光二极管”项目荣获国家技术发明奖一等奖。南昌大学硅衬底

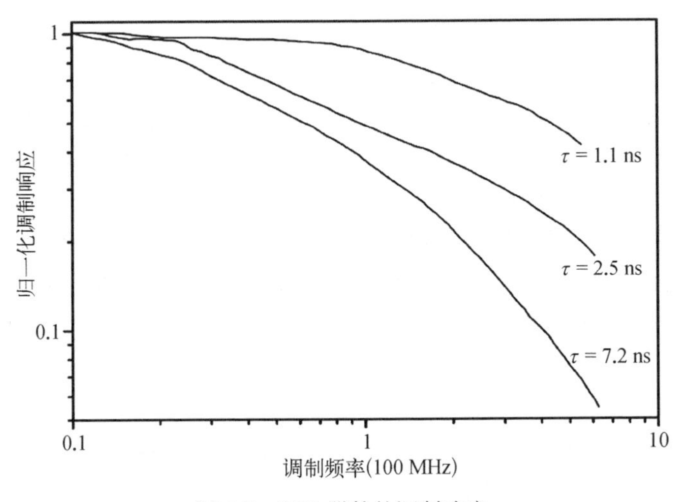

图 6.7 LED 器件的调制响应

高光效 GaN 基蓝色发光二极管的诞生,使中国成为世界上继日美之后第三个掌握蓝光 LED 自主知识产权技术的国家。"中国芯"与日美技术形成全球三足鼎立之势,从而打破了日本蓝宝石衬底、美国碳化硅衬底长期垄断国际 LED 照明核心技术的局面。实际上,如果将硅衬底 LED 制作成传统结构,会因硅衬底吸光和电极挡光而使 LED 出光效率很低。但是通过衬底转移技术和互补电极结构,使 N 电极正下方没有电流通过而迫使该区域不发光,解决了电极挡光的问题;设计了反射镜,解决了衬底吸光问题。同时,硅衬底 LED 为单面出光,光线更容易管控。通过运用该技术路线,结合外延工艺控制 V 坑结构,将位错密度高的缺点变成优点,从而获得良好的器件性能。

6.3 激光二极管

激光光源按照激光工作物质的不同,可以分为气体激光器、固体激光器、半导体激光器和燃料激光器;按照工作方式可分为连续激光器和脉冲激光器;而根据工作波长范围可分为紫外激光器、可见激光器和红外激光器等。本书中只涉及半导体激光二极管,介绍其工作原理和特性等。

6.3.1 激光二极管受激辐射原理

激光二极管(laser diode, LD)是在 LED 基础上发展起来的一种发光器件,是在 LED 结区安置一层具有光活性的半导体,且其端面经过抛光后具有部分反射功能,形成 Fabry - Perot(F - P 腔)光学谐振腔。其原理是具有简并掺杂的直接带隙半导体构成的 pn 结,所谓的简并掺杂是指 p 区的费米能级 E_{FP} 出现在价带中,而 n 区的费米能级 E_{FN} 出现在导带中,如图 6.8 所示。图中所有能级小于或等于费米能级的能级将被电子占据。在无外偏置电压时,整个二极管中的费米能级相等,即 $E_{FN}=E_{FP}$。在这样的 pn 结中,耗尽区或空间电荷层(SCL)将非常窄,形成阻止 n 区中导带中的电子向 p 区中导带扩散,p 区价带中的空穴向 n 区价带中扩散的势垒 eV_0。下面介绍实现 LD 器件设计原理。

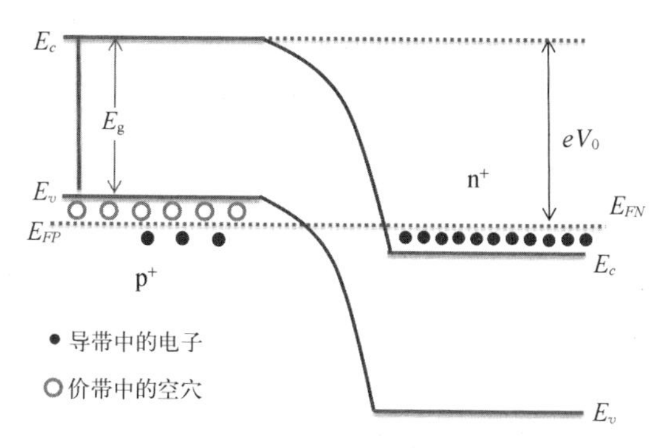

图 6.8　简并掺杂无偏置 pn 结能带图

1）粒子数反转分布。当外加电压 V(正偏)作用于 pn 结晶体管时,将降低内建势垒高度。如图 6.9 所示,若外加偏置电压高于半导体本征带隙 E_g时,n 和 p 型半导体的费米能级 E_{FN}和 E_{FP}将分开,在此情况下,电子势必流进耗尽层并越过 p^+ 区,从而构成二极管电流。对于 p 区中空穴而言,具有相似的物理过程。最终的结果是电子从 n 区漂移到耗尽层而空穴从 p 区漂移到耗尽层,导致耗尽层不复存在。而在此区域中,能量靠近 E_c中的电子浓度远高出能量接近 E_v中的电子浓度,从而在结处出现粒子数反转。这个粒子数发生在结区附近,如图 6.9 所示的反转区,通常被称为活性区。若引入一个具有能量为 E_c-E_v的光子,由于粒子数反转,在 E_v能量附近已不存在电子,从而不能从 E_v处激发电子跃迁到 E_c处,但可以诱导一个电子从 E_c处跃迁到 E_v处。因此,粒子数反转区域受激辐射远多于吸收,换言之,引入光子更易于发生受激辐射而不是被吸收,从而在活性区有一个光增益。光增益由费米能差 $E_{FN}-E_{FP}$决定,而 $E_{FN}-E_{FP}$取决于外加电压,因此,光增益取决于二极管注入电流。

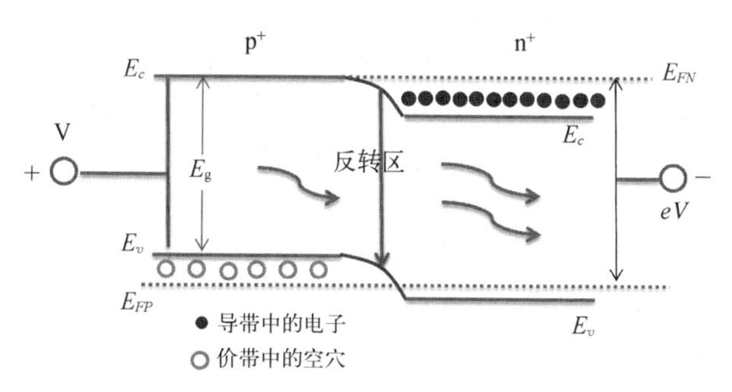

图 6.9　足够正向偏置电压而导致粒子数反转及受激辐射的能带结构图

显而易见,E_c和E_v附近能量之间的粒子数反转是在pn结正向偏置电压下,由传过结的注入电流来实现。故而,泵浦机理是正向二极管电流,而泵浦能量是由外加电压所提供,这类泵浦被称为电注入泵浦。

2)阈值条件。粒子数的反转是产生激光的必要条件,要最终产生激光,还需要增益达到一定的大小以克服各种损耗。此增益大小被称为激光增益阈值,其值刚好等于损耗值时,就能形成激光振荡,所以阈值条件定义为

$$G_{th} = \alpha - \frac{1}{2L}\ln(R_1 R_2) \tag{6.10}$$

式中,G_{th}为激光阈值增益;α为激光介质内损耗;L为谐振腔的腔长;R_1和R_2分别为F-P谐振腔两端的反射率。

对于激光二极管器件来说,提供增益的途径是注入正向电流。当注入电流密度J大于一定电流密度J_{th}后才形成激光,J_{th}称为阈值电流密度,增益G和电流密度J满足$G=\beta J^m$,β为增益因子,所以电流密度阈值条件为

$$G_{th} = \frac{1}{\beta}\left[\alpha - \frac{1}{2L}\ln(R_1 R_2)\right] \tag{6.11}$$

式中,m是指激光器件结构相关的参数,对于同质结构m取1,而异质结构m是大于1。

二极管激光器与注入电流过程发生如下的三个过程。注入电流较小时,注入载流子较少,吸收占主导,此时,LD发射荧光,光强弱,带宽宽,增益$G<0$;伴随注入电流增加,注入载流子增多,最终导致增益$G>0$,此时受激辐射占主导,光强也增强,但没有出现一定模式的振荡,此时,LD发光仍是荧光,这种现象被称为超辐射。当注入电流进一步增加,$G>G_{th}$,满足阈值条件后,才产生激光,带宽极窄,光强极强。

6.3.2 激光二极管特性

1)阈值特性。由阈值定义可见,影响阈值电流密度的几个因素。增益因子β越大,相应的阈值电流密度将会小一些;而介质内损耗α越大,意味着光在介质中损耗较大,因此,需要更大的阈值电流密度J_{th}使得光子在谐振腔内能够来回恢复初始情况。谐振腔长L越大时,需要更小的注入电流。阈值电流密度J_{th}与谐振腔中两端的反射率R_1和R_2也有关,特别在L较小时,使得$1/(2L)$比α大或相比拟时,影响更为显著。例如谐振腔一端面镀反射膜后,阈值电流密度J_{th}将显著降低。

2)光谱性质。如上所述,LD器件随着注入电流的增加,出现三个不同的辐射过程,其光谱性质与该三个过程密切相关。当注入电流低于阈值时,发光为荧光,谱线较宽。当注入电流超过阈值电流时,辐射光为激光,谱线变得很尖锐,出现一

个或几个极窄的峰。但相较固体和气体激光器,半导体激光器是带边电子跃迁行为,因此,其谱线要较宽,单色性较差一些。

另外,LD 器件的谱线谐振腔的长度和材料有关外,也与温度有关,这源于温度升高后,带隙变窄,谱线发生红移,与半导体二极管 LED 相似。

3）光强分布。半导体激光器的谐振腔从结构上来说,就是一个矩形波导,其发光面局限在几微米厚几百微米宽的范围内,因此,容易产生衍射现象,致使光束的发光角要比其他激光器宽了很多。其光强分布取决于介电的性质、结构和形状,光波在谐振腔的两个端面之间来回发射形成驻波,传播方向上的分布称为纵波,平行于 pn 结方向的称为横波。纵波表面谐振腔内存在不同波长的光波,而横波分布决定了光束光强度的空间分布状态。由于 LD 器件结构的厚和宽尺度不同,其发光分布情况也不一样,在垂直面内光强分布为有“毛刺”状高斯分布,而在水平面内光束分布为多极值峰分布。

4）输出功率和转换效率。这里定义几个物理参数,分别为内量子效率、外量子效率和微分量子效率,分别表示不同的物理意义。由于二极管激光器是电激励工作的电能转换为光能的发光器件,其转化效率非常高。若 I 设为工作电流,V 是 pn 结上正向电压降,R_s 为串联电阻,则激光器消耗电功率为

$$P = IV + I^2R_s \tag{6.12}$$

但由于存在损耗,激光器辐射出的光功率为

$$P_0 = \eta_P P \tag{6.13}$$

式中,η_P 为功率转换效率。除此之外,还有另外方式,称为量子转换效率。这主要是根据电子-空穴复合发光的过程定义的。内量子效率定义为

$$\eta_i = \frac{\text{有源区内每秒发射的光子数}}{\text{有源区内每秒注入的电子 - 空穴对数}} \tag{6.14}$$

而外量子效率定义为

$$\eta_{ex} = \frac{\text{激光器内每秒发射的光子数}}{\text{有源区内每秒注入的电子 - 空穴对数}} = \frac{P_0/h\nu}{I/e} \tag{6.15}$$

由于 $h\nu = E_g \approx eV$, 所以外量子效率可表示为

$$\eta_{ex} = P_0/IV \tag{6.16}$$

另外,定义外微分量子效率为

$$\eta_d = \frac{(P_0 - P_t)/h\nu}{(I - I_t)/e} \tag{6.17}$$

式中,P_t 为阈值光功率。由于 $P_t \ll P_0$, 所以

$$\eta_d = \frac{P_0/h\nu}{(I - I_t)/e} = \frac{P_0}{(I - I_t)V} \tag{6.18}$$

内量子效率是作为复合发光的比例而引进的；外量子效率则是由于复合发光产生的光子在谐振腔内有一定的损耗而引入的，它把光输出功率与 pn 结电流、电压关联起来，但其用来描述器件本身的效率不是很方便，于是微分量子效率 η_d，其对应于阈值以上线性范围内的斜率，定义该物理参数后，其与外加工作电流无关，仅与温度相关。

6.3.3 半导体量子激光器

半导体量子激光器，包括大功率的量子点、量子阱激光器，已经得到了很好的研究和应用，这些结构主要是基于高质量的半导体外延技术，在作为势垒的量子结构中生长小带隙半导体薄层(纳米级)或同时掺杂量子点充当阱层，这种激光器通过电致激发手段，激光输出功率大、稳定性好，但其结构/材料制备技术要求高，且激光输出波长数目有限，难以实现激光波长的连续调控。

直接采用半导体量子点(或纳米晶)，并将其掺入具有一定特性的基质(host)材料中，借助电学或光学手段实现量子点的光学放大甚至是激光输出，可以克服上述半导体量子激光器波长数目有限的局限性。这主要得益于半导体低维结构——量子点的强量子局域效应或量子尺寸效应，即当半导体材料从体相逐渐减小至某一临界尺寸(如电子的德布罗意波长，电子的非弹性散射平均自由程以及体相激子的玻尔半径等)以后，其中的载流子(如电子、空穴和激子)的运动将受到强量子封闭性的限制，同时导致其能量的增加。与此相应，电子结构也将从体相的连续能带结构变成类似于分子的准分裂能级，并且由于能量的增加使原来的能隙增加，即光吸收谱向短波方向移动，呈现谱峰蓝移现象。量子点尺寸越小，谱峰蓝移现象也就越显著。因此，基于量子尺寸效应，可以通过改变量子点尺寸大小调控其输出波长。比如，Ⅳ-Ⅵ族窄禁带铅盐半导体(如硫化铅，硒化铅)的量子点或纳米晶结构[2,3]，其激子玻尔半径大(如 PbS ≈ 18 nm，PbSe ≈ 46 nm)、量子局域效应十分显著，是近红外光源研制方面的理想量子点材料。

目前，胶质(colloidal)和玻璃(glass)被广泛用于半导体量子点的基质材料，但胶质量子点(CQD)存在表面缺陷态多、机械性能差等缺点；相比较而言，玻璃基量子点(GQD)具有机械强度高、能保护量子点免受周围环境干扰等优点，特别是与半导体晶片相比，GQD 还存在易于加工(类似于加工玻璃)的特殊性，使得玻璃基铅盐量子点在研制光电子元器件方面优势明显。基于这一思路，华东师范大学信息学院极化材料与器件教育部重点实验室越方禹等[2,3]通过聚焦玻璃基铅盐量子点材料体系，系统研究并分析了该材料体系的发光特性及其载流子的弛豫/复合动力学过程，结合理论推导和能带模型，成功实现了该材料体系中激子态的受激辐射过程,并揭示了该材料体系常规激子态难以实现受激辐射过程的原因,为研制基于光学泵浦的、波长连续可调的近红外量子点激光材料提供了材料基础。

将量子局域效应显著的铅盐嵌入玻璃基质,并结合适当的光学泵浦条件和探测手段,可以同时观测到来自第一激子态的慢自发辐射过程(微秒级)以及因带填充效应而发生蓝移的超快受激辐射过程(皮秒级),均位于近红外波段。这为研制通过调控量子点大小来实现波长连续可调的近红外量子点激光器提供了材料基础和研制思路。需要说明的是,该材料体系无回馈系统,此种条件下不会直接获得其激光输出。

6.4 半导体光电器件

半导体光电器件把光和电这两种物理量联系起来,是实现光和电信号相互转化的半导体器件,是利用半导体的光电效应制成的器件。光电器件主要有光电导型器件和光伏型器件。光电导效应是指半导体材料受到一定波长光线的照射时,其电阻率将会减小(电导率增大),这个现象称为半导体的光电导特性,并利用这个特性制作的半导体器件叫光电导型器件。光电导型器件主要包括光敏电阻、光电二极管、光电三极管等。光伏效应是指半导体 pn 结在受到光照射时能产生电动势的效应。光伏型器件是利用这种光伏效应将光能直接换成电能的半导体器件。光伏型器件主要有光电池、光电检测器件、光电控制器件等。光敏电阻是指在一定波长范围的光照下,电阻值明显会变小。制作光敏电阻的材料主要有 Si、Ge、CdS、InSb、PbS、CdSe、PbSe 等,如 CdS 光敏电阻对可见光敏感,CdS 单晶制造的光敏电阻对 X 线、γ 射线敏感;PbS 和 InSb 对红外光敏感。因此,利用这些光敏电阻可以制成各种不同波段的光探测器。其工作原理相较简单,本书不再做详细介绍。本节将其他光电器件的工作原理、设计原理、技术参数和参数测量进行详细介绍。

6.4.1 光电探测器

光电探测技术是指把被调制的光学信号转变为电信号并将信息提取出来的一种技术。相应的探测器是将光辐射能量转化为一种便于测量的物理量的器件。根据器件对辐射响应方式或器件工作机理,光电探测器可分为两大类:一类是光子(光电)探测器;另一类是热探测器。光探测器最早可追溯到 1873 年,英国的 Smith 和 May 发现当光照射在用作电阻的 Se 棒时,其电阻值约有 30% 的改变,同年 Simens 将铂金绕在 Se 棒上,制造出第一个光伏电池。第二次世界大战结束以后,随着半导体材料制备技术的发展,各种光电导材料不断出现。到 20 世纪 50 年代中期,性能良好的 CdS、CdSe 可见区域的光敏电阻和红外波段的硫化铅 PbS 光电探测器都已投入使用。60 年代初,中远红外波段灵敏的 Si、Ge 掺杂光电导探测器研制成功,如工作在 3~5 μm 和 8~14 μm 波段的 Ge : Au(锗掺金)和 Ge : Hg 光电导探测器。到 60 年代中后期，$Hg_{1-x}Cd_xTe$、$Pb_xSn_{1-x}Te$、$Pb_xSn_{1-x}Se$（通过改变组分 x 可实现材料带隙的调节）等三元系半导体材料研制成功，并进入实用阶段。另外，1888 年，德国科学家 Hallwachs 在做 Hertz 的电磁实验时，发现光照射到金属表面时会引起电子发射。1909 年，Richmeyer 发现真空中的 Na 金属光电阴极所发射的电子数与光子数成正比，从而奠定了光电管的基础。随后美国科学家 Zworkyn 研制出多种应用于光电管的阴极材料，并设计制造出光电倍增管，于 1933 年发明了光电摄像管。1950 年，光导型摄像管问世，1970 年 Bolye 发明了电荷耦合器件（charge couple device，CCD）。20 世纪 60 年代，伴随激光器的发展，进一步促进了光电技术领域的发展，各种不同光电探测器相继问世，在军事和国民经济等领域有着广泛应用。光电探测器在可见或近红外波段主要用于射线测量和探测、工业自动控制及光度计量等；在红外波段主要用于红外导弹制导、红外热成像、红外遥感等。本节将介绍光电探测器的基本物理效应（光电和光热效应等），分析光电探测的基本原理和特性参数，并介绍一些典型性的光电探测器件。

6.4.2 光电探测的物理效应

如前所述，光电探测器根据其响应方式或工作原理，分为光电探测器和光热探测器两类，其对应的物理效应分别为光电效应和光热效应。

光电效应是入射光的光子与物质中的电子相互作用且产生载流子的一种物理现象。光电效应又可分为两类：一类是外光电效应，即物质受光照作用后，电子完全逃逸出材料的一种物理现象；另一类是内光电效应，即物质受到光照射后产生的电子只在物质内部运动，而并未逃出材料外部的一种物理效应。内光电效应主要发生在半导体材料中，又可以分为光电导效应和光伏效应等。光电探测器吸收光子后，会导致物质内原子或分子内部电子状态改变，即光子能量的大小会影响物质内部电子状态改变的大小，因此，这类探测器受波长/频率大小限制，存在一个截止波长 λ_c，其表达式 $\lambda_c = hc/E$，其中 h 为普朗克常数，c 为真空中光速，E 在外光电效应中为表面逸出功 W_0，在内光电效应中为半导体的禁带宽度 E_g。

光热效应完全不同于光电效应，光热探测器吸收光辐照能量后，并不是直接引起内部电子状态的改变，而是导致晶格振动能量的变化，从而引起探测元件温度上升，使探测器元件的电学性质或其他物理特性发生变化。一般而言，光热探测器与波长选择无关，但由于材料在红外波段的热效应更为显著，因此，光热效应广泛应用于红外辐射、特别是长波长的红外线测量等。由于温度升高是热量的累积作用，所以光热效应的速度较慢，且易受外界环境温度变化的影响。下面我们将分别介绍外光电效应和内光电效应的物理机理。

1. *外光电效应*

外光电效应，又被称为光发射效应，是指物质在光照作用下，物质向表面以外的空间发射电子（光电子）的现象，其发射机理可用能带理论加以分析。

金属逸出功 W_0 和半导体的发射阈值 E_{th}。这里定义两个物理参数：① 电子亲和势 χ。如图 6.10 所示，E_0 为真空能级，那么真空能级与半导体导带底能级 E_c 之差，称为电子亲和势 χ，即 $\chi = E_0 - E_c$。② 电子逸出功 W_0。是描述表面对电子束缚强弱的物理量，数值上为电子逸出表面所需的最低能量，也就是光电发射的能量阈值。

由于金属和半导体的能带结构的差异，金属和半导体的能量阈值定义也有所不同。金属材料的电子逸出功定义为 $T = 0\,\mathrm{K}$ 时，真空能级 E_0 与费米能级 E_F 之差，即金属逸出功为 $W_0 = E_0 - E_F$，式中 E_F 为费米能级。对于半导体而言，半导体电子逸出功定义为 $T = 0\,\mathrm{K}$ 时，真空能级与电子发射中心的能级之差，而电子发射中心的能级较为复杂，有的是价带顶，有的是杂质能级，有的是导带底。但无论如何，都包含了电子亲和势，因此，半导体材料光电发射的能量阈值一般按真空能级与价带顶之差来获得，即半导体的发射阈值为 $E_{th} = E_g + E_A$，如图 6.10 所示。

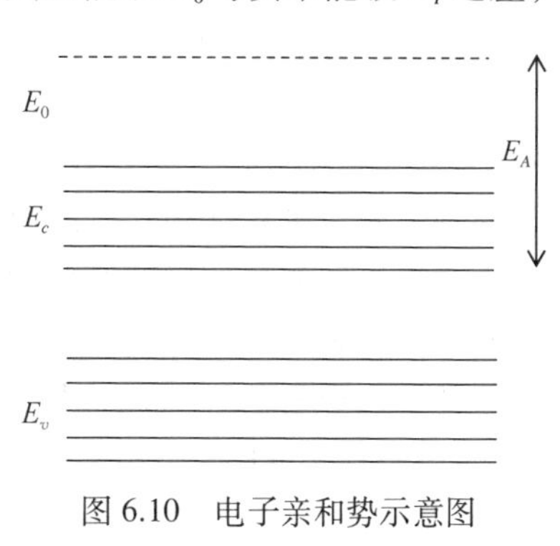

图 6.10　电子亲和势示意图

2. 光电子发射的基本规律

1887 年 Hertz 发现光电发射效应这个物理现象以后，1888 年俄国科学家斯托列托夫等人对金属的光发射现象进行大量研究，总结出外光电效应的两个基本定律，即光电发射第一定律和光电发射第二定律。

1）光电发射第一定律：即斯托列托夫定律，是指当照射到光电阴极上的入射光频率或频谱成分没有变化时，其饱和光电流 i_{pe}（也就是单位时间内发射出来的光生电子总数）与光强度 I 成正比关系

$$i_{pe} = SI = \frac{e\eta}{h\nu}P(t) \tag{6.19}$$

其中，S 为光电发射灵敏度系数（即光电阴极对入射光的灵敏度）；e 为电子电荷；η 为光电探测器的量子效率；$P(t)$ 表示 t 时刻时入射到探测器上的光功率。

2）光电发射第二定律：即爱因斯坦定律，是指发射体内电子吸收的光子能量大于发射体的表面逸出功时，电子将以一定速度从发射体表面发射出，且光电子离开表面的初动能随入射光的频率增大而线性增大，与入射光的强度无关，光电子发射的能量关系符合爱因斯坦方程，即

$$E_k = \frac{1}{2}mV^2 = h\nu - W_0$$

其中，h 为普朗克常数；E_k 为光电子初动能；m 为电子质量；V 为电子离开发射体表面时的速度；ν 为入射光的频率；W_0 为发射体的逸出功。

由此可见,发射体内的电子所吸收的能量 $h\nu$ 必须大于发射体的逸出功 W_0时,才能从发射体表面逸出,即入射的光子频率 $\nu > W_0/h$。波长表示为 $\lambda = hc/W_0 = \lambda_c$,式中,$\lambda_c$定义为入射光波的截止波长,其物理意义是如果入射波长大于截止波长 λ_c时,无论光强度多强,照射时间多久,都不会有光电子从表面发射出来。这就是爱因斯坦光电效应,爱因斯坦也因此而被授予诺贝尔物理学奖。

3. 内光电效应

内光电效应主要包括光电导效应和光伏效应两种,因此探测器也主要包括光导(photoconduction, PC)型和光伏(photovoltaic, PV)型两种类型。

(1) 光电导效应

是光照变化引起半导体材料电导率/电阻率发生变化的一种物理现象。该现象是有关光与半导体相互作用的各种物理效应中最早被人们所知道的一种物理效应。是指光照射到半导体材料时,材料吸收光子的能量,使得非传导态/局域态电子变为传导态电子,从而引起体系载流子浓度增加,进而导致半导体的电导率增大的一种物理现象。对于本征半导体,在无光照作用时,热效应会激发少数电子从价态跃迁到导带,此时半导体的电导被称为暗电导 σ_d

$$\sigma_d = e(n\mu_e + p\mu_p) \tag{6.20}$$

式中,e 为电子电荷;n 和 p 分别为半导体无光照时导带和价带电子浓度和空穴浓度;μ_e和 μ_p分别为无光照时导带和价带电子迁移率和价带空穴迁移率。

当光照到半导体材料上时,入射光子将把电子从价带激发到导带,从而导致电子浓度和空穴浓度发生改变,其变化值分别设为 Δn 和 Δp,此时半导体材料的电导率也发生改变,其变化量为 $\Delta\sigma$,

$$\Delta\sigma = e(\mu_e\Delta n + \mu_p\Delta p) \tag{6.21}$$

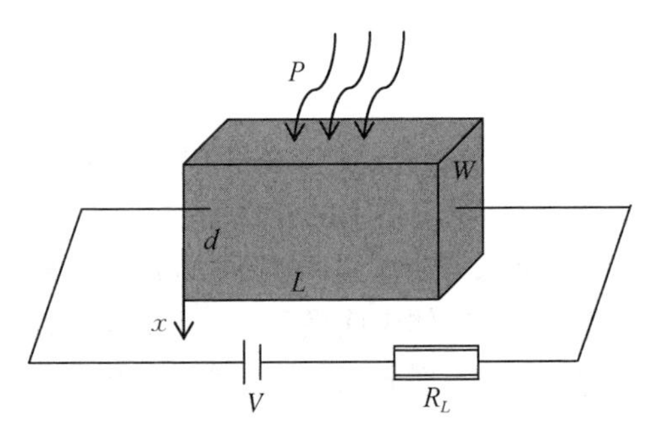

图 6.11 光电导效应示意图

这里我们以 n 型半导体为例,如图 6.11 所示的光电效应示意图,外加电压为 V,负载电阻为 R_L,光电探测器的尺寸分别为 L、W 和 d,则其探测面积为 $S = Wd$。假设入射光功率 P_0沿 x 方向是均匀入射,吸收系数为 α,那么,在材料内部的沿 x 方向的入射光功率 $P(x)$为

$$P(x) = P_0\exp(-\alpha x) \tag{6.22}$$

其中,P_0为 $x = 0$ 处的入射光功率。光生载流子在外电场作用下的漂移电流密度 $J(x)$为

$$J(x) = en(x)V_d \tag{6.23}$$

式中,μ_e为电子的迁移率;e 为电子电荷;$n(x)$为 x 处光生载流子浓度值;$V_d=\mu_e E=\mu_e V/L$ 为载流子在外场作用下的漂移速度。则探测器收集极上的光电流平均值为

$$i_{\text{average}}=\int J(x)\,\mathrm{d}S=We\mu\int_0^d n(x)\,\mathrm{d}x \tag{6.24}$$

其中,光生载流子浓度值 $n(x)$ 与其寿命相关,若其平均寿命为 τ_0,则其复合率为 $n(x)/\tau_0$,产生率为 $\alpha P(x)/WLh\nu$。在稳态情况下,假设其复合率和产生率相等,即满足 $n(x)/\tau_0=\alpha P(x)/WLh\nu$, 由此可得出

$$i_{\text{average}}=We\mu\int_0^d n(x)\,\mathrm{d}x=\frac{\alpha Pe\mu\tau_0}{Lh\upsilon}\int_0^d \exp(-\alpha x)\,\mathrm{d}x \tag{6.25}$$

如果入射光功率全部被晶体材料所吸收时,则探测器的平均光生载流子浓度为

$$\bar{n}=P\tau_0/WLdh\nu \tag{6.26}$$

则此时的光生电流为

$$i_{pe}=eP\mu\tau_0/Lh\nu \tag{6.27}$$

根据量子效率的定义,

$$\eta=i/i_{pe}=\alpha\int_0^d \exp(-\alpha x)\,\mathrm{d}x \tag{6.28}$$

由此可得平均光电流 i 为可表示为

$$i_{\text{average}}=\eta eP\mu\tau_0/Lh\nu=(\eta eP/h\nu)\frac{\tau_0}{L/\mu}=(\eta eP/h\nu)\frac{\tau_0}{\tau_d}=\eta ePG/h\nu \tag{6.29}$$

式中,$\tau_d=L/\mu$ 表示为载流子在外场作用电极之间的渡越时间;$G=\dfrac{\tau_0}{\tau_d}$ 为光电探测器的增益(gain),其物理意义是一个光生载流子对探测器外回路电流的有效贡献,是光电探测器的一个特有参数。由此可见,提高增益 G 值的有效途径是选择寿命长、迁移率大的材料作为探测器材料;另外,探测器设计成梳状结构,这样可降低载流子在电极间的渡越时间。

(2) 光伏效应

1839 年,法国科学家 Becqurel 发现,光照使得半导体材料的不同部位之间产生电位移差,这种现象被称为“光生伏特效应”,简称“光伏效应”。1954 年,美国贝尔实验室首次成功研制出实用的单晶硅太阳能电池。太阳能电池基本工作原理是 pn 结的光生伏特效应,当光照射半导体材料时,其体内的电荷分布状态发生改变而产生电动势和电流的一种物理效应。即光照射半导体的 pn 结时,在 pn 结的两

边出现电压，称为光生电压；当 pn 结短路时，就会产生电流。

1）光伏效应的基本工作原理：当半导体 pn 结受到光照射时，其对光子的本征吸收和非本征吸收都会产生光生电子-空穴对。但事实上，引起光伏效应的是本征吸收所激发的少数载流子。因 p 区的光生空穴和 n 区的光生电子都属于多数载流子，因此，由于势垒阻挡作用而不能通过 pn 结。而 p 区的光生电子，n 区的光生空穴和 pn 结电荷区的电子空穴对等少数载流子扩散到 pn 结电场附近时，这些载流子将在内建电场 E_0作用下漂移而通过 pn 结。即光生电子被拉向 n 区而光生空穴被拉向 p 区，内建电场会分离光生电子空穴对，从而导致在 n 区边界附近有光生电子累积，而在 p 区边界附近有光生空穴累积。将产生与热平衡时的内建电场方向相反的一个光生电场，其方向是由 p 区指向 n 区。该光生电场使得势垒降低，其减小量就是光生电动势，此时费米能级分离，因而产生电势降。

2）光热效应：光热效应是指材料受到光辐照作用后，光子能量与晶格相互作用，即光与声子之间的相互作用，将导致晶格振动加剧而使温度升高，这势必会造成材料的电学性质发生变化。光热效应可分为温差电效应和热释电效应。利用光热效应可制作热敏电阻、热电偶、热电堆和热释电等多种光电探测器件。

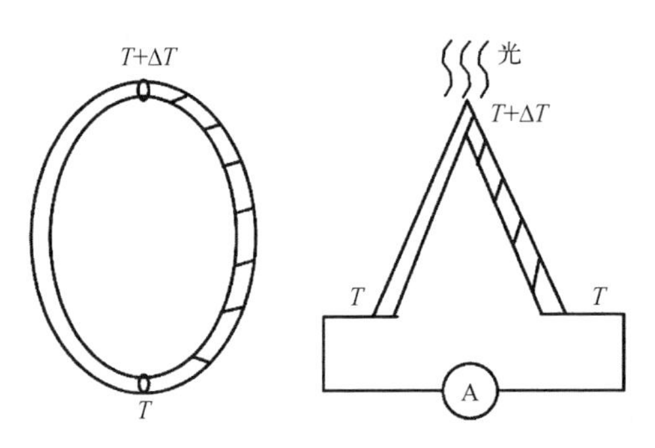

图 6.12　温差电效应示意图

3）热电效应（thermoelectric effect）：是当两种金属或半导体材料两端熔融并连接时，在接触点处会产生电动势，该电动势的大小和方向与两种材料的性质和接触点的温度差 ΔT 相关，如图 6.12 所示。该物理现象是由德国物理学家塞贝克于 1821 年发现，因此，该效应又被称为塞贝克效应。

4）热电效应工作原理：温差热电偶接收辐射端称为热端，而另一端为冷端。半导体热电偶热端接收照射后升温，载流子浓度增加，载流子将从热端向冷端扩散。对于 p 型半导体而言，热端带负电（负离子实），冷端带正电（空穴），对于 n 型而言，则相反。当冷端开路时，则开路电压为

$$V_{oc} = M\Delta T \tag{6.30}$$

式中，M 为塞贝克系数，又称为温差电势率，单位为 V/℃或 V/K。为了提高热电偶的灵敏度，并使器件稳定工作，常把温差热电偶放在真空外壳里。真空温差热电偶的主要参数包括灵敏度 R、响应时间 τ、噪声等效功率 NEP 等。

5）热释电效应：热释电效应类似于压电效应，也是晶体材料的一种自然物理效应。对于具有自发极化的晶体材料，当受到热或冷却作用时，温度的变化（ΔT）会引起自发极化强度变化（ΔP_s），从而在晶体某一定方向产生表面极化电荷的一

种物理现象。热释电效应可表示为

$$\Delta P_s = P\Delta T \tag{6.31}$$

式中,P 定义为热释电系数。

与压电晶体相似,热释电晶体具有热释电效应的前提是具有自发电极化 P_s,即在某个方向上呈现出固有电位移,如图 6.13 所示。但压电晶体不一定存在热释电效应,而热释电晶体一定具有压电效应。热释电晶体主要分为两大类:一类是具有自发极化 P_s,但自发极化并不会随外场作用而转向;另一类是随外场转向的自发极化晶体,即铁电体。由于铁电体经过电场作用呈现宏观剩余极化 P_r,且其剩余极化随温度发生改变,从而能释放表面电荷,表现出热释电效应。通常,自发极化所产生的束缚电荷被晶体外表面的自由电子所中和,所以,其宏观自发电矩为零。当温度改变时,晶体结构中的正、负电荷中心产生相对位移,晶体自发极化就会发生变化,在晶体表面就会产生电荷耗尽。

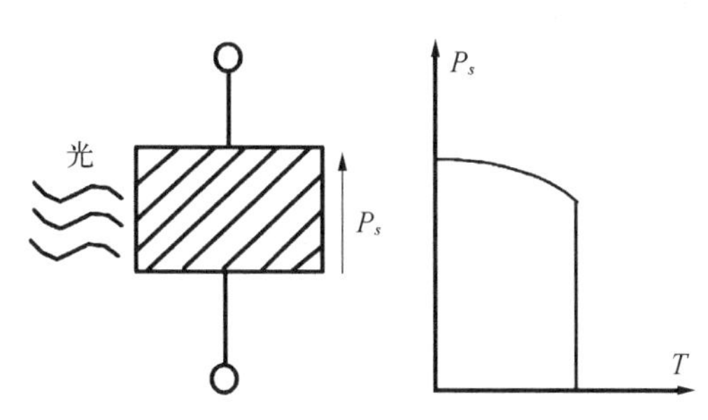

图 6.13　热释电效应示意图

能产生热释电效应的晶体称为热释电体,也被称为热电元件。热释电体主要包括单晶(如 $LiTaO_3$)、压电陶瓷(如 $PbZr_xTi_{1-x}O_3$)及高分子铁电薄膜(如 PVDF)等无机和有机铁电体材料。

热释电效应被广泛应用于热释电红外探测器中,如辐射和非接触式温度测量、激光参数测量、红外光谱测量、工业自动控制、空间技术及红外摄像等。国内采用双掺杂单畴硫酸三甘氨酸 ATGSAS 热释电晶体研制的红外摄像管,其温度响应率可达 4~5 μA/℃,温度分辨率小于 0.2℃,灵敏度高,图像清晰度高及抗强光干扰能力强等特点,已出口国外。

6.4.3　光电探测器的性能参数与噪声

1. 性能参数

现主要介绍表征光电探测器的性能参数,主要包括量子效率 η、灵敏度 S(即响应度 R)、噪声等效功率 NEP、探测度 D^*、光谱响应和频率响应,以及响应时间等。

(1) 量子效率

量子效率是指每一个照射光子所能释放的平均电子数,与照射光子能量有关。量子效率可分别用内光电效应和外光电效应描述,内光电效应还与材料内电子的扩散长度相关;而外光电效应还与材料的表面逸出功相关。其数学表达式为

$$\eta = \frac{I_e/e}{P/_{h\nu}} = \frac{I_e h\upsilon}{eP} \tag{6.32}$$

式中，I_e为照射光产生的平均光电流大小；I_e/e 是单位时间内产生的光生电子平均数；P 是照射到探测器上的光功率；$P/h\nu$ 是指单位时间内照射光子的平均数。对于理想探测器而言，其效率为 100%。但实际情况是存在探测器对照射光子的反射、透射及散射等作用，使得探测器效率 $\eta < 1$。

（2）灵敏度

探测器的灵敏度也被称为响应度 R，描述了光电探测器将照射光信号转换为电信号能力的特性参数。可分为电压响应度 R_u和电流响应度 R_i：

$$R_u = \frac{V_s}{P} \tag{6.33}$$

$$R_i = \frac{I_s}{P} \tag{6.34}$$

其中，V_S和 I_S分别为探测器输出的信号电压和信号电流；P 为输入探测器的光功率；R_u和 R_i通常是照射光波长（频率）的函数，若辐照波长/频率一定时，则探测器灵敏度是确定的。

（3）噪声等效功率

在实际器件应用中，探测器即使没有信号输入，输出端仍有微弱的信号输出。这个源于探测器本身的输出信号就是探测器的噪声，它与探测器选用的材料、结构和环境温度等因素相关。

探测器的最小可探测器功率将会受到噪声的限制，为此引入噪声等效功率（noise equivalent power, NEP）来描述探测器的最小可探测功率。其定义为信噪比为 1（即输出信号电压或电流等于探测器输出噪声电压或电流）时的照射光功率。表示如下：

$$\text{NEP} = \frac{P}{V_s/V_n} \tag{6.35}$$

或

$$\text{NEP} = \frac{P}{I_s/I_n} \tag{6.36}$$

其单位为瓦特，式中，下标 s 表示为信号参数，n 表示为噪声参数，如 V_s表示为信号电压。由此可见，NEP 越小时，表明探测器的探测能力将越强。

一般而言，探测器噪声频谱很宽，为了减小其噪声影响，一般选择窄带通的探测放大器，其中心频率 f_0为调制频率。这样，信号将不会受损失且部分噪声可被滤去，故而使 NEP 减小，此种情况下，NEP 重新定义为

$$\mathrm{NEP}=\frac{V_n}{V_s}\frac{P}{\sqrt{\Delta f}} \tag{6.37}$$

或

$$\mathrm{NEP}=\frac{I_n}{I_s}\frac{P}{\sqrt{\Delta f}} \tag{6.38}$$

其中,Δf 为放大器的带宽。

(4) 探测度

探测器的探测度(detectivity, D^*)定义为噪声等效功率 NEP 的倒数,即 $D=1/\mathrm{NEP}$。另外,根据理论分析和实验结果表明,NEP 还与探测器受光面积 A 的平方根 $\sqrt{A}$ 成正比,因此,引入归一化探测度 D^* 特性参数,其物理意义为单位面积、单位带宽的探测度,即

$$D^*=\frac{\sqrt{A\Delta f}}{P}\frac{V_s}{V_n} \tag{6.39}$$

或

$$D^*=\frac{\sqrt{A\Delta f}}{P}\frac{I_s}{I_n} \tag{6.40}$$

(5) 光谱响应

探测器的光谱响应是指灵敏度/响应率随波长(频率)变化的特性参数。通常,将光谱曲线进行归一化后,得到的特性曲线称为相对光谱特性曲线,简称为光谱特性。图 6.14 给出了探测器的光谱特性曲线。图中曲线“1”为理想光谱特性曲线,表示为量子效率和光电增益为一定值时,光谱灵敏度与入射光波长成正比,其最大波长响应就是探测器选用的材料的截止波长 λ_0,而理论上的短波长可小到 0。但实际的探测器的光谱响应特性曲线如图 6.14 中曲线“2”所示。由此可见,光谱特性具有明显的“波长选择性”,因此,将灵敏度最大值下降到其 50% 所对应的波长范围(λ_L, λ_H)定义为光探测器的光谱响应宽度,而图中 λ_P 为灵敏度最大值时所对应的波长,也称为峰值波长。

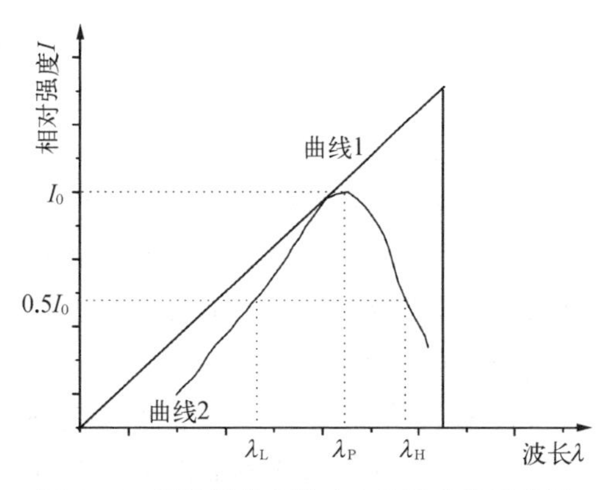

图 6.14 探测器的光谱响应特性曲线示意图

(6) 响应时间

理论和实验结果同时表明,探测器在光照作用下,电信号需一定的时间才能达到稳定值,而停止光照射时,电信号消失也需要一定的时间。这种电信号的滞后现

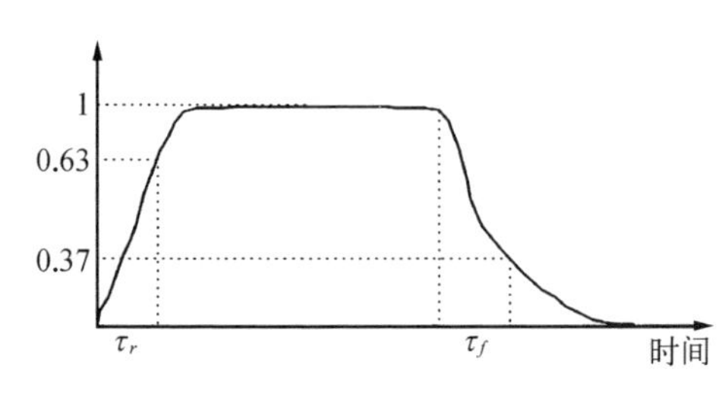

图 6.15 探测器时间响应特性曲线示意图

象,利用响应时间来描述,如图 6.15 所示为时间响应特性示意图。对于矩形光脉冲信号,其电信号响应出现在上升沿和下降沿。在上升沿时,光探测器的输出电流为

$$i_s(t) = I_0[1 - \exp(-t/\tau_r)] \tag{6.41}$$

$i_s(t)$ 上升到稳定值 I_0 的 $1/e$ 的时间 τ_r 称为上升响应时间(rising time)。在下降沿时,光探测器的输出电流为

$$i_s(t) = I_0 \exp(-t/\tau_d) \tag{6.42}$$

$i_s(t)$ 下降到稳定值 I_0 的 $1/e$ 的时间 τ_f 称为下降响应时间,即衰减时间(decay time)。$\tau_r = \tau_d = \tau$ 统称为光电探测器的响应时间。

(7) 响应频率

响应频率特性参数描述了光电探测器的响应度在辐照波长不变的情况下,随照射光调制频率的变化行为。响应频率表明了光电探测器对外加载波上的电调制信号的响应能力,其定义如下:

$$R_f = \frac{R_0}{\sqrt{1 + (2\pi f \tau)^2}} \tag{6.43}$$

其中,R_f 和 R_0 分别为频率为 f 和 0 时探测器的响应度;τ 为探测器的响应时间(τ_r 或 τ_d)。图 6.16 给出了光电探测器的响应频率特性曲线。当探测器的灵敏度下降到 R_0 为 $1/\sqrt{2}$ 时,由此可得,$f_{\text{cut-off}} = 1/2\pi\tau$,称之为探测器的上限截止频率或 3 dB 带宽。因此,探测器的响应时间决定了频率响应带宽,取决于探测器的材料选用、结构设计和读出电路等参数。

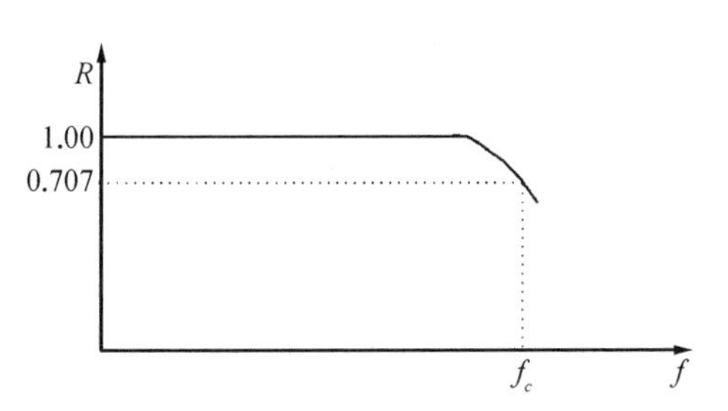

图 6.16 光电探测器频率响应特性曲线示意图

(8) 器件响应函数测定原理

响应度曲线的测试原理具体如下:用聚焦镜将光源(如钨丝灯)发出的光汇聚到单色仪入射狭缝上,里面通过分光系统对入射光进行分光并从窄狭缝中输出,得到单色光功率为 $P(\lambda)$。用参考探测器(如热探测器)测得 $P(\lambda)$ 入射时的输出电压为 $V_f(\lambda)$。如用 $R_f(\lambda)$ 表示热释电探测器的响应度,可以得到:

$$P(\lambda) = \frac{V_f(\lambda)}{R_f K_f} \tag{6.44}$$

式中，K_f 为热释电探测器放大倍数(包括前放和主放)的乘积，即总放大倍数(如 $K_f = 100 \times 300$)，R_f 为热释电探测器的响应度，实验时可采用机械斩波器，选取一定的调制频率(如 25 Hz)，R_f 可取 900 V/W。然后在相同的光功率 $P(\lambda)$ 下，用需要标定的探测器(如硅光电二极管)测量相应的单色光，得到其输出电压 $V_b(\lambda)$，从而得到光电二极管的光谱响应度为

$$R(\lambda) = \frac{V(\lambda)}{P(\lambda)} = \frac{V_b(\lambda)/K_b}{V_f(\lambda)/R_f K_f} \tag{6.45}$$

式中，K_b 为硅光电二极管测量时总的放大倍数(如 150×300)。

时间响应特性的测试方法主要有两种，一种是脉冲响应特性法，另一种是幅频特性法。对于前种方法，如果测出了光电探测器的单位冲激响应函数，则可直接用其半值宽度来表示时间特性。为了得到具有单位冲激函数形式的信号光源，即 δ 函数光源，可以采用脉冲式发光二极管、锁模激光器以及火花源等光源来近似。在通常测试中，更方便的是采用具有单位阶跃函数形式亮度分布的光源。从而得到单位阶跃响应函数，进而确定响应时间。对于后种手段，由于光电探测器惰性的存在，使得其响应度不仅与入射辐射的波长有关，而且还是入射辐射调制频率的函数。这种函数关系还与入射光强信号的波形有关。通常定义光电探测器对正弦光信号的响应幅值同调制频率间的关系为它的幅频特性。许多光电探测器的幅频特性具有如下形式：

$$A(\omega) = \frac{1}{(1 + \omega^2\tau^2)^{1/2}} \tag{6.46}$$

式中，$A(\omega)$ 表示归一化后的幅频特性；$\omega = 2\pi f$ 为调制圆频率；f 为调制频率；τ 为响应时间。

在实验中可以测得探测器的输出电压 $V(\omega)$ 为

$$V(\omega) = \frac{V_0}{(1 + \omega^2\tau^2)^{1/2}} \tag{6.47}$$

式中，V_0 为探测器在入射光调制频率为零时的输出电压。这样，如果测得调制频率为 f_1 时的输出信号电压 V_l 和调制频率为 f_2 时的输出信号电压 V_2，就可确定响应时间：

$$\tau = \frac{1}{2\pi}\sqrt{\frac{V_1^2 - V_2^2}{(V_2 f_2)^2 - (V_1 f_1)^2}} \tag{6.48}$$

为减小误差，V_1 与 V_2 的取值一般应相差 10%以上。

由于大部分光电探测器的幅频特性都可由式(6.45)描述，人们为了更方便地表示这种特性，引入截止频率 f_c，它是指当输出信号功率降至超低频一半时，即信

号电压降至超低频信号电压的70.7%时的调制频率。故f_c频率点又称为3 dB点或拐点。由式(6.45)可知

$$f_c = \frac{1}{2\pi\tau} \tag{6.49}$$

在实际测量中,对入射辐射调制的方式可以是内调制,也可是外调制。外调制是用机械调制盘在光源外进行调制,因这种方法在使用时需要采取稳频措施,而且很难达到很高的调制频率,因此不适用于响应速度很快的光子探测器,具有很大的局限性。内调制通常采用快速响应的电致发光元件作辐射源。采取电调制的方法可以克服机械调制的不足,得到稳定度高的快速调制。

2. 光电探测器的噪声

光电探测器的噪声主要包括热噪声、散粒噪声、产生-复合噪声、1/f噪声和温度噪声等。下面将做详细说明。

(1) 热噪声

热噪声(thermal noise)也被称为约翰逊噪声,源于载流子无规则的热运动。当温度高于绝对零度时,导体或半导体中的每个电子都在作随机热运动。虽然其平均值为0,但瞬时电流涨落在材料两端会产生一个均方根电压,其均方噪声电压表示为

$$\overline{u_n}^2 = 4kTR\Delta f \tag{6.50}$$

或均方噪声电流表示为

$$\overline{i_n}^2 = \frac{4kT\Delta f}{R} \tag{6.51}$$

其中,k为玻尔兹曼常数;T为热力学温度;R为材料阻抗的实部;Δf是测量的频带宽度。热噪声存在于任何材料中,与温度成正比,而与频率无关。热噪声是各种成分波随机组成,如同白光是由各种波长的光波组成一样,因此,热噪声也称为白噪声(white noise)。

(2) 散粒噪声

是指在热激发或光照射作用下,光生电子或空穴的随机产生所导致的。由于随机起伏是由一个个的带电粒子引起的,因此,称为散粒噪声(shot noise)。其表达式为

$$\overline{i_{ns}}^2 = 2eI\Delta f \tag{6.52}$$

式中,e为电子电荷;I为探测器平均输出电流;Δf为频带宽度。散粒噪声不管在真空发射管还是半导体器件中都存在,也属于白噪声。

(3) 产生-复合噪声

光电探测器即使没有外界环境扰动时,在半导体内部也存在载流子的产生和

复合过程,该过程是一个动态平衡过程。但载流子的产生和复合是一个随机过程,其浓度在平均值附近涨落,从而引起电导率的起伏变化,进而引起电流或电压的起伏变化,这种载流子随机涨落过程所引起的噪声被称为产生-复合噪声(generation and recombination noise),其表达式为

$$\overline{i_{ngr}^2} = \frac{4eGI\Delta f}{1 + \omega^2 \tau_c^2} \tag{6.53}$$

式中,I 为总的平均电流;G 为光电探测器的内增益;$\omega = 2\pi f$ (f 为测量系统的工作频率);τ_c是载流子平均寿命。产生-复合噪声不是白噪声,是低频限带噪声。

当 $\omega\tau_c \ll 1$ 时,产生-复合噪声表达式可简化为

$$\overline{i_{ngr}^2} = 4eGI\Delta f \tag{6.54}$$

产生-复合噪声是光电探测器的主要噪声来源。

(4) $1/f$ 噪声

$1/f$ 噪声也称为低频噪声或闪烁噪声。这种噪声源于光敏层的微粒不均匀或不必要的微粒杂质的存在,当有电流流过时,在微粒间会发生放电而导致微弱电脉冲。其经验公式为

$$\overline{i_{nf}^2} = \frac{AI^{\alpha}\Delta f}{f^{\beta}} \tag{6.55}$$

式中,I 为器件输出平均电流;f 为器件工作频率;α 接近于 2;β 介于 0.8~1.5;A 是与探测器相关的参数。$1/f$ 噪声主要发生在频率低于 1 kHz 的频段,因此,在实际应用中,只要保证低频调制频率高于 1 kHz,即可极大地降低 $1/f$ 噪声。

(5) 温度噪声

是指探测器本身吸收热或传导热而引起的温度起伏变化。它的均方根可表示为

$$\overline{t_n^2} = \frac{4kT^2\Delta f}{G[1 + (2\pi f\tau_T)^2]} \tag{6.56}$$

式中,G 为器件的热导; $\tau_T = C_H/G$ 为器件的热时间常数;C_H为器件的热容。

在低频频段,有 $2\pi f\tau_T \ll 1$, 上式可简化为

$$\overline{t_n^2} = \frac{4kT^2\Delta f}{G} \tag{6.57}$$

因此,温度噪声功率可表示为

$$\Delta \overline{W}_T^{\,2} = G^2\,\overline{t_n}^{\,2} = 4GkT^2\Delta f \tag{6.58}$$

理论和实验研究结果表明，在低频段，$1/f$ 噪声占主导作用；在中频段，产生-复合噪声其主导作用；在高频段，以白噪声为主，其他噪声对光电探测器没有影响。

6.4.4 光电探测器类型

光电探测器的分类可按照探测器结构形式来划分，也可根据其物理效应来划分，还可根据探测方式进行分类。根据探测器结构形式，可将探测器分为单元探测器和多元探测器，而多元探测器既有线阵列，也有面阵列探测。但在各种分类方式中，主要还是以探测器利用的物理效应进行分类，如表 6.1 所示。

表 6.1 光电探测物理效应与相应探测器

<table>
<tr><th colspan="4">物　理　效　应</th><th>探　测　器</th></tr>
<tr><td rowspan="11">光子效应</td><td rowspan="3">外光电效应</td><td colspan="2">光阴极发射光电子</td><td>光电管</td></tr>
<tr><td rowspan="2">光电子倍增</td><td>倍增极倍增</td><td>光电倍增管</td></tr>
<tr><td>通道电子倍增</td><td>像增强管</td></tr>
<tr><td rowspan="8">内光电效应</td><td colspan="2">光电导效应</td><td>光电导管/光敏电阻</td></tr>
<tr><td rowspan="5">光伏效应</td><td>零偏的 pn 结或 pin 结</td><td>光电池</td></tr>
<tr><td>反偏的 pn 或 pin 结</td><td>光电二极管</td></tr>
<tr><td>雪崩效应</td><td>雪崩二极管</td></tr>
<tr><td>肖特基势垒</td><td>肖特基势垒二极管</td></tr>
<tr><td>pnp 结或 npn 结</td><td>光电三极管</td></tr>
<tr><td colspan="2">光电磁效应</td><td>光电磁探测器</td></tr>
<tr><td colspan="2">光子牵引效应</td><td>光子牵引探测器</td></tr>
<tr><td rowspan="5">光热效应</td><td colspan="3">温差电效应</td><td>热电偶、热电堆</td></tr>
<tr><td colspan="3">热释电效应</td><td>热释电探测器</td></tr>
<tr><td colspan="2" rowspan="3">辐射热效应</td><td>正温度系数热效应</td><td>金属测辐射热计</td></tr>
<tr><td>负温度系数热效应</td><td>热敏电阻测热辐射计</td></tr>
<tr><td>超导</td><td>超导远红外探测器</td></tr>
<tr><td rowspan="2">波相互作用效应</td><td colspan="3">非线性光学效应</td><td>光学外差探测、光学参量探测、金属-金属氧化物-金属光电二极管等</td></tr>
<tr><td colspan="3">超导量子效应</td><td>约瑟夫森结器件</td></tr>
</table>

6.4.5 典型光伏型光电探测器

1. 光电二极管

光电二极管的管芯是一个 pn 结,只是结面积比普通二极管大,便于接收光线,但不同的是,光电二极管是在反向电压下工作的。它的暗电流很小,约为 0.1 μA。在光线照射下产生的电子-空穴对叫光生载流子,它们会增大反向饱和电流。光生载流子的数量与光强度有关,因此,反向饱和电流会随着光强的变化而变化,从而可以把光信号的变化转为电流及电压的变化。光电二极管主要用于近红外探测器、光电转换的自动控制仪器、光导纤维通信的接收器件等。

以波长 λ 为横坐标,响应率为纵坐标所做的光滑曲线即为光谱响应曲线。通常把光谱响应的最高点进行归一化,得到响应光谱响应。光谱响应有两种表示方法,若以入射辐射功率为单位,被称为"等能量"光谱响应曲线,若以入射光子数为单位,则称为"等量子"光谱响应曲线。这两种表示方法得到的曲线形状有所区别,因此,在绘制光谱响应曲线时需加以注明。

如图 6.17 所示为 Si、Ge 和 GaAs 光电二极管的等能量光谱响应曲线。峰值所对应的波长为 λ_P,在长波的一侧,响应率下降到峰值的一半所在的波长规定为长波长 λ_L。Si 光电二极管的长波上限约为 1.1 μm,Ge 约为 1.8 μm,而 GaAs 约为 0.9 μm。同样的,短波方向响应下降也可以规定一个短波下限 λ_S。长波光谱响应主要取决于基区的寿命和扩散长度。这些因素与晶体生长方法、衬底的制备方法、衬底电阻率、有害杂质的存在密切相关。例如,基区中的杂质浓度增加,使得少子寿命和扩散长度降低,从而增加了基区深处所产生的载流子的损失,降低了长波光子的响应。而光电二极管的短波光谱响应,主要与表面载流子的复合速度和表面

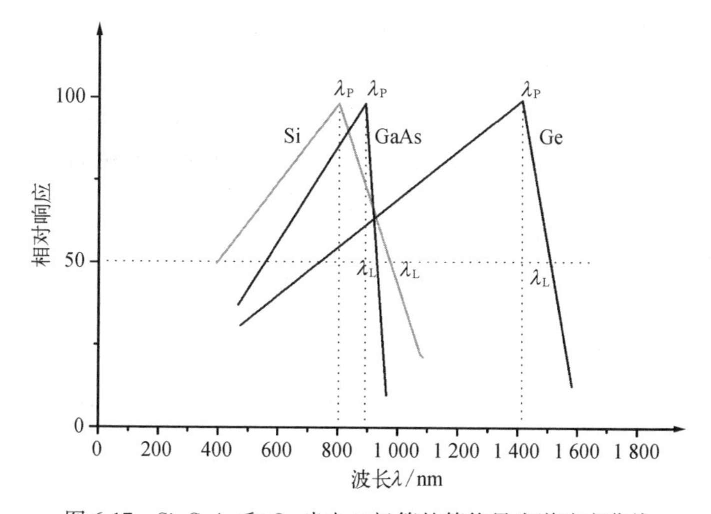

图 6.17　Si、GaAs 和 Ge 光电二极管的等能量光谱响应曲线

区的寿命有关,这源于材料对短波辐射的吸收系数很大(如 Si,吸收系数在 $10^5 \sim 10^6\ cm^{-1}$),入射光在靠近表面处就被吸收,几乎所有的载流子都产生在表面附近。由于光照表面区通常是由扩散制成的,寿命和扩散长度由所掺杂的类型、表面浓度和扩散前的表面处理,表面处的应力、位错都可能造成高的表面复合和极短的寿命,使短波光子在该区域激发的载流子大部分被复合而损失,不能通过 pn 结,从而导致短波光谱响应的降低。基于以上分析,光电二极管光谱响应的设计需注意以下几个方面:

改善长波光谱响应的主要措施主要有:

1) 选用电阻率高的材料,既可以降低基区中少子的扩散长度,又可以使势垒区变宽,从而有助于提高长波的光谱响应率。

2) 选用少子寿命较长的材料,以减少体内的复合损失。

3) 加强退火处理,以抑制在高温处理后基区中少子寿命降低而造成的损失。

改善短波光谱响应的措施有以下几点:

1) 减少结深,使 pn 结尽量靠近材料的光照表面,以减少光生载流子向 pn 结势垒区扩散过程中的复合损失。

2) 选择合适的掺杂源和掺杂浓度,避免因杂质扩散引起的应力、位错等缺陷,尽量消除靠近表面的区域内因扩散所造成的有极短寿命的"死层"。

3) 改善光照表面质量,如通过钝化或其他工艺降低表面复合速度。

(1) 暗电流和噪声

当光电二极管作为探测器使用时,性噪比是非常重要的性能参数,在反向偏压下工作时,暗电流是光电二极管噪声的主要来源。特别是在弱光照下,由于输出信号较小,若电路之间没有电容作为隔断时,过大的暗电流容易诱导电路误动作。因此,降低暗电流,对提高二极管性能参数显得尤为重要。

光电二极管暗电流主要包括反向饱和电流、势垒区的产生-复合电流和表面漏电流,现做分别讨论:

1) 反向饱和电流(J_R):从前面的分析可知,反向饱和电流是二极管在反向偏置电压下工作时,由少数载流子扩散所导致。以 p^+/n 单突变结为例,近似认为仅基区(n 区)中的载流子对 J_R有贡献,J_R的表达式如下:

$$J_R = \frac{1.6 \times 10^{-4} \rho_N}{\tau_p^{1/2}} (\mathrm{A/cm^2}) \tag{6.59}$$

式中,ρ_N为 n 型基区体材料的电阻率;τ_p为 n 区中的空穴寿命。

2) 势垒区的产生-复合电流(J_{GR}):一般与杂质的引入或晶体结构的不完整性相关,会形成许多复合中心,这些能级位于禁带中间。在反向偏置作用下,由于强电场的作用,势垒区中的这些复合中心要产生电子或空穴,其所需的能量远小于本征吸收的能量。因此,背景光或环境光通过势垒区的复合中心时,产生的电子或空

穴电流,将是暗电流的主要来源,其值可表示为

$$J_{GR}=\frac{qn_iW_j}{\tau_e} \tag{6.60}$$

式中,W_j为势垒区宽度;τ_e为势垒区中载流子的有效寿命。

而当pn结处于零偏置或低的正向偏置时,n区一侧的电子和p区一侧的空穴将跃过势垒分别注入p区和n区,在注入过程中,将有一部分载流子在势垒区中复合,其复合电流的值可表示为

$$J_{GR}=\frac{qn_iW_j}{2\sqrt{\tau_n\tau_p}}e^{qV/kT} \tag{6.61}$$

式中,τ_n和τ_p分别为pn结两侧的少子寿命。在一定温度下,J_{GR}与势垒区宽度成正比,且会随迁移率、材料电阻率以及反向偏置电压而发生改变。

3）表面漏电流(J_S):由于表面存在污染,半导体表面氧化层中会存在可动电荷、固定电荷和缺陷电荷等,在界面处会造成具有高产生-复合中心的界面态,故而产生表面漏电流。通常情况下,我们用表面复合速度来表征表面漏电流的大小,它们之间的关系可表示为

$$J_S=1/2qn_iS \tag{6.62}$$

式中,S表示为表面复合速度,其单位为cm/s。

（2）响应时间

作为辐射探测器使用时,入射辐照将调制成交变信号。因此,光电二极管在交流小信号下工作,若器件的响应速度跟不上光信号的变化,输出的光电流信号将随着调制频率的提高而降低。通常采用“响应时间”来描述光电二极管的频率响应特性,其值(定义为脉冲上升时间或下降时间)取决于光生载流子扩散到结区的时间、势垒区中电场作用下的漂移运动时间、势垒区电容引起的介电弛豫时间三部分。

对于p^+/n型光电二极管而言,假如入射光的透入深度不超过势垒区,那么光电流主要是p^+区和势垒区的电子电流。p^+表面的光生电子扩散到势垒区的时间表示为

$$\tau_{扩散}=\frac{W_p^2}{2.43D_n}\geqslant\frac{W_p}{2.43V_s} \tag{6.63}$$

式中,W_p为p区厚度;D_n为p区电子的扩散系数;V_s为结电场中电子的饱和速度。

电子在势垒区中电场作用下的漂移运动时间表示为

$$\tau_{漂移}=\frac{W_j}{2.8V_s} \tag{6.64}$$

式中，W_j为势垒区宽度。

从$\tau_{扩散}$和$\tau_{漂移}$关系式可以看出，对于不同类型光电二极管，其响应时间取决于不同因素。对于扩散型 pn 结而言，W_p和W_n值远远大于W_j，因此，响应时间由光生载流子扩散到结区所需的时间来决定；而对于耗尽型光电二极管，由于势垒区的厚度较宽，响应时间主要由光生载流子在结区的漂移时间所决定。但要指出的是，对于不同波长的光，器件会有不同的响应时间，这对于扩散型光电二极管尤为突出。因为波长较长的入射光将会透过 pn 结，在基区的深处被吸收，所激发的光生载流子需要较长的时间才能扩散到势垒区而被收集，因此，限制了对长波光的响应（实验上已证实，波长不同的光所引起的响应时间相差有 $10^2\sim10^3$倍）。

在高频情况下工作的光电二极管，pn 结的势垒电容将对二极管的频率响应特性起着决定性的作用。图 6.18 所示为 pn 结光电二极管的高频等效电路。图中 C_j为结电容，R_s为串联电阻，R_L为负载电阻，那么电路的 RC 时间常数为

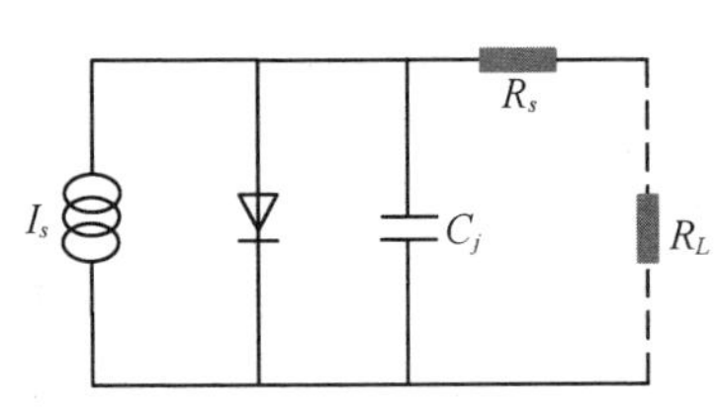

图 6.18 pn 结光电二极管的高频等效电路示意图

$$\tau_0 = (R_s + R_L)C_j \tag{6.65}$$

在实际应用中，电容 C 还与分布电容有关。

（3）光电二极管的分类

1）扩散型 pn 结光电二极管：扩散型 pn 结光电二极管是指 pn 结势垒区很窄，光生载流子的产生主要在 pn 结两边的 p 区和 n 区扩散区，其光电流主要源于扩散流而不是漂移电流。

这种 pn 结扩散型二极管优点是结构简单、工作频谱范围宽、暗电流和结电容较小，以及线性范围大等。但其响应时间主要与 pn 结两侧的光生少子扩散到结区所需要的时间相关，这一扩散时间限制了这种二极管在长波长区域的响应时间。

2）pin 光电二极管：pin 光电二极管是一种常用的耗尽型光电探测器。 i 层（本征层）的引入有如下的作用：

相较而言，i 层的电阻远大于 p 区和 n 区的电阻，因此，外加偏压主要作用在 i 区，使得耗尽区加宽，增加了器件光电转换的有效工作区，从而提高了器件的灵敏度；

相较扩散型 pn 结而言，降低了对基区材料（高阻材料会导致 RC 时间常数增大）的选择，但也可提高器件的击穿电场，而且器件的串联电阻和时间常数有极大的降低；

pin 光电二极管通常工作在高的反偏电压下，其耗尽层宽度比扩散型 pn 结大很多，从而其结电容减小，提高了器件的响应速度；

i 层厚度设计，本征不能太宽，否则渡越时间效应限制其频率响应，因此，其厚度最佳选择是使渡越时间为调制频率的一半。

3）肖特基势垒光电二极管：肖特基势垒光电二极管也是一种耗尽型光电二极管，其特性与 pin 光电二极管极其相似。其光电流的产生和收集可看作是一个结深为零、表面覆盖着极薄而透明的金属膜的 pn 结。因此，肖特基势垒光电二极管的制备工艺要求相对严格，即金属膜必须非常薄（<10 nm），并且须在金属膜的表面涂抗反射膜；而且选择合适的制作工艺，表面进行仔细的清洁处理，才能得到性能优良的肖特基势垒二极管。

4）雪崩光电二极管：雪崩光电二极管（avalanche photodiode，APD）是一种在高反向偏压下工作的 pn 结型光电二极管。这种结构的光电二极管主要是利用高反向偏压下的光生载流子在势垒区碰撞电离引起的内增益机构，使得这种器件具有十分高的探测灵敏度，其增益带宽乘积可达 100 GHz 以上，因此，在微波频段增益显著。

APD 工作机理是在光照作用和高反向偏置电场下，势垒区变成一个高场区，光生载流子在该区域得到加速，从而获得足够高的能量，进而碰撞晶格使其电离，把电子激发到导带，形成新的电子-空穴对。这些新的电子-空穴对再次在强电场下分别向相反方向加速运动，在此过程中，又可能与原子碰撞电离，再一次产生新的电子-空穴对。因此，只要电场足够强，此过程一直持续下去，达到二极管中载流子雪崩倍增的效果。

光电倍增效应用光电倍增因子 M_{ph} 来表征，其定义为倍增光电流 I_{ph} 与不发生光电倍增时低电场下的光电流 I_{ph0} 之比，其表达式为

$$M_{ph}=\frac{I_{ph}}{I_{ph0}}=\frac{1}{1-\left(\frac{V}{V_B}\right)^{n}} \tag{6.66}$$

式中，V 为外加电压；V_B 为 pn 结击穿电压；n 是一个常数，与半导体材料、掺杂浓度分布情况和入射光波长相关。

APD 器件是在外加偏置电压刚好低于击穿电压的情况下工作的。因此，材料选用缺陷尽可能少的单晶或外延材料，并且结面非常平整，以确保载流子在整个光敏区域的均匀倍增。另外，工作电压必须适当，偏压太大会使噪声过高，偏压太低则使增益减小。而且每个雪崩二极管都有自己的工作电压范围，由于击穿电压会随温度漂移，因此，在使用中要根据每个管子的特性和环境温度的变化来调整工作电压。APD 具有极短的响应时间（频率可达几千兆赫兹）、很高的增益（高达 $10^2\sim10^3$），适用于光学测距、光学通信及其他微弱光探测。

5）异质结光电二极管："异质结"是由带隙宽度不同的两种半导体之间形成的结。异质结的能带结构可参考前面章节。此节就异质结光电二极管的主要特点进行介绍。

材料选择的灵活性。理论上，只有构成异质结的两种半导体材料之间的晶格

常数相匹配，都可以构成异质结。

存在特定的窗口效应。设两种半导体材料的带隙分别为 E_{g1} 和 E_{g2}，且满足 $E_{g1} > E_{g2}$，如入射光投射到异质结的能带较宽的半导体材料的一侧，那么能量小于 E_{g1} 而大于 E_{g2} 的光子可以顺利地透过第一种材料到第二种材料中被吸收。因此，在耗尽区和距离 pn 结一个扩散长度范围内产生的光生载流子，将与同质结构的光电二极管的情况一样被收集。把禁带宽度为 E_{g1} 的半导体材料称为二极管的窗口，这种效应也被称为“窗口效应”。

异质结光电二极管的频率特性依赖于入射光在异质结中两种材料的相对吸收。如 n－GaAs/p－Ge 异质结二极管，它是 GaAs 激光器发射波长为 845 nm 的辐射有高速响应而设计的。GaAs 在此频段的吸收系数为 10 cm^{-1}，Ge 的吸收系数为 10^4 cm^{-1}，因此，入射光的大部分在 Ge 区中 1 μm 左右的区域内被吸收，光生载流子产生在结的附近，从而可以得到良好的高频响应。

须指出的是，如果异质结中两种半导体形成的能带不连续性较严重时，那么在结的较小禁带宽度一侧的少数载流子可能被阻止而不能渡越异质结，光电流将减小。另外，两种材料的晶格常数和热膨胀系数不完全匹配，势必会出现界面态和缺陷，成为光生载流子的复合中心，从而降低了光生载流子在耗尽区内或耗尽层附近区的有效寿命，因而使光电流减小。同时，满足以上两个要素外，还需采用可靠的异质外延生长方法，以保证得到界面完整的异质结。

2. 光电倍增管

光电倍增管建立在外光电效应、二次电子发射和电子光学理论基础上，并结合了高增益、低噪声、高频响应和大信号接收区等特征，是一种具有极高灵敏度和超快时间响应的光敏电真空器件，在紫外、可见和近红外区等区域工作。

光电倍增管由光电阴极 C、一系列倍增电极 D 和收集阳极 A 等主要部分密封在真空外壳中组成，如图 6.19 所示。光电极材料主要有锑化铯、氧化的银镁合金和氧化的铜铍合金等。在倍增极 D_1、D_2、D_3…和阳极 A 上依次加有逐渐增高的电压（差值范围一般为 100 V），且相邻两极之间的电压差应使二次发射系数大于 1。这样，光电阴极发射的电子在 D_1 电场的作用下以高速射向 D_2，产生更多的二次发射电子，于是这些电子又在 D_2 电场的作用下射向 D_3。这样，一般经十次以上倍增，

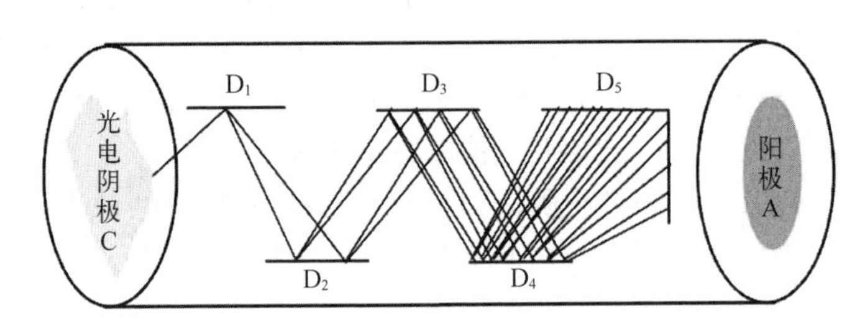

图 6.19 光电倍增管示意图

放大倍数可达 $10^8 \sim 10^{10}$。最后，在高电位的阳极收集到放大了的光电流。整个过程时间约 10^{-8} s(约为 10 ns)。输出电流和入射光子数成正比。电子倍增系统有聚焦型和非聚焦型两类。聚焦型的倍增电极把来自前一级的电子倍增后聚焦到下一级，两极之间可能发生电子束轨迹的交叉。非聚焦型又分为圆环瓦片式(也被称为鼠笼式)、直线瓦片式、盒栅式和百叶窗式等。

光电倍增管具有以下优缺点：

1）光谱响应宽，可覆盖紫外区域到近红外区域。

2）具有高电流增益和低噪声特性，是最灵敏的探测器之一，探测精度低于 10^{-19} W。

3）光电阴极尺寸可做得很大，从而可用作大面积信息传输。

4）灵敏度会由于强光照射或照射时间过长而降低，停止照射后可实现部分恢复，这种现象被称为“疲乏”。

5）光阴极表面各点灵敏度呈现不均匀性。

3. 光敏三极管

(1) 光敏三极管的工作原理

光敏三极管与普通三极管相似，都是由两个 pn 结组成，即发射结和集电结，具有电流放大作用。但不同的是，为了充分吸收光子，它有一个较大的受光面，从而降低了器件高频性能。

光敏三极管的结构示意图和能带图与普通三极管相似，这里不再做概述，只做其工作原理介绍。以 npn 管为例，在正常工作条件下，集电极加上相对于发射极的正向电压，基极开路时，集电极处于反向偏置。入射光子在基区和集电区将被吸收而产生电子-空穴对，空穴被集电结的电场扫到基区，形成光生电压，从而使得基极电位升高，类似于在发射结上加了正向电压，使发射结势垒降低，此时，将有大量的电子注入很薄的基区，并通过扩散很快运动到集电结附近，被结势垒的强电场扫过 pn 结，从 n 型集电区流出。因此在光照情况下，总的集电结的电流为

$$I_C = (1+\beta)(I_P + I_{CBO}) \tag{6.67}$$

式中，I_P 为集电结光电二极管的光生电流；I_{CBO} 为无光照作用时集电结反向饱和电流；β 为三极管共发射极直流电流放大系数。一般而言，$I_P \gg I_{CBO}$，因此，

$$I_C = (1+\beta)I_P$$

由此可见，光敏三极管的输出光电流比具有相同光照面积的光电二极管的输出光电流放大 β 倍。因此，光敏三极管相当于将基极-集电极组成的光电二极管的电流加以放大的普通晶体管放大器。

(2) 光敏三极管的主要性能参数及其设计考虑

1）灵敏度：光敏三极管的灵敏度是指单位入射(光照度或辐照度)所产生的

光电流值。主要有两种表示方式：

① 单色灵敏度。是指特定频率下，单位辐照功率所产生的光电流值。其单位为 A/W。单色灵敏度与波长的函数关系就是光谱灵敏度。

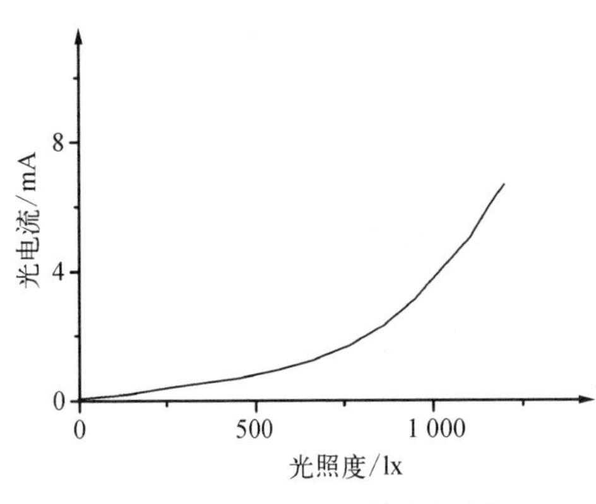

图 6.20 Si 光电三极管光电流与光照度之间的关系曲线

② 积分灵敏度。是指对一定色温的光源，在单位光通量（或照度）的条件下，光敏三极管的光电流值。其单位为 μA/lm 或 μA/lx。

单色灵敏度对光敏三极管的特性以及一些特殊的应用场合是很有用的，但其测量比较难，且测试设备较复杂。因此，在电子产业中，常采用恒定光照下的积分灵敏度。由于光源有一定的发射光谱，所以光敏三极管输出的光电流是各种波长作用综合作用的结果。图 6.20 所示为光电流与光照度之间的关系，也叫光敏三极管的输出特性曲线。

2）线性度：光敏器件的输出光电流与入射光强的关系并不是严格是线性的。但在一定的光照范围内，输出光电流与入射光强之间接近于线性关系，如图 6.20 所示。因此，我们引入“线性度”的概念，是指光敏器件的实际输出光电流与光强的关系曲线接近直线的程度，通常用非线性误差（或非线性因子）δ_f来描述，

$$\delta_f = \frac{\Delta_{\max}}{I_{L_2} - I_{L_1}} \tag{6.68}$$

式中，I_{L_1}和 I_{L_2}分别为入射光强 P_1和 P_2所对应的输出光电流值；$\Delta_{\max}$为实际曲线与拟合曲线之间的最大偏差。

一般而言，光电二极管有较宽广的线性范围。光照强度变化 8~10 个数量级，输出光电流仍保持良好的线性关系，但光敏三极管的线性范围小很多，当光强变化 3~5 个量级时，光电流值就出现明显的非线性特性。这是由光敏三极管的电流放大系数的非线性所造成的。光敏三极管的线性范围较小，所以比较适用于各种光电控制装置。不适用于辐射探测器，也不适用于光耦合器件。

为了改善光敏三极管的线性度，增大其线性工作范围，通常采用电阻率较低的基体材料，如 n/n^+或 p/p^+外延材料，以减小空间电荷限制效应的影响。另外，适当减小发射结面积，也可以在一定程度上改善其电流放大系数下降的趋势，以增大其线性范围。

3）响应时间：由于硅光敏三极管广泛应用于各种光电控制系统，通常工作在开关状态，即大信号工作状态。对于光脉冲信号，若硅光敏三极管的响应速度跟不

上光信号变化,它输出的电流脉冲会由于延迟而发生畸变。因此,响应时间是光敏三极管的重要特征参数之一。

4）温度特性：与普通三极管相似,温度对光敏三极管输出特性也有重大的影响。其中发射极-集电极反向电流 I_{CEO} 和电流放大系数 β 是对温度最为敏感的两个参数。图 6.21 所示为硅光敏三极管的反向漏电流和光电流随温度变化的关系曲线。当温度从 20℃变化到 100℃时,光电流几乎增大一倍,而反向漏电流也增加三个数量级的变化。因此,在小信号的情况下,温度升高使得 I_{CEO} 急剧增大,从而导致光敏三极管探测性能迅速下降和直流工作点的很大漂移。若在最坏的情况下,可能导致器件失效。所以在实际器件应用中,需注意工作环境的变化,以及在电路中采用的适当温度补偿措施。

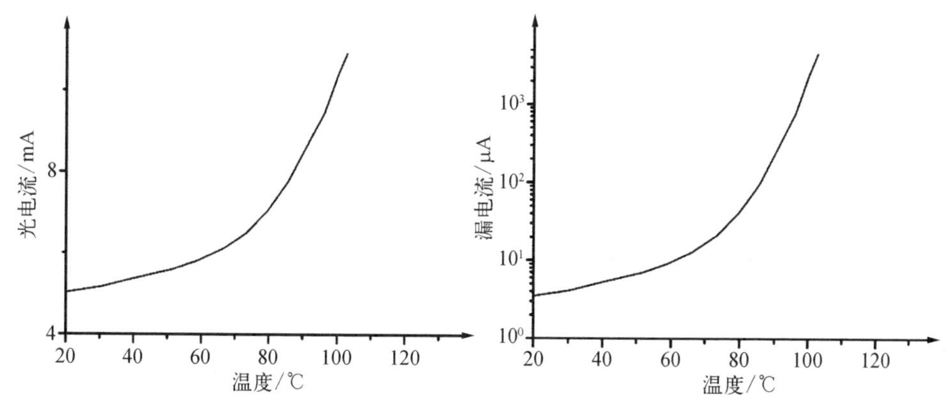

图 6.21　硅光敏三极管的光电流和反向漏电流随温度变化的关系曲线

6.4.6　新型光电探测器探索与原理

1. 多维度调控新型探测器

近年来,二维材料由于其独特的结构和物理特性受到广泛的关注和研究。其中关于二维材料在光电探测器领域的应用研究更是成为一大热点。与传统的光电探测材料相比,二维材料具有许多天然的优势：首先,二维材料由于其低维特性,可以极大地降低器件尺寸,进而降低功耗;其次,二维材料的带隙可以覆盖整个电磁波谱,并且其带隙宽度可以利用外加电场或应力等方式进行调节;最后,由于二维材料层与层之间靠微弱的范德瓦尔斯力相结合,当转移二维材料至其他衬底或者将不同的二维材料进行堆叠制备成异质结时,其界面不存在晶格失配的问题,这就使其非常容易制备针对某一特定功能的异质结器件。在整个二维材料家族中,以二硫化钼（MoS_2）为代表的过渡金属硫化物具有一定的带隙,如 MoS_2 的带隙宽度为 1.2~1.8 eV,不仅适用于逻辑电子器件,更适用于制备可见到近红外光电探测器。然而,此类材料作为光电探测应用时受限于背景载流子浓度,无法得到较低的暗电流，从而也就无法获得较高的光电探测率，通常为了降低器件暗电流，会采取外加电场等措施，这无疑增加了很大的额外功耗；另外，对于单一二维材料来说，其探测范围具有一定的局限性，如大多数过渡金属硫化物二维材料的中心响应波长基本都在可见光范围，基本无法实现高性能的红外探测。因此，为了能够最大限度地改善二维材料的光电探测性能，需要探索出新的途径来获取稳定的、高性能和低功耗的光电探测器。

针对以上问题，我们提出将铁电材料与二维材料相结合，制备高性能的场效应晶体管光电探测器。相比于其他二维材料场效应晶体管光电探测器，该方法具备以下几种优势：首先，当铁电材料极化后，极化电场作用在超薄的二维材料表面，通过调整极化方向可以增大二维材料与金属电极之间的势垒高度，获得较低的暗电流，进而提高器件的探测率；其次，在撤去外加电场后，利用铁电极化电场仍然可以保持的特点，使器件在工作时无须任何外加电场，仅施加一较小的源漏偏压来读取沟道电流即可，即实现最大限度地降低器件功耗的目的；最后，通过理论和实验两方面验证，铁电极化电场作用在二维材料表面时，会产生巨大的局域电场，在局域电场的作用下，二维材料的带隙可以被压缩，因此不仅实现了二维材料的带隙调控，更拓展了二维材料的探测波长。

具体地，我们首先制备了基于有机铁电聚合物聚偏二氟乙烯[P(VDF－TrFE)]的 MoS_2 场效应晶体管光电探测器[4]。P(VDF－TrFE)是一种传统的有机铁电材料，具有优异的介电性、铁电性、压电性、热释电性和柔性等特点。利用 P(VDF－TrFE)作为探测器的栅电介质，MoS_2 作为光电探测敏感元，器件结构如图 6.22(a)所示。在外加电场的作用下，可使 P(VDF－TrFE)处于两种极化态：极化向上(P_{up})和极化向下(P_{down})，撤去外加电场后，极化方向仍保持不变，仅在极化电场的作用下，MoS_2 和金属源漏电极的势垒高度被锁定，从而可使沟道电流处于某一恒定值。图 6.22(b)为 P(VDF－TrFE)处于不同状态时的光电响应数据，其中入射光波长为 635 nm、功率为 100 nW、频率为 0.5 Hz，当 P(VDF－TrFE)没有被极化时(Fresh)，MoS_2 具有一定的光响应，但由于缺乏电场的作用导致暗电流较大，致使光电流开关比不明显；当 P(VDF－TrFE)极化向下时，MoS_2 和金属源漏电极的势垒高度被拉低，电子可以很轻易地越过势垒被电极收集，导致沟道暗电流过大，甚至超过器件光电流，也就无法观测到光电响应；当 P(VDF－TrFE)极化向上时，MoS_2 和金属源漏电极的势垒高度被拉高，电子无法越过势垒，沟道电流可以维持在较低的水平，而在入射光照射时，所产生的光生载流子具有较高的能量可以越过势垒被电极所收集，因此获得较大的光电流以及明显的光电流开关比($>10^3$)。器件在工作时无须外加电场，在极化电场作用下仅需施加 0.1 V 的源漏偏压即可。在 P(VDF－TrFE)向上的极化电场作用下，器件的响应率可达 2 570 A/W，探测率可达 2.2×10^{12} Jones(1 Jones = 1 cm · $H_2^{1/2}$/W)。由实验结果可知，P(VDF－TrFE)剩余极化所产生的极化强度约 7 μC/cm^2，作用在超薄的 MoS_2 表面时，所产生的局域电场可达

10^9 V/m。该局域电场不仅可以抑制 MoS_2 的暗电流,同时还可以调控 MoS_2 的能带结构,将 MoS_2 的带隙压缩,从而拓展器件的探测范围。在本工作中,MoS_2 的探测波长由 850 nm 拓展到 1 550 nm,如图 6.22(c)所示。

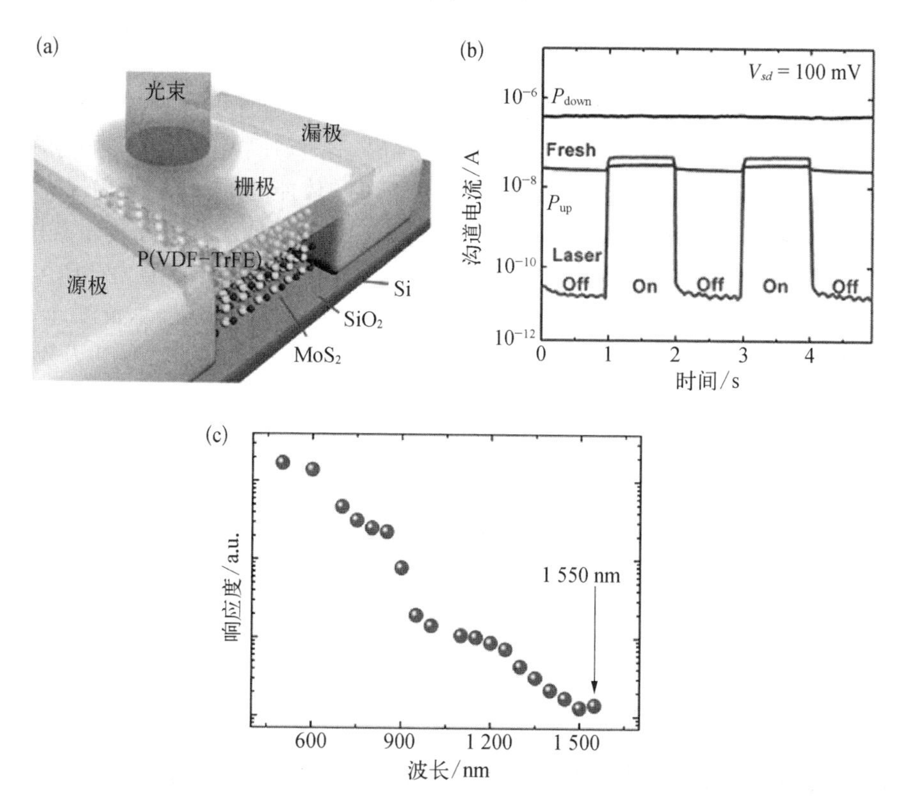

图 6.22 (a) P(VDF-TrFE)作为探测器的栅电介质,MoS_2 作为光电探测敏感元的器件结构示意图;(b) P(VDF-TrFE)处于不同状态时的光电响应特性;(c) 频谱响应率特性[4]

基于该思想,我们开展了一系列基于铁电有机聚合物的二维材料光电探测器研究,其中包括聚偏三氟乙烯[P(VDF-TrFE-CFE)/MoS_2]光电探测器、P(VDF-TrFE)/$MoTe_2$ 光电探测器、P(VDF-TrFE)/In_2Se_3 光电探测器、P(VDF-TrFE)/GaSe 光电探测器等[5-8]。研究发现,有机铁电聚合物与二维材料相结合,可以有效地改善大多数的二维材料光电性能,是一种普适性的方法。

随着光电子科技的不断发展,器件的尺寸也在不断缩小,通过不断降低器件尺寸,可以有效地降低系统功耗。实验证明,该方法同样适用于一维纳米线半导体,不仅可以调控纳米线的电学性能,更能够大幅度提高纳米线对光的敏感程度[7,8]。因此,基于铁电极化电场调控低维材料的光电特性的方法具有一定的普适性,利用该方法可以制备出高响应率、高灵敏度、宽波段的低维材料光电探测器,同时极大地提高了低维材料的光电探测能力。

2. 太赫兹波新型探测器件

光电探测器在射线测量和探测、工业自动控制及光度计量等国民经济领域，以及在红外导弹制导、红外热成像及红外遥感等军事领域具有广泛的用途。另外，伴随器件的多功能化发展需求，探索和发展新型探测器和新理论仍是探测器领域研究的前沿热点。

传统半导体基探测器，为了激发光电子，入射光光子能量必须高于半导体的能隙。而上海技术物理研究所研究员黄志明等提出一条新途径[9]，他们利用金属-半导体-金属（MSM）构成的阱结构，在室温且低于半导体能隙的情况下，实现对于太赫兹波的探测。现将其工作原理做一简要介绍。图6.23所示为其结构示意图，其中半导体选用窄禁带 $Cd_xHg_{1-x}Te$［MCT，组分 x 为 0.225，对于能隙为 202.5 meV（48.91 THz）］半导体，金属端为 Au，图中 d 表示半导体膜厚度，a 表示长度，w 表示宽度，则沿 x 方向［图6.23(a)］时间相关的电磁波纵向磁波的反对称电场分量的表达式为

$$E_x = E_1\sin(\pi x/a)\exp\left(-z\sqrt{\varepsilon_r}\sqrt{(\pi/a)^2+k_0^2}-\mathrm{i}\omega t\right) \tag{6.69}$$

式中，E_1是增强电场的幅值；ε_r 为半导体材料的相对介电常数；$k_0=\omega/c_0$ 是自由空间中的波矢；ω 为入射光的角频率；c_0为自由空间中光速。根据 $E_x = \nabla_x\varphi$ 关系式，方程(6.69)可求出如图6.23(c)所示的对称势，其表达式为

$$\varphi = \varphi_1\sin(\pi x/a)\exp\left(-z\sqrt{\varepsilon_r}\sqrt{(\pi/a)^2+k_0^2}-\mathrm{i}\omega t\right)+C \tag{6.70}$$

式中，φ_1是势垒高度的幅值。由方程(6.70)可知，势垒随着 ac 因子 $\exp(-\mathrm{i}\omega t)$变化而变化。也就是，在半个周期内，入射光的反对称电场会诱导势阱的形成，从而金属两端的电子会加速进入并聚集在半导体势阱中。但在另外半个周期内，光入射会产生势垒。与此同时，紧随其后的反向电场在第一个周期内将极大抑制电子的漂移运动。因此，势垒层将阻止电子从电极一端漂移到另外一端，且有助于电子维持在势阱中运动，最终，源于金属电极中的电子限制在电磁波诱导的势阱中。半导体中的电子浓度发生改变，从而导致其阻值发生变化。这里需要注意的是，如果势垒首先在半个周期内形成的话，同样的结果在 MSM 结构中也会实现，源于金属电子浓度比半导体的电子浓度高 7 个量级，经过一个或几个周期的光照射后，势阱中仍然能产生电子。因此，我们仅考虑方程(6.70)中时间相关因子 $\exp(-\mathrm{i}\omega t)$ 中的半个周期以实现在诱发势阱中电子的集聚。此外，阱深沿着 z 轴方向减小，如图6.23(c)所示。

根据达朗贝尔方程式 $\nabla^2\varphi-\varepsilon_0\mu_0\partial^2\varphi/\partial^2 t=-\rho_e/\varepsilon_0$（$\varepsilon_0$和$\mu_0$分别是真空介电常数，$\rho_e$为再生电子密度），并在 x 和 z 轴方向上进行积分，可得到平均电子密度 $\overline{\rho_0}$。最后，根据 $\overline{\rho_0}=\Delta n\cdot(-q)$，半导体中电子浓度的变化可表示为

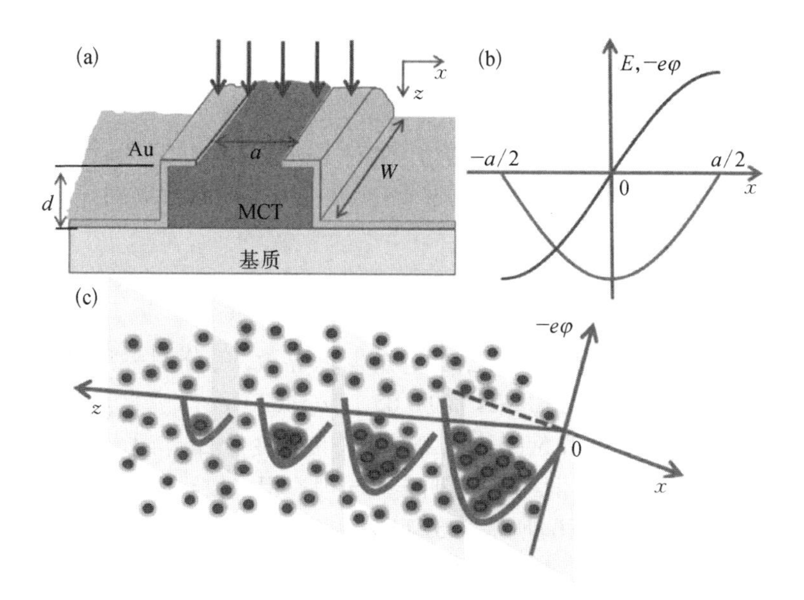

图 6.23 (a) MSM 结构示意图;(b) 反对称电场(暗灰线)和势阱 $e\varphi$(绿线)沿 x 方向的变化曲线;(c) 限制在诱导势阱中额外电子(蓝点)沿 z 轴方向的分部情况(绿线),红色点为半导体本征载流子[9]
(彩图见二维码)

$$\Delta n = \frac{4\epsilon_0 a E_1}{\pi^3 q d\sqrt{\varepsilon_r}}\sqrt{(\pi/a)^2 - k_0^2[1-\exp(-d\sqrt{\varepsilon_r}\sqrt{(\pi/a)^2-k_0^2})]} \quad (6.71)$$

对于光照密度为 φ_s 的光束而言,其场强 E_0 和功率 P 的幅值可分别表示为 $E_0 = \varphi_s hc_0/q\lambda^2$ 和 $P=\varphi_s hc_0^2/\lambda^2$,其中 h 和 λ 分别是普朗克常数和入射光波的波长。此外,若 $E_1=\eta E_0$,其中 η 为空间中电场增强因子,其值取决于边界条件(如 $a=30\,\mu\text{m}$,对于 0.037 5 的太赫兹波,其值为 42 000),可表示为 $\eta = \left|\frac{\epsilon(\omega)\sqrt{\mu_0\varepsilon_0 k_0^2-(\pi/a)^2}}{\sqrt{\varepsilon(\omega)\mu_0\varepsilon_0 k_0^2-(\pi/a)^2}}\right|$,这里 $\varepsilon(\omega)$ 为金属的相对介电常数。因此,电子浓度的变化可进一步描述为

$$\Delta n = \frac{4\epsilon_0 a\eta P}{\pi^3 q^2 c_0 d\sqrt{\varepsilon_r}}\sqrt{(\pi/a)^2-k_0^2}\,[1-\exp(-d\sqrt{\epsilon_r})\sqrt{(\pi/a)^2-k_0^2}\,] \quad (6.72)$$

由方程(6.72)可知,当入射光的波长大于两倍的 MSM 结构中 a 的值时,将会诱导出额外光生载流子。对于具有一定值迁移率半导体而言,其电阻变化 ΔR 可表示为[10]

$$\Delta R = \frac{-(\mu_e \Delta n + \mu_h \Delta h)}{q(\mu_e n + \mu_h h)^2} \cdot \frac{a}{Wd} \tag{6.73}$$

其中，n 和 h 分别是电子和空穴浓度；μ_e和 μ_h分别为电子和空穴迁移率；Δ_h为空穴浓度改变量。当 $V_{out} = I\Delta R$（I 是偏置电流）时，且同时考虑到 $\mu_e > \mu_h$，$n > h$，则

$$\Delta n = -n^2 q\mu_e WdV_{out}/(Ia) \tag{6.74}$$

为了演示低于半导体能隙时，发生光生电导效应，分别采用 0.037 5 THz（0.115 meV）、0.075 THz（0.310 meV）和 0.05 THz（0.620 meV）三束光进行实验。图 6.24（a）给出了频率为 0.037 5 THz 时，载流子浓度改变量 Δn 与不同激发功率的依赖关系，实线为方程（6.72）的结果，表明实验与理论相一致。插图所示为光生电势的响应输出信号。图 6.24（b）所示为 52 kHz 重复频率，10 GHz 脉冲光辐照的光生响应输出信号。图 6.24（c）表明其响应时间可达 1 μs 左右。

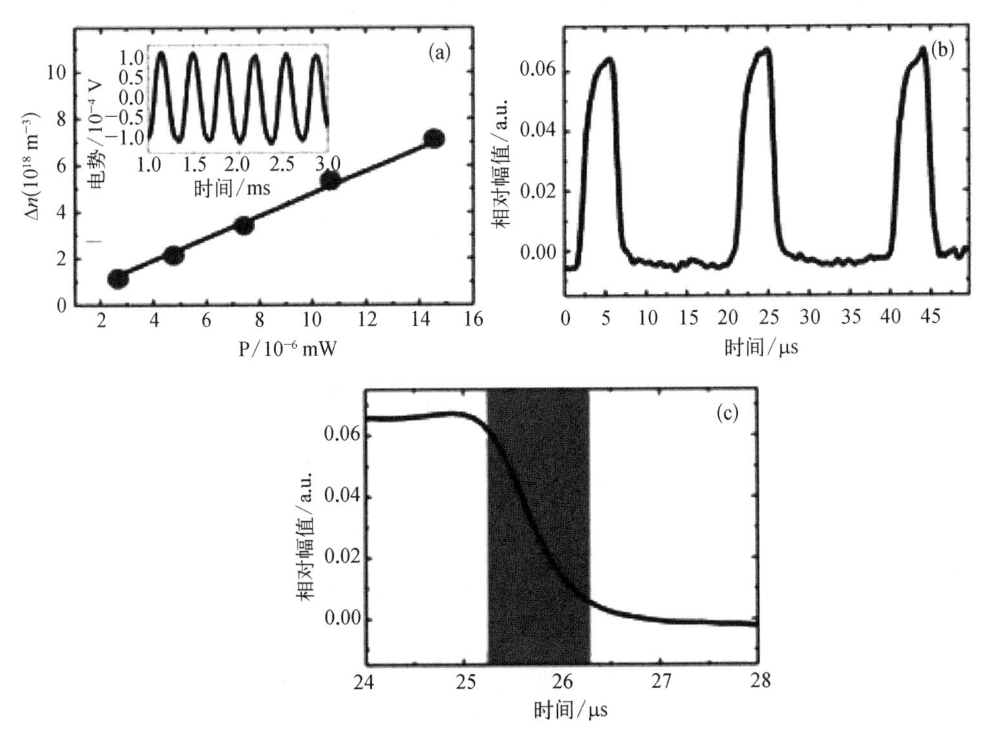

图 6.24 （a）载流子浓度改变量 Δn 与激发功率之间的关系图，插图为光生电势响应输出信号；（b）10 GHz 脉冲光辐照的光生响应输出信号；（c）响应时间[9]

3. 柔性光电探测器

近年，伴随着便携、可移植、可折叠、可穿戴等概念的兴起，研究人员发展了多

种剥离转移技术和柔性衬底上的生长技术。但柔性衬底是非晶无序晶体结构，难以满足高温需求，更不能达到外延要求。另外，已发展的化学、激光和机械等剥离技术实现了外延层的转移，成功应用于若干电子器件、光电器件和能源转换器件的研制，但“暴力性、破坏性”等问题凸显，仍存在质量恶化、尺寸受限以及冗长的工艺制成等需解决的技术瓶颈。

随着二维(2D)材料的日新月异，范德瓦尔斯外延(van der Waals epitaxy, vdWE)成为异质外延中最为值得关注的方向。vdWE 概念最早由 Koma 等[11]提出，有如下特点：① 2D 材料作为衬底或中间层彻底摒弃了外延层与衬底之间苛刻的晶格匹配要求，可实现失配度超过 60%的外延，故可选择不同衬底以满足光学、电学及散热等功能的需求；② 层间弱范德瓦尔斯力作用使得外延层易于剥离，解决了传统剥离技术的“暴力性、破坏性”问题，实现衬底重复使用，晶体质量提升及工艺制成缩减，促进微电子器件、光电子器件和智能微系统异质集成满足固态电子器件小型化、集成化和智能化的发展趋势。由此可见，vdWE 如若能取得突破，将革新传统异质外延技术和剥离技术，实现在任意衬底上外延高质量薄膜和人工结构。但 2D 材料表面无悬挂键和极低的表面能，vdWE 通常是团簇或纳米形态，故要实现 sp^3共价成键的半导体在 sp^2范德瓦尔斯成键的 2D 材料上连续成膜具有巨大挑战但更是机遇。Lian 等[12]采用分子束外延技术实现了 CdTe 在云母上的大面积单晶薄膜的 vdWE 生长。外延薄膜具有原子级的平整度表面和超高的薄膜晶体质量[如 120 nm 厚的薄膜的 XRD 摇摆曲线的半高宽仅为 0.05°，远小于通过传统外延方式获得的同厚度薄膜的半峰宽，如图 6.25(a)~(d)所示]，并研制成具有最高响应率(834 A/W)和探测率(2.4×10^{14} Jones)的柔性高性能光电探测器，见图 6.25(e)[12]，表明了 vdWE 技术在薄膜制备、结构设计、光电器件研制等方面的研究价值和应用潜力。

6.5　自旋光电器件

1990 年，Datta 和 Das 提出了自旋场效应晶体管这一新型电子器件。在自旋场效应晶体管中，信息的载体是电子的另一内部特性——自旋，自旋极化的载流子从“源极”注入半导体材料，在载流子输运的过程中通过外加偏压实现对自旋的调控，自旋极化的载流子到达“漏极”后，如果自旋极化方向与漏极铁磁材料的极化方向相同，则实现“开”的状态，反之则是“关”的状态。在这一器件中，用铁磁材料做“源”和“漏”以实现自旋极化载流子的注入和探测，而自旋的输运主要在半导体材料中进行，而且在输运过程中通过调控自旋来实现晶体管器件的“开”与“关”。在自旋场效应晶体管中，操纵自旋特性需要的能量在 meV 量级。利用自旋特性工作的新型自旋电子器件具有能耗低、非挥发性、数据存储速度快、集成密度高等优良特性。

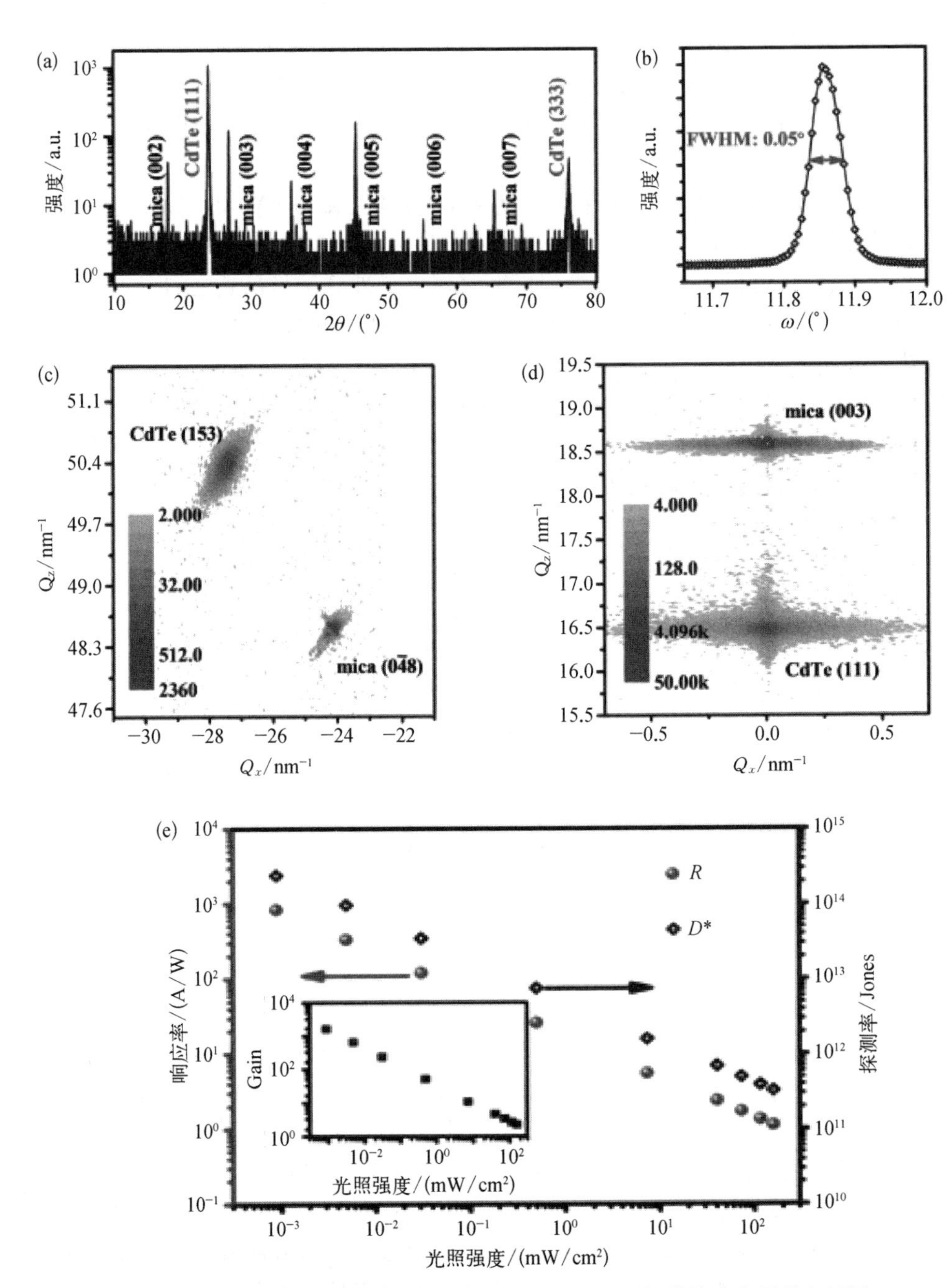

图 6.25 (a)~(d)为 CdTe/Mica 外延体系的 XRD 图,摇摆曲线区和倒易空间图;(e) CdTe/Mica 外延体系光电探测器的特征参数与光照强度的关系图[12]（彩图见二维码）

参考文献

[1] Kasap S O.光电子学与光子学：原理与实践[M].罗风光，译.北京：电子工业出版社，2016.

[2] Yue F Y, Tomm J, Kruschke D, et al. Stimulated emission from PbS quantum dots in glass matrix [J]. Laser Photonics Rev., 2013, 7: L1.

[3] Yue F Y. Tomm J, Detlef K, et al. Temperature dependence of the fundamental excitonic resonance in lead-salt quantum dots [J]. Appl. Phys. Lett., 2015, 107: 022106.

[4] Wang X, Wang P, Wang J, et al. Ultrasensitive and broadband MoS_2 photodetector driven by ferroelectrics [J]. Advanced Materials, 2015, 27(42): 6575.

[5] Chen Y, Wang X, Wang P, et al. Optoelectronic properties of few-layer MoS_2 FET gated by ferroelectric relaxor polymer [J]. ACS Applied Material & Interfaces, 2016, 8: 32083 - 32087.

[6] Huang H, Wang X, Wang P, et al. Ferroelectric polymer tuned two dimensional layered $MoTe_2$ photodetector [J]. RSC Advances, 2016, 6(90): 87416.

[7] Zheng D, Wang J, Hu W, et al. When nanowires meet ultrahigh ferroelectric field-high-performance full-depleted nanowire photodetectors [J]. Nano Letters, 2016, 16(4): 2548.

[8] Zheng D, Fang H, Wang P, et al. High-performance ferroelectric polymer side-gated CdS nanowire ultraviolet photodetectors [J]. Adv. Funct. Mate., 2016, 26(42): 7690.

[9] Huang M, Tong J C, Huang J G, et al. Room-temperature photoconductivity far below the semiconductor bandgap [J]. Adv. Mater., 2014, 26: 6594.

[10] Donald A N. Semiconductor physics and devices: Basic principles [M]. 3rd ed. New York: McGraw-Hill Higher Education, 2002.

[11] Koma A, Sunouchi K, Miyajima T. Fabrication and characterization of heterostructures with subnanometer thickness [J]. Microelectron.Eng., 1984, 2: 129.

[12] Lian Q, Zhu X, Wang X, et al. Ultrahigh-detectivity photodetectors with van der Waals epitaxial CdTe single-crystalline films [J]. Small, 2019, 15: 1900236.

第7章

智能化光电功能系统

当今社会是高度信息化的社会，信息科学与技术的应用大大推动了社会生产力史无前例地发展。前期，人们把电子作为信息和能量的载体。20世纪下半叶以半导体物理为基础的微电子集成电路成为当代计算机与信息技术的基石。然而随着微电子集成电路中单元器件的尺寸不断缩小，其也即将接近物理极限。这时，电子作为信息载体的功能将出现瓶颈效应。众所周知，在周围的世界中任何过程和现象都会直接或间接地伴随着电磁辐射即光子。这些电磁辐射载荷了诸多随时间变化或空间分布的光学信息，如强度信息、位置信息、光谱信息、偏振信息等。与其他信息载体相比较，光学信息具有信息容量丰富、可占据着宽阔的光学频段范围，同时可以被多参量、并行、高速地处理的特点。因此，利用光子作为信息和能量的载体可以进一步将信息高科技推向超高速度和超大容量的宽带范畴。这是信息科学发展的主流方向之一。由于光子芯片的运作仍需要微电子集成电路的操控和支持，从而电子技术和光子技术便交互融合到一体，形成形形色色的光电系统。

通常的光电系统主要包括两类，即光电信息系统和光电能量系统。前者通过光电转换进行信息的加工和处理；后者则是对光电能量进行相互转换并对能量加以控制和利用。下面就这两类光电系统做一个介绍。

7.1 光电信息获取转换系统

光电信息系统指利用光电相互变换，通过光学或电子学的方法对以光子和电子流为载体的信息进行传输、采集、处理、存储或显示的混合系统。光纤通信、红外遥感、光电精确制导系统等就是典型的光电信息转换系统。

光电信息转换系统的核心在于前面一章所介绍过的各种有源或无源的光电子器件。一方面需要将各种光学参量或其随时间、空间的分布转换为电学信号及电学信号的时序分布的器件，即光-电转换器件，如各种光敏元件和摄像器件等；另一方面也需要将电学参量转换为光量或者电调制的光波束特性的器件，即电-光转换器件，如各种电致发光器件、激光器、空间调制器、显示器件等。这两大类的光电子器件与相关的光机系统和电子系统便组成了形形色色的光电信息转换系统，见图 7.1。

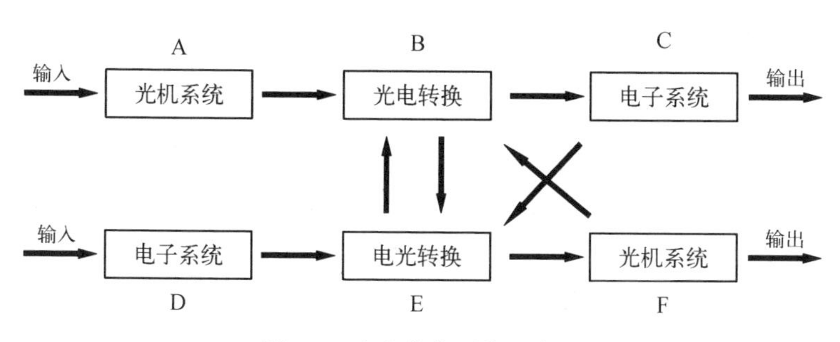

图 7.1　光电信息系统示意图

通常光电信息系统根据其信号转换的类型和处理过程可以分成下列几类：① 光-电型：如图 7.1 中 ABC 途径所示，被研究信息的光载波通过光电转换系统转变成电信号，然后通过常规的电信号处理来实现对研究对象的检测或控制的系统。这是最为常见的光电转换系统，红外遥感、光电精确制导和光电检测就是典型的光-电型系统。② 电-光-电型：如图 7.1 中 DEFBC 途径所示。将电信号通过电光变换成可在光路中传输的光信号，然后再经过光电变换为电信号后进行处理或输出。该型系统典型地应用在光纤通信领域。③ 光-电-光型：如图 7.1 中 ABCEF 途径所示。光学信号经过光电转换后成为电信号，经过电子系统处理后再通过电光转换还原成光学信号输出。这种系统常应用于电视技术中摄像及光盘的录制和再现等。④ 电光混合型：见途径 BE。这种系统主要着眼于电路元件的“光子化”，即利用光学的方法来实现电子电路系统的元器件的基本功能。⑤ 光电混合型：如途径 EB 所示。这一系统将传统的光路变为有源可控和集成光路从而实现光路器件的有源化和封闭的光束网络。后两种混合型光电系统光学技术的根本变革，是未来光电技术的发展方向。例如，我们可以利用光双稳态现象在半导体材料上制备新型信息处理元件，从而有可能实现光电混合型或全光子计算机；利用集成了电光效应和光学信息处理的集成光学器件、光波导器件可将二维、高速、大空间带宽积的光学信息与高灵活性和精密度的电子计算机技术相结合从而构成光电混合信息处理系统，其已成为光通信中新的处理单元。下面我们对几种典型常见的光电信息转换系统做一个详细的介绍。

7.1.1　红外遥感

红外遥感是利用红外光敏、热敏传感器件来探测目标的红外辐射从而获取目标相关信息的一种遥感手段。由于目标物体时刻辐射着红外线且红外线具有很强的云层穿透能力，所以红外遥感具有不受暗夜限制和穿透云雾的优点。正因为如此，红外遥感已经广泛应用于天气预报、地球勘探、农业生产、环境监测以及军事侦察等诸多领域。通常其利用飞机、卫星等运载工具将红外传感器带到空中或者太空去探测和记录地表上各种目标发射和反射的红外辐射信号并对这些信号进行计算机图像处理和分析，从而获得这些目标的相关信息。

红外探测器是红外热成像仪的关键组成部分。红外探测器的发展主要经历了三个阶段，红外成像系统也随之发展至第三代：第一代红外探测器主要以单元或多元探测器为主，像元规模小于100，通过光机串/并机械扫描成像；第二代红外探测器主要分为两类，可用于扫描成像、具有时间延迟积分(TDI)功能的线列焦平面探测器和可用于凝视成像的面阵焦平面探测器，探测器的像元规模为10万左右，如320×256或384×288规格；第三代红外探测器与前一代相比具有更好的性能，如更多的像素数、更高的热分辨率、更高的帧速率，具有多色和其他片上信号处理功能[1]，探测器的像元规模达到1 024×1 024及以上，可在高温或非制冷条件下工作。

根据红外探测器的成像方式，红外遥感成像可分为单元探测器、线列探测器光机扫描成像、面阵探测器凝视成像、大面阵探测器拼接成像等，下文将分光机扫描型和焦平面凝视型做简要介绍。

1. 光机扫描型热成像仪

首先介绍一下工作原理及系统构成。光机扫描型热成像仪采用红外光机系统对被测目标进行空间扫描，然后利用探测器接收瞬时视场里的目标光辐射信号，从而转换成时序电信号。电信号经过进一步的放大和处理，获得目标的热图。

光机扫描型热成像仪主要由以下几部分构成：光学系统、光机扫描系统、红外探测器、前置放大器、信号处理器和显示器。它的基本构成原理方框图如图7.2所示。

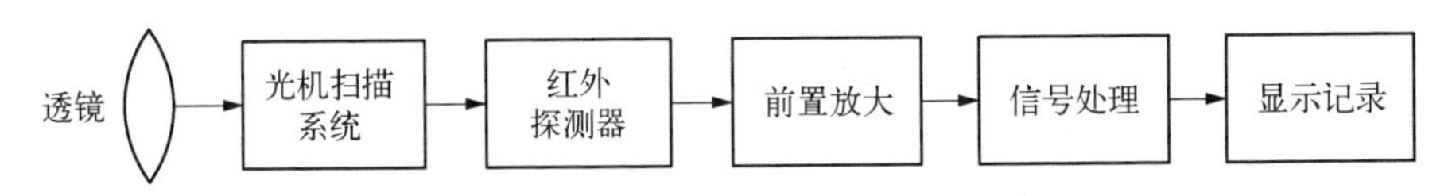

图7.2　光机扫描型热成像仪基本构成原理框图

其中，光学系统(透镜)用于接收被测物体的红外辐射，根据视场大小和像质的要求而由不同红外光学透镜组成，起着对红外辐射汇聚、滤波和聚焦等作用；光机扫描机构将被测物体观测面上各点的红外辐射通量按时间顺序排列；红外探测器能量(或信息)转换器，可以把红外辐射转换成电信号；前置放大器将红外探测器输出的微弱信号放大；信号处理器将被测物体反映出的电信号处理转换成视频信号；显示器采用CRT显示器或电视兼容的监视器，用于显示被测物体的热图像；记录装置记录被测物体的热图像，可以使用磁带、磁卡和各种照相设施；外围辅助装置包括电源、同步装置、图像处理系统等。

其次介绍一下光机扫描系统。

一种是单元探测器两维扫描。在红外热成像仪设计中,单元探测器由于遥感光学系统视场范围通常较小,为了扩大视场覆盖范围,需要对目标进行光机二维扫描,通过水平扫描和垂直扫描完成二维成像。图 7.3 为二维光机扫描系统,从图中可以看出,其采用多面体转鼓进行水平扫描,驱动器按照一定转速控制转鼓不断绕轴旋转,每旋转一个反射面,探测器输出一行扫描线;通过控制平面反射镜旋转进行垂直扫描,摆镜旋转一定角度后,转鼓转过另一个反射面,则像空间内探测器输出另一条扫描线。这样通过转鼓的旋转和摆镜的往复运动,探测器在像空间输出目标的一幅幅完整图像[2]。

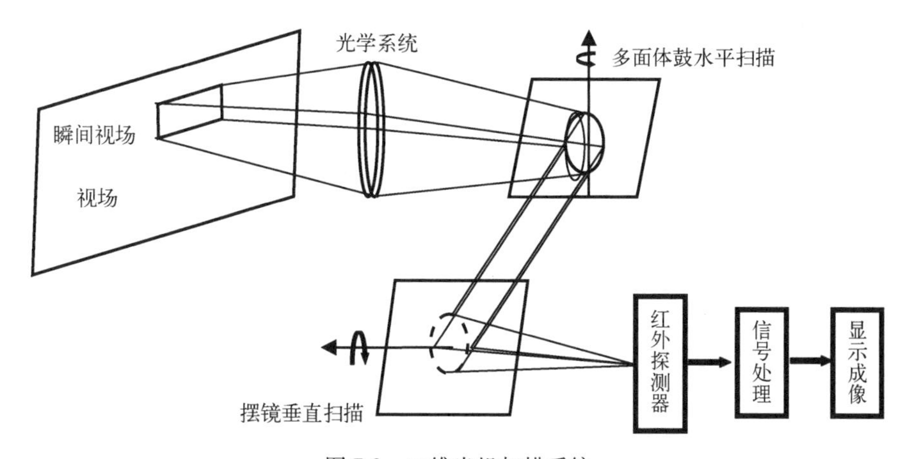

图 7.3 二维光机扫描系统

我国风云二号静止气象卫星上搭载的多通道扫描辐射计就采用这种探测器点源二维扫描方式进行对地遥感探测。其望远镜系统的主光轴垂直于卫星自旋轴,利用卫星自旋实现辐射计和望远镜自北向南的步进实现对地球的全圆盘二维扫描成像,卫星对地扫描示意图如图 7.4 所示[3]。

另一种是线列探测器一维扫描。线列探测器通常采用一维光机扫描。在线列红外光学扫描成像系统中,利用光学镜头和转台的机械运动使探测器对目标扫描成像,可将扫描方式分为推扫和摆扫。一维光机系统推扫成像方式可见图 7.5,探测器通过光机对目标逐行扫描实现穿轨迹方向成像,随着飞行平台的运动实现沿轨迹方向扫描成像,最后形成完整二维图像[2]。目前,SPOT、QuickBird、IKONOS、Worldview、GeoEYE、Landsat 8、Landsat 9、ZY02、ZY03 等均采用线列推扫方式实现对地成像。推扫成像方式技术成熟,像质稳定,配合 TDI CCD 技术能够实现较长的积分时间。一维光机系统摆扫成像方式如图 7.6 所示,摆扫方式通过扫描镜左右摆扫和卫星平台向前运动实现穿轨迹方向成像,比如旋转 45°镜扫描、摆镜扫描等方式[2]。Landsat 7、Modis 等均采用摆扫方式实现对地成像。相对而言,摆扫成像能够获得更大的成像幅宽,可以有效减少卫星重访时间,但由于摆扫系统复杂,控制难度较大,技术要求高,实际系统应用较少。

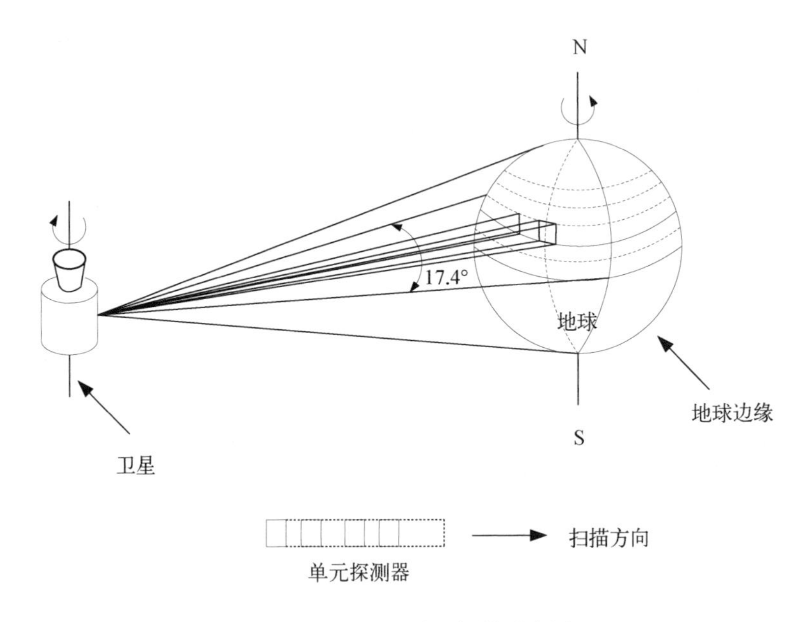

图 7.4 卫星对地扫描示意图

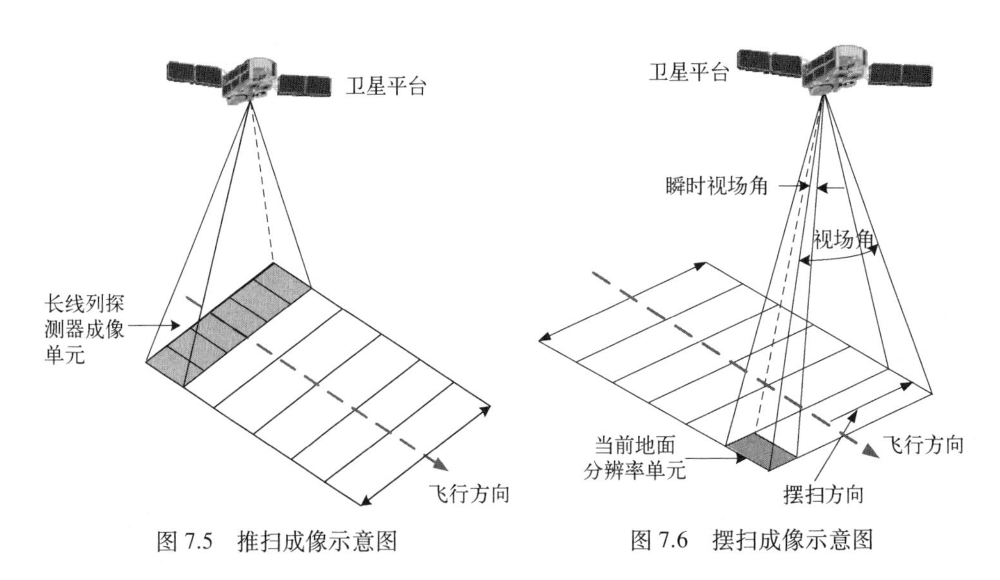

图 7.5 推扫成像示意图

图 7.6 摆扫成像示意图

再介绍一下两维指向镜面阵探测器。

对于小规模面阵探测器，由于光学系统视场范围较小，为了扩大视场覆盖范围，常采用二维指向镜进行二维扫描。二维指向镜可绕扫描镜的俯仰轴、方位轴转动扩大扫描视场，也称搜索视场，其扫描轨迹是视轴与物面交点的运动轨迹。图 7.7 所示为焦平面探测器采用二维指向镜扩大观测视场示意图。

光机扫描型热成像仪有如下特点：

(1) 热灵敏度和空间截止频率高

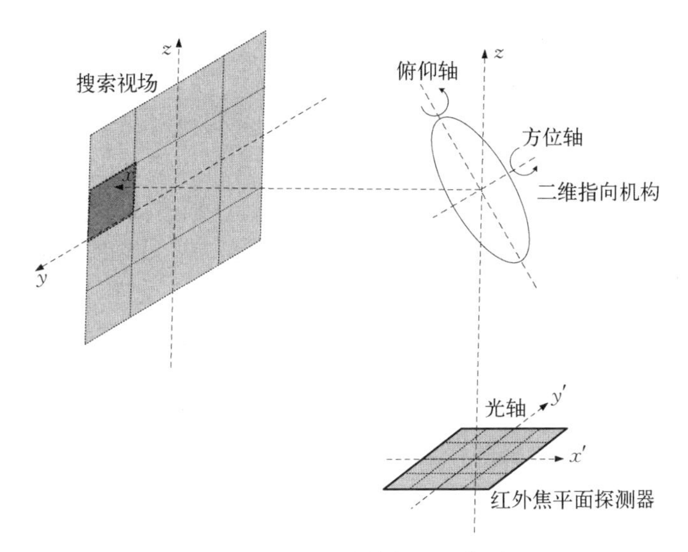

图 7.7 二维指向镜扫描示意图

由于光学成像受到衍射的限制,当热像仪的光学系统达到衍射极限后,空间截止频率由探测器决定。探测器的空间分辨率通常用瞬时视场角(IFOV)表示,瞬时视场角越小,空间分辨率越高:

$$\beta = \frac{d}{f} \tag{7.1}$$

式中,β 为瞬时视场角(IFOV),rad; d 为像元间距,μm; f 为焦距,mm。根据式(7.1)可知,探测器的空间截止频率由探测元的中心距离决定。由于扫描型探测器行与行探测元的中心距离可以通过错开排列不断减小至零,因而可大大提高空间截止频率。

探测器的热灵敏度可通过增加参加时间延迟积分(TDI)的探测元数量而提高,因此扫描型探测器的热灵敏度和空间分辨率得以很好的平衡[3]。

(2) 数量较少的探测元通过扫描可以获得高分辨率的热图像

在热成像系统设计中,可通过线列焦平面探测器进行光机扫描获得某一方向上的极大视场,且具有较高空间分辨力。如图 7.8 所示,采用多个线列焦平面探测器可在某一方向(如水平方向)上进行"无缝拼接"[3]。探测元通过列阵错位精确对准,可直接扫描出无缝图像。而凝视型焦平面探测器则无法做到"无缝拼接",需要

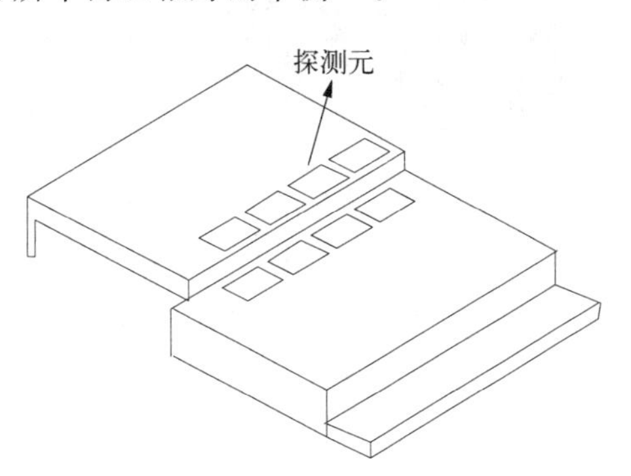

图 7.8 线列焦平面探测器芯片"无缝"拼接示意图

后期进行图像处理去除缝隙。

2. 红外焦平面凝视型热成像仪

基本原理如图 7.9 所示，在系统视场覆盖范围内，利用红外焦平面的每个像元与目标中每个微面元一一对应方式获取二维热像图的成像方式被称为红外焦平面阵列成像。“凝视”是指红外焦平面探测器响应目标辐射能量的时间相比读取阵列中每个探测元响应信号所需的时间较长，探测器“看”目标的时间很长，而读取每个探测器响应所需的时间很短，即“久视快取”就称为“凝视”[4]。目前已经可以研制出红外焦平面器件即红外探测器二维阵列，这样就可以把被测目标每一微面元的红外辐射与红外焦平面单元像元一一对应，从而可以转换成二维电荷图像，再利用 CCD 自扫描技术，输出一维时序电信号，经过处理后，输出目标二维热像图。这种系统可以利用所有入射的红外光子，所以其具有很高的温度分辨率和热灵敏度。图 7.10 所示为红外焦平面凝视型热成像仪。

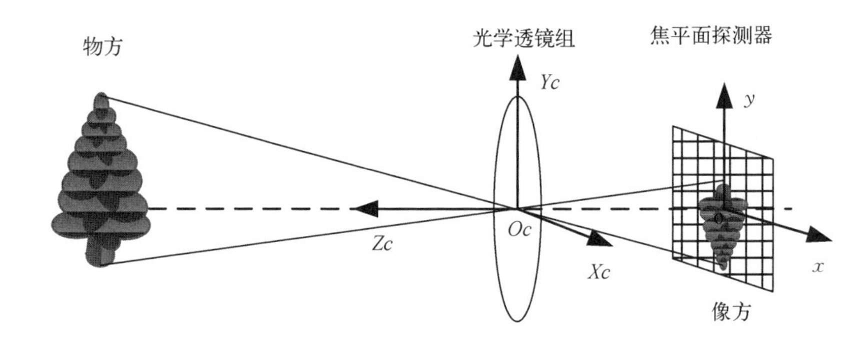

图 7.9　红外焦平面凝视成像示意图

图 7.10　红外焦平面凝视型热成像仪

系统构成由探测需求而定。随着红外遥感技术对探测目标的空间分辨率、时间分辨率、灵敏度、动态范围、谱段特性等要求的提高，红外焦平面凝视成像技术已经受到世界各国的普遍重视。凝视型红外焦平面遥感仪器具有时间分辨率高，单元积分时间长，传输信息量大及无须复杂的光机扫描部件即可实现面阵成像的特点，在对地观测及空天动目标探测领域得到了广泛的应用。以下对红外焦平面凝视相机系统做简要介绍。

如图 7.11 所示，红外焦平面凝视相机系统主要由红外光学系统、红外焦平面探测器阵列、信号放大及处理系统(电子学系统)、机械系统、热控系统及显示系统组成。

(1) 红外光学系统

红外光学系统在视线方向接收来自目标的辐射能量，并通过透镜组将目标成

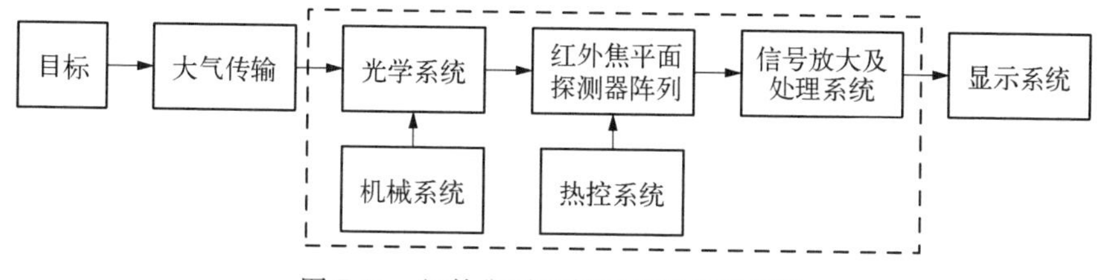

图7.11　红外焦平面凝视相机系统框图

像在探测器焦平面上。根据普朗克公式,目标辐射能量在 $\lambda_1 \sim \lambda_2$ 波段中为

$$W_\lambda = \int_{\lambda_1}^{\lambda_2} c_1 \lambda^{-5} \left[\exp\left(\frac{c_2}{\lambda T} \right) - 1 \right]^{-1} \mathrm{d}\lambda \tag{7.2}$$

式中,第一辐射常数 $c_1 = 2\pi hc^2 = 3.741\,5 \times 10^4\ \mathrm{W \cdot cm^{-2} \cdot \mu m^4}$;第二辐射常数 $c_2 = ch/k = 1.438\,79 \times 10^4\ \mu\mathrm{m \cdot K}$;$T$ 为温度;λ 为波长;W_λ 为波段辐射出射度。

由于红外辐射的特有性能,红外辐射源的辐射波段多位于1 μm以上的不可见区域,普通光学玻璃材料对2.5 μm以上的光波不透明,在现有的可透过红外波段的材料中,只有锗、硅等材料具有所需的机械性能并能得到一定的尺寸,这大大限制了透镜系统在红外光学系统设计中的应用。目前,常用的红外光学系统结构一般可分为反射式、折射式(透射式)及折返式三种。通常情况下,为了探测远距离的微弱目标,红外光学系统的口径一般较大。对于长波段的红外光学系统还需考虑衍射极限的影响。总之,对于红外光学系统的设计不仅要考虑材料性能的制约,也要权衡仪器尺寸、分辨率、视场等参数的要求。

(2) 红外焦平面探测器阵列

目前,红外焦平面探测器主要包括两类:制冷型红外焦平面探测器和非制冷型红外焦平面探测器。一般来说,制冷型红外探测器的使用率与其自身的制冷机有着密切的关系,制冷机的工作时间直接关系到红外探测器的使用寿命。由于制冷型红外探测器需要制冷机协同工作,使得制冷型红外热成像仪比非制冷型体积更大。另外,制冷型红外热成像仪工作时需要制冷机工作降温,因此会消耗更多的能量,相对非制冷型红外热成像仪来说功耗更大。但是,制冷型红外热成像仪工作时,制冷机先进行工作来降低自身的温度,这样在检测其他物体时灵敏度更高,精度更高,误差更小,检测温度范围更广。所以,制冷型红外热成像仪由于其精度高、误差小、灵敏度高,使得其检测结果更加可靠。相对来说,非制冷型红外热成像仪的成本低,使用寿命更长,但是由于部件老化及非均匀性的影响,测量精度较低。对于应用范围,军事领域中,相对于传统的成像系统,非制冷型红外热成像仪的结构要相对简单很多,成本要低,并且提高了成像仪的分辨率、探测灵敏度及可靠性。经过光学系统收集后,落在焦平面敏感单元上的辐射功率为

$$P = \frac{\tau_0 A_d}{4F^2}\int_{\lambda_1}^{\lambda_2} W_{\lambda T} \mathrm{d}\lambda \tag{7.3}$$

当温度变化为 ΔT 时的辐射功率为

$$\Delta P = \frac{\tau_0 A_d \Delta T}{4F^2}\int_{\lambda_1}^{\lambda_2} \frac{\partial W_{\lambda T}}{\partial T} \mathrm{d}\lambda \tag{7.4}$$

式中，τ_0 为光学效率；A_d 为敏感元面积；光学系统 F 数就是 f/d；f 为焦距；d 为入射光瞳直径；T 为温度；ΔT 为温度变化；λ 为波长；$W_{\lambda T}$ 为目标辐射能量；P 为辐射功率；ΔP 为当温度变化为 ΔT 时的辐射功率。

(3) 热控系统

在航天遥感应用领域，制冷型红外焦平面探测器是使用最广泛的红外焦平面阵列。为了探测小温差微弱目标，降低探测器的噪声，获得更高的信噪比，通常需将探测器置于深冷环境中，一般为 77 K 或更低，以提高探测器的灵敏度。在工程领域，为使探测器敏感元保持低温，常将探测器组件集成在杜瓦瓶中。杜瓦瓶实质为一绝热容器，主要包括真空罐体、冷指、冷屏、杜瓦窗及探测器组件构成。真空罐体主要负责隔热密封。冷指是一种用气罐或深冷泵冷却至深冷的元件，其紧邻探测器组件使之冷却。杜瓦窗主要用来保证来自目标的红外线进入杜瓦密封腔。冷屏又称冷阑，是杜瓦组件不可缺少的一部分，主要用来限制探测器观测的立体角。

(4) 信号放大及处理系统(电子学系统)

红外成像系统为了获得目标影像，首先将目标进行空间分解，然后依次将这些单元空间的目标温度转换为相应的时序视频信号。电子学系统主要包括探测器和信息处理系统。焦平面探测器接受来自目标的辐射能量，并将其转换为电信号，即光电转换。在积分时间 t 内，ΔP 引起的输出信号电压为

$$V_s = R_v \Delta P = R_i t \Delta P / C_0 = \frac{R_i t \tau_0 A_d \Delta T}{4C_0 F^2}\int_{\lambda_1}^{\lambda_2} \frac{\partial W_{\lambda T}}{\partial T} \mathrm{d}\lambda \tag{7.5}$$

式中，R_v 为电压响应率；ΔP 为当温度变化为 ΔT 时的辐射功率；R_i 为电流响应率；t 为积分时间；C_0 为 CCD 输出电容；τ_0 为光学效率；A_d 为敏感元面积；光学系统 F 数就是 f/d，f 为焦距；d 为入射光瞳直径；T 为温度；ΔT 为温度变化；λ 为波长；$W_{\lambda T}$ 为目标辐射能量。

然后将电信号传递给信息处理系统，信息处理系统对来自探测器的目标电信号进行放大、量化及其他应用处理，以获取目标的有用信息。通常，实时的图像处理一般通过硬件来实现。

(5) 机械系统

机械系统主要包括热成像仪的支撑结构和功能部件，如相机框架，卫星平台，扫描镜及其控制电机等。

仪器具有显著特点。目前,单元二维扫描或线列探测器一维扫描的成像方式均无法研制更高级的红外成像系统。线列扫描仍需光机扫描部件,使系统结构复杂。凝视型焦平面阵列,取消了复杂的光机扫描部件,减小了相机的体积和质量,结构紧凑。再者,凝视型探测器有较长的积分时间,因而在远距离探测上可有效提高红外遥感探测器的探测灵敏度,获得极高的图像分辨率,大幅提高系统的探测能力。以下对面阵探测器的特点做简要分析。与扫描型系统相比,凝视型焦平面技术具有以下优点:

第一,凝视成像。面阵探测器像元以行列的方式排列在二维空间上,不需要扫描机构即可实现探测目标的二维成像,较线阵探测器有更广的应用。特别在静止轨道上,面阵探测器能够实现对地球全圆盘的凝视成像。由于卫星与地球之间没有相对运动,探测器的积分时间不受卫星运动速高比和地面分辨率的限制。配合高精度二维指向机构,可实现实时定点地对特定区域、特定目标进行凝视观测。

第二,高的时间分辨率和灵敏度。凝视型红外焦平面技术可实现全视场内发生现象的连续观测,各帧图像之间的时间间隔只受积分时间、数据采集速度和数据传输能力的限制。故可达到很高的时间分辨率。通常,凝视型红外面阵探测器具有较长的积分时间,因而有更高的灵敏度。

第三,信号处理简单,可靠性高。由于红外焦平面探测器阵列本身具有多路到单路的信号传输功能,所以其简化了凝视型相机系统的信号处理和信号读出电路,提高了可靠性。

第四,与扫描型成像仪相比,面阵凝视型成像仪还具有体积小、重量轻、光机结构简单、功耗低等特点。

但由于面阵的原因,红外焦平面探测器也存在一些附带问题,主要是:

第一,非均匀性。红外焦平面探测器非均匀性是影响后续影像质量的重要因素之一。非均匀性产生的原因主要包括以下几个方面:① 光学系统辐射的非均匀性。实际光学系统中,由于受到光阑等的限制,部分远离光轴的光束被遮挡,从而导致物体的辐射能量在像面上的分布随着偏轴距离的增大而减小,出现辐射非均匀性,或光学渐晕[5]。② 探测器响应的非均匀性。红外探测器主要由光敏元阵列和读出电路阵列构成,光敏元的光生电流需要通过读出电路输出到探测器外部。因此,光敏阵列中暗电流非均匀性,响应率、响应截距的非均匀性,读出电路不同列通道电路特性不一致性都会导致探测器响应非均匀性。③ 信息获取系统通道非均匀性。由于面阵探测器像元规模较大,单路输出会增大读出时间,对帧频产生影响。面阵探测器一般具有多路读出能力,由于元器件特性无法做到完全一致,因此不同通道等效到输入端的电路增益、偏置、噪声也会有一定差异,从而增加红外图像的非均匀性[6]。

第二,响应漂移。通常,影响红外焦平面探测器响应漂移的因素主要包括外界因素和自身因素两个方面。外界因素主要包括偏压稳定性、电源稳定性、电冲击和序稳定性、温度漂移及机械应力释放的影响。自身因素除了结构和材料稳定性以外,寄生电容和漏电流等会对探测器响应的稳定性产生影响。

第三,边缘畸变。由于红外焦平面探测器面阵较大,受设计、制造、安装等误差的影响,成像仪像面往往存在畸变。除了探测器本身的旋转、倾斜、弯曲等物理畸变外,由光学棱镜引入的光学畸变成为影响像面定位精度的主要因素。

第四,拼接困难。目前,多数红外焦平面探测器是通过小面阵拼接实现的。超大规模的探测器拼接会增加后续读出电路的复杂性,降低大面阵探测器平面度,使探测器组件结构复杂,稳定性降低。

3. 红外遥感仪器发展趋势

当前红外遥感成像技术主要向下面几个方向发展。

(1) 单波段红外探测成像技术向新型多光谱红外成像技术发展

多光谱红外成像技术在若干个红外波段对目标所发出的红外辐射进行多光谱成像,其可以更加敏感地探测和识别目标。新一代自适应多光谱红外成像采用常规红外焦平面阵列和新颖的光学系统,可同时实现对多个红外频段的探测,并完成自适应频段的选择,使得局部背景和识别目标的对比度最大。

(2) 红外与多光谱偏振成像技术

由于地球表面和大气中的目标在反射和发射辐射的过程中都会具有由它们自身性质和光学基本定律共同作用的特定的与波长相关的偏振信息,形成偏振光谱。利用偏振成像探测技术可以在复杂辐射背景下检测出隐藏的目标信息。通常偏振探测成像技术在短波红外和长波红外波段具有很高的敏感度,与多光谱成像相结合能够提供更加丰富的高维度的目标信息。其在军事和国土安全领域有着广泛的应用前景。

(3) 红外探测成像系统总体上向着低成本高性能方向发展

现在各国都普遍在发展高灵敏度的非制冷红外成像系统,从而减小探测系统的体积、成本和提高探测效率和便携性。同时,减小像元尺寸、增加面阵规模也是未来红外焦平面技术的发展目标。

(4) 把红外探测转化为可见光问题

通过波长变换技术,实现红外光子到可见光光子波长的转换,利用成本低、灵敏度高、非制冷的可见光焦平面探测器用于探测红外波长的辐射,也是可能的发展趋势。

7.1.2 光纤通信系统

1. 光纤通信的历史和特点

光纤通信是光纤最大最广的应用领域,目前它正向超高速、大容量、远距离发展,光纤通信系统正逐步实现数字化、综合化、宽带化和智能化。

1966 年,英国华裔学者高锟(C.K. Kao)和霍克哈姆(C.A. Hockham)发表了奠定光纤通信基础的论文;1970 年,美国康宁公司研制出世界上第一条损耗低于 20 dB/km 的石英光纤;同年,美国、日本和苏联先后在半导体激光器的发展上取得突破,解决了光源和传输介质的问题,成为光纤通信发展的一个重要里程碑[7]。光纤通信在 20 世纪 70~90 年代得到了飞速发展。1976 年,美国在亚特兰大进行了世界上第一个实用光纤通信系统的现场实验,速率为 44.7 Mb/s,传输距离约 10 km;1980 年,美国标准化 FT-3 光纤通信系统投入商业应用,多模光纤开始实用化,逐步取代传统的铜线和同轴电缆;1989 年建成第一条横跨太平洋的海底光缆通信系统,大大促进了全球通信网的发展。[7]

进入 21 世纪,光纤通信的研究与开发进入了一个新的活跃期。2002 年 6 月通过了 10 Gbit/s 以太网标准,这种超高速率局域网系统必须采用激光器作为光源,并配用高性能的新一代多模光纤[8]。光纤通信从研究到应用、发展非常迅速,技术上不断更新换代,通信能力(传输速率和中继距离)不断提高,应用范围不断扩大,目前光纤通信已经历了“四代”发展:[7]

第一代:短波长光纤通信;

第二代:长波长 1.3 μm 的多模光纤和单模光纤通信;

第三代:长波长 1.5 μm 单模光纤通信;

第四代:相干光通信、全光通信、光波复用等。

光纤通信具有许多优点,光纤通信的出现和发展在通信发展史上具有深远意义,它被认为是通信史上一次根本性的变革。具体来说光纤通信具有如下优点[7,8]。

第一,使用波分复用和光纤放大器等技术、基于同步数字体系(SDH)的多业务传输平台设备,从而使光纤通信的传输范围广、容量大、距离长、损耗小、业务种类丰富。

第二,光缆抗环境干扰能力强,可以抵抗外界电磁干扰、不产生电火花且耐氧化腐蚀,因而传输稳定性好、误码率低、通信质量有保证。

第三,利用光纤振动检测和 OTDR 单元,可以实现反窃听功能,保密性好,并且光纤通信作为量子通信的重要承载方式,利用量子加密技术极大地提高了信息传递过程中的安全性。

第四,原料二氧化硅来源丰富,发射和中继所需能量少,其低廉的成本可以节省大量的建设和运营费用,利于宽带和移动互联网的普及。

光纤通信系统的基本组成如图 7.12 所示。信息源将用户信息转换为原始电信号,由电发射机转换为适合在光纤中传输的信号,然后经光发射机转换为光信号,经过光纤信道传输到接收端。在接收端,由光接收机将接收到的光信号放大并转换成电信号,经电接收机还原处理,传输给信息宿并恢复用户信息。光纤通信系统根据传输信号的形式,可分为数字光纤通信系统和模拟光纤通信系统。

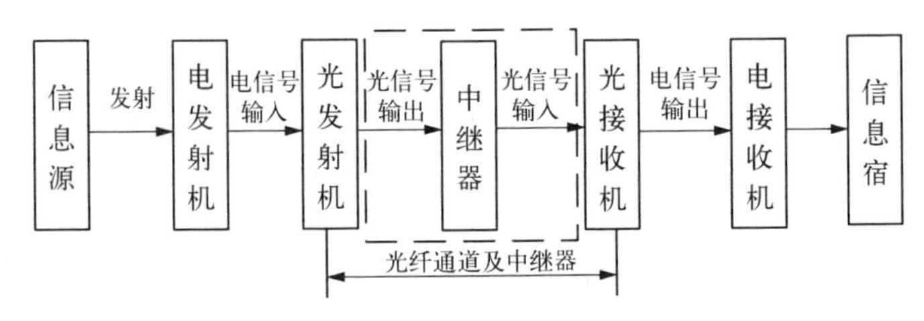

图 7.12 光纤通信系统的基本结构

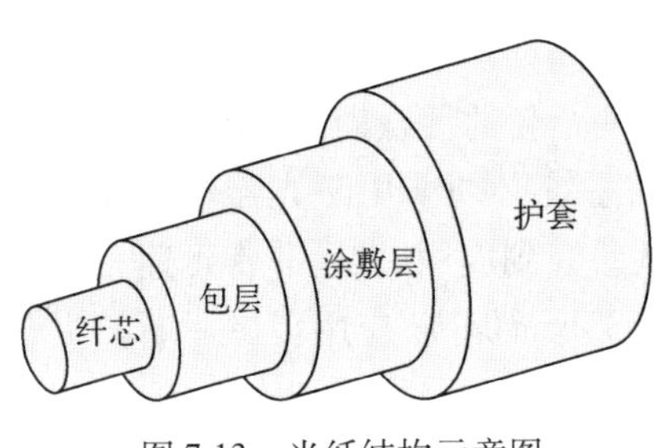

图 7.13 光纤结构示意图

2. 光纤通信的重要部件

(1) 光纤

光纤(optic fiber)是光导纤维的简称,是一种多层介质结构的对称柱体光学纤维,一般呈圆柱形,由纤芯、包层、涂敷层与护套构成(图 7.13)。

纤芯与包层是光纤的主体,对光线的传播起着决定性作用。纤芯多为石英玻璃,直径一般为 5~75 μm,材料主体为二氧化硅,其中掺杂其他微量元素以提高纤芯的折射率(如二氧化锗、五氧化二磷等)。包层位于纤芯的周围,直径为 100~200 μm,材料主体也是二氧化硅,但其中掺杂其他微量元素(如三氧化二硼)以降低折射率,使包层的折射率略低于纤芯的折射率。涂敷层的材料一般为硅酮或丙烯酸盐,主要用于隔离杂光。护套的材料一般为尼龙或其他有机材料,用于提高光纤的机械强度和可弯曲性以保护光纤。一般涂敷后的光纤外径为 1 cm 左右。在一些特殊场合下,可以没有涂敷层和护套,称之为裸纤。[9,10]

光线在光纤中的传播图景是这样的:以阶跃光纤为例,由于纤芯与包层的折射率均为常数,因此光线在光纤内的传播途径为折线(图 7.14)。

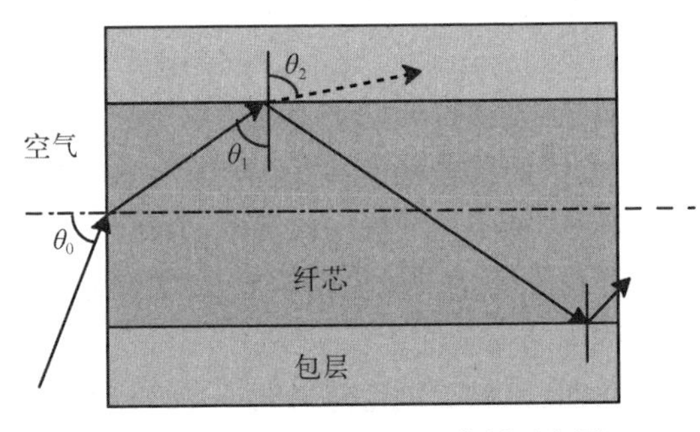

图 7.14 光线在光纤内的传播示意图

假设纤芯的折射率 n_1,包层折射率为 n_2,由折射定律可知,在纤芯与包层分界处,入射角 θ_1 与折射角 θ_2 存在如下关系:

$$n_1 \sin \theta_1 = n_2 \sin \theta_2 \tag{7.6}$$

由于纤芯折射率大于包层折射率($n_1 > n_2$),因此折射角大于入射角($\theta_2 > \theta_1$);随着入射角 θ_1 的增大,折射角 θ_2 随之增大;当折射角 $\theta_2 = 90°$ 时,折射消失,入射光线全部被反射,从而发生全反射现象。根据折射定律,满足全反射的最小入射角 θ_c 为

$$\sin\theta_c = \frac{n_2}{n_1} \tag{7.7}$$

当入射角 $\theta_1 > \theta_c$ 时,光线不再进入包层,而是在光纤内不断反射并向前传播,直至从光纤另一端射出,这就是光纤的传光原理。由于光纤具有一定的柔韧性,实际工作时光纤可能弯曲,从而使光线“转弯”。但是只要仍然满足全反射条件,光线依然能够继续前进,并达到光纤另一端[9]。

(2) 光发射机

光发射机将输入的电信号转换为光信号,并用耦合技术把光信号有效地注入光纤传输。光发射机由光源、驱动电路和调制器组成。光源和驱动电路是光发射机的核心。常用的光源有半导体激光器(LD)和发光二极管(LED)。发光二极管是基于半导体 pn 结自发辐射机理的发光器件。半导体激光器的发光机理是受激辐射放大,其光放大机制由处于粒子数反转状态的有源层提供,由 F-P 谐振腔或光栅同时提供选频机制和反馈机制。与 LED 相比,LD 的发光功率较大,且光谱线宽很窄,可以实现高速调制。长途高速运输系统都采用 LD 作为光源。

光发射机通过电信号对光的调制将电信号转换为光信号,信息由光源发出的光波携带,即载波。调制是把信息加载到光波上。根据调制方式与光源的关系,有直接调制和间接调制又称外调制两种调制方案。直接调制又称内调制,是用电信号来控制光源的振荡参数(光强、频率等),得到光频的调幅波或调频波。这种方案技术简单,成本较低,易于实现,但调制速率受激光器的载流子寿命及高速率下的性能劣化的限制(如频率啁啾等)[7]。外调制是让光源输出的幅度与频率等参数恒定的光载波通过光调制器,电信号通过调制器对光载波的幅度、频率及相位等进行调制。外调制方式技术复杂,但调制速率高,几乎不产生频率啁啾。尤其适合高速率下运用[10]。

(3) 光中继器

光信号在传输过程中,光纤的损耗特性使光信号的幅度衰减,色散特性使光信号波形失真,造成码间干扰,误码率增高,限制了光信号的传输距离和传输容量,因此必须在光纤传输线路上设置光中继器。光中继器的类型主要有两种:一种是传统的光中继器,采用光—电—光转换方式,其结构与可靠性设计视安装地点不同会有很大不同;另一种是采用光放大器对光信号进行直接放大的中继器,通过补偿传输中功率的损失而延长无电中继的传输距离,简化系统结构,降低系统成本。它的出现和实用化,促使波分复用技术走向实用化,促进了光孤子通信技术、光接入网的实用化,在光纤通信技术上引发了一场变革。

(4) 光接收机

1) 光接收机的构成及主要性能指标:目前的通信终端都是电子设备,必须在光通信系统的接收端将光信号转换为电信号,这个任务由光接收机完成。光接收机有模拟接收机和数字接收机两类,其结构如图 7.15 所示。

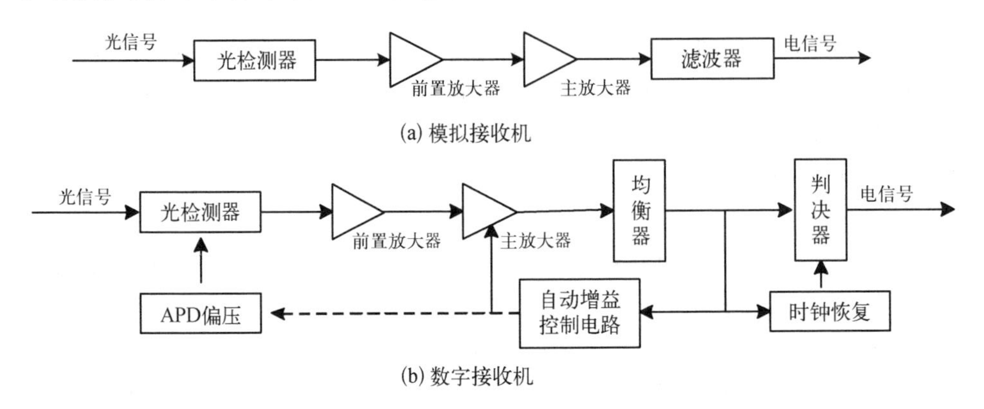

图 7.15 光接收机的基本结构

光接收机的性能指标主要有光接收机的灵敏度和动态范围。

关于光接收机的灵敏度分两种情况:对于模拟光接收机来说,灵敏度是指在系统满足给定信噪比指标的条件下,光接收机所能接收的最小光功率。模拟光接收机的信噪比是电信号电流均方值与噪声电流均方值的比值。对于数字光接收机来说,灵敏度是指在系统满足给定误码率指标的条件下,光接收机所能接收的最小光功率,一般用 dBm 表示。误码率(BER)是指数字信号中码元在传输过程中出现差错的概率。

关于光接收机的动态范围是指在保证系统的误码率指标的条件下,光接收机的最大和最小输入光功率之比。光接收机前端由光检测器和前置放大器组成,其性能的优劣是决定接收灵敏度的主要因素。光检测器将接收到的光信号转换成光电流。光电转换效率高、噪声低和响应速度快是对光检测器的基本要求。在光通信系统中,最常用的两类光检测器有 pin 型光电二极管(pin - PD)和雪崩光电二极管(APD)。APD 有很高的内部增益,其检测灵敏度也很高。但其产生内部增益的同时也产生了倍增噪声,且工作时需要较高的反向电压,增加了电路设计难度[11]。

2) 前置放大器:光检测器产生的光生电流很小,必须经过放大。前置放大器直接影响接收机的灵敏度。前置放大器主要有低阻型前置放大器、高阻型前置放大器、互阻型前置放大器三种类型。

低阻型前置放大器:低阻型前放电路用普通晶体管做前置放大器,它的输入阻抗较低,输入电路的时间常数小于信号脉冲宽度,以防止码间干扰。这种电路的特点是线路简单,接收机不需要或只需很少的均衡电路,前置级的动态范围较大,但是它的噪声也较大,灵敏度差。

高阻型前置放大器:阻型前放电路用场效应晶体管(FET)做前置放大器。为了降低前端电路的噪声,提高接收机的灵敏度,其设计应尽量加大偏置电阻。这种放大器在低码率工作时引入的放大器噪声比低阻型前置放大器要小得多,但其输入阻抗高,当比特速率高时,由于输入电路的时间常数太大,导致脉冲沿很长,码间干扰严重,动态范围较小,因此对均衡电路要求较高,一般只用于码速率较低的系统[11]。

互阻型前置放大器：在低阻型前置放大器和高阻型前置放大器中引入负反馈,可以使它们成为互阻型(也称跨阻型)前置放大器,实际上是电压并联负反馈放大器。负反馈可以提高放大器的带宽,改善非线性,因此它是一种性能优良的电流-电压转换器,具有频带宽、噪声低、动态范围大的优点,在光纤通信中得到了广泛应用[12]。

(5) 光接收机的噪声

光接收机内外的各种噪声源影响光接收机的性能,主要的来源有光检测器的噪声和前置放大器的噪声。主放大器接在前置放大器后,因输入信号较大,所以不考虑噪声影响。光接收机的噪声可分为两类：散粒噪声和热噪声。

散粒噪声包括量子噪声和光检测器的暗电流噪声以及雪崩倍增噪声。

1) 量子噪声：当一个光检测器受到外界光照,由光子激励而产生的光生载流子是随机的,从而导致输出电流的随机起伏。量子噪声电流的均方根密度为

$$\frac{\mathrm{d}\langle i_q^2\rangle}{\mathrm{d}f} = 2eI_P \quad (\mathrm{A}^2/\mathrm{Hz}) \tag{7.8}$$

$\langle i_q^2\rangle$ 为带宽 B 内量子噪声电流的均方值,即

$$\langle i_q^2\rangle = 2eI_P B \tag{7.9}$$

式中,e 为电子电量;I_P为平均光电流。

2) 光检测器的暗电流噪声：在理想条件下,光检测器在没有光照射时没有光电流输出。但是由于热激励、宇宙射线或放射性物质的激励,在没有光照射时,仍然有电流输出,这种电流即为暗电流。表面漏电流是由于光电检测器表面的缺陷或受污染等表面状态不完善形成的,并与偏置电压及表面面积的大小有关。暗电流的散粒噪声和漏电流的散粒噪声统称为暗电流噪声[11],如下式：

$$\frac{\mathrm{d}\langle i_D^2\rangle}{\mathrm{d}f} = 2e(I_D G^{2+x} + I_L) \tag{7.10}$$

式中,I_D、I_L分别为暗电流、漏电流的平均值。对于 PIN 检测器,G 取 1。

3) 雪崩倍增噪声：雪崩倍增噪声是雪崩光电二极管的光电倍增作用引入的噪声。由于雪崩光电二极管的倍增作用是一个复杂的随机过程,每个光生载流子的倍增增益不同,引起倍增后的电流浮动,从而引入噪声。由于倍增的随机性而引入的附加噪声就是倍增噪声,也称过剩噪声。

雪崩光电二极管的量子噪声电流的均方值为

$$\langle i_q^2 \rangle = 2eI_P G^{2+x} \Delta f \tag{7.11}$$

雪崩光电二极管的量子噪声电流谱密度为

$$\frac{\mathrm{d}\langle i_q^2 \rangle}{\mathrm{d}f} = 2eI_P G^{2+x} \tag{7.12}$$

对于使用不同材料和工艺制作的雪崩光电二极管，其 x 值不同。选用 x 值较小的雪崩光电二极管可减少倍增噪声。

热噪声是另一种重要噪声。热噪声包括检测器负载电阻的热噪声和放大器的噪声等。热噪声是热力学温度在零开以上的物体内部电子的无规则热运动造成的。在强度调制系统中，光接收机将光信号转换为电信号后，还要经过一系列电信号放大等电路系统。电路中除了电阻产生的热噪声外，晶体管也将引入噪声，尤其是前置放大器晶体管引入的噪声。热噪声经前置放大器放大的倍数为 F_n，流过电阻 R_b 的经放大后的热噪声电流均方值可表示为

$$\langle i_n^2 \rangle = \frac{4kTF_n \Delta f}{R_b} \tag{7.13}$$

式中，k 为玻尔兹曼常量；T 为电阻 R_b 工作时的热力学温度。

3. 光纤通信技术的发展前景

光纤通信主要在超高速度演进、光弧子通信、全光网络这些方面发展。

(1) 超高速度演进

信息技术的飞速发展对光纤通信技术提出了更高的要求。现网平滑已经得到升级，在 100 G 光收发单元的使用下，系统容量扩大，提升了性价比和可行性。实际应用中，传输距离不变的情况下，光纤频谱资源也能得到充分利用。在此基础上，将调制编码和光电集成技术结合，可以降低制造成本。如今重点研发 100 G 商用进程，加大现网试验的开展力度，相信能在未来数据应用中得到更好的应用[13]。

(2) 光弧子通信

在通信网络实际运行中，对线性光纤通信系统而言宽带容量较小，只能进行短距离光纤传输，增加了光纤通信技术的使用难度。为了解决这一问题，光弧子通信系统成了研究重点[13]。

(3) 全光网络

在光纤通信技术未来的发展中，全光网络也是重点研发内容。在这种形势下，即便是不进行光电转换也能实现通信网络的高速传输。全光网络应用具有系统稳定性高、信息传输量大、误码率低等优点。在全光网络运行模式下，网络结构更加简单，用光节点替换电节点，可以人为减少或增加节点，使用起来更加便捷。与现

代的光通信网络相比,全光网络具有更快的信息传输速度和大容量的信息存储功能,提高了网络资源利用率[13]。

7.1.3 光电制导系统

1. 激光制导

激光制导是 20 世纪 60 年代初发展起来的一门新技术,通过激光光束将自动化系统引导到目标位置。激光能量集中、稳定度高,具有良好的空间相干性和时间相干性,在空间目标定位应用中具有无法替代的优越性。此外,激光制导系统的结构简单、成本低,且具有制导精度高、抗干扰能力强等优点。目前,激光制导广泛地应用于军事系统,本节主要针对激光制导导弹系统做一详细的介绍。

(1) 基本原理

所谓制导,即导引和控制导弹按一定规律飞向目标或预定轨道的技术和方法。在控制飞行的过程中,导引系统不断测定导弹与目标或预定轨道之间的位置关系,发出控制指令信息传递给导弹的控制系统。激光制导使用经过编码的激光束,将控制指令通过编码的方法搭载在激光束中,形成对导弹的控制,激光制导可分为激光寻的制导和激光遥控制导。

1) 激光寻的制导: 激光寻的制导是由导弹外部或导弹自身的激光束照射在目标上,导弹的激光寻的器利用目标漫反射的激光,控制导弹对目标进行跟踪[14]。根据激光源所处位置不同,激光寻的制导又可以分为激光半主动制导和激光主动制导两种。

激光半主动(SAL)制导系统主要由激光目标指示器、带有激光导引头的导弹及其发射平台构成。其工作原理如图 7.16 所示[15],目标指示器(激光照射系统)将激光束照射到需要攻击的目标上,弹上激光接收器接收目标的回波信息,信息处理系统通过信息放大等信号处理,生成控制信号并传送给导弹控制系统,控制导弹(执行机构)跟踪目标并向目标运动。

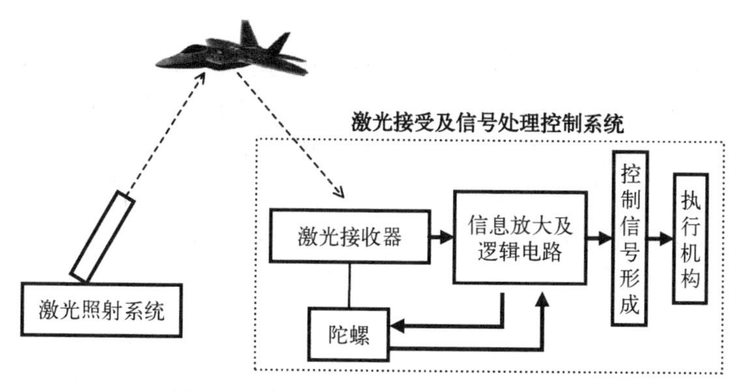

图 7.16　激光半主动制导系统基本组成

激光半主动制导可在多种导弹中应用,并且可在多种载体与平台上发射,战场灵活性很强。激光半主动制导的关键技术主要为[16]:

① 导引头。导引头要求有足够的跟踪精度与良好的动态性能,作用距离要远,有较大的目标捕获域、可重复启动,可发射前锁定等。

② 激光目标指示器。指示器需要有足够的功率和较远的照射距离,且激光束发散角足够小,照射器观瞄轴与激光轴要有良好的平行性。

③ 编码。编码可以避免"重复杀伤"、误伤并提高抗主动干扰能力,同时适当的激光脉冲重复频率可保证导引头有足够的数据率。

激光主动制导的基本原理与激光半主动制导类似,区别在于激光发射器由导弹自身携带,导弹向目标发射信号并接收目标反射的回波信号。如图 7.17 所示,接收器接收到回波信号后,对其进行处理,同时获取目标的距离图像、强度图像和目标特性数据,实时识别算法对目标所在位置进行识别定位,推算导弹相对于待攻击目标的方向与位置,最终导引和控制导弹准确命中目标[17]。

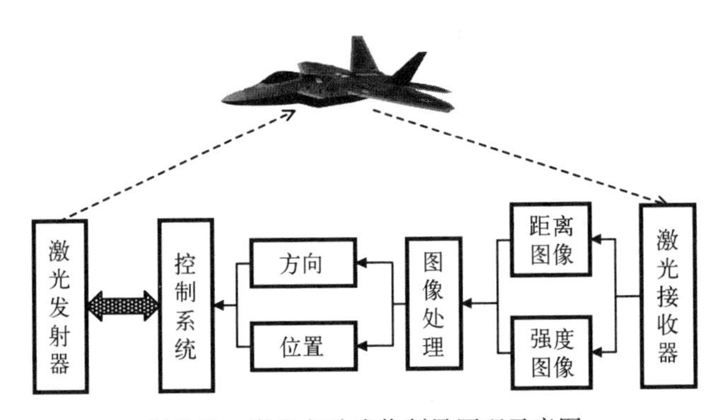

图 7.17 激光主动成像制导原理示意图

目标的距离图像通过激光从发射到接收的时间来确定,通过

$$l = \frac{\Delta t \cdot c}{2} \tag{7.14}$$

可以计算得到目标的距离,用响应元阵列收集目标不同位置的距离信息,即可得到目标的三维距离图像。强度图像是通过目标不同位置的反射率以及反射角的不同来获取,因此可以获得目标的强度信息和目标特性数据。

激光主动制导技术的最大优势在于可以获得丰富的目标信息,目标信息的多样化有助于在复杂背景下识别并定位目标,实现对目标的多方位立体精确打击。因此,激光主动制导技术除了具备半主动制导技术的全部优点外,还具有下述优点:

① 能够在恶劣天气和不同大气环境下工作。

② 高帧频、高精度成像和高目标识别能力。

③ 穿透伪装能力强。

2）激光遥控制导：激光遥控制导可分为激光驾束制导和激光指令制导。激光驾束制导系统由分离的制导控制站和导弹组成[16]，导弹上装有可以感应其偏离激光控制场中心的光电信号接收器。激光驾束制导的工作原理如图 7.18 所示[16,17]，控制站发现并跟踪锁定目标，并向目标发射导弹。激光发射装置向目标区域发出经过编码的连续激光束，形成控制导弹飞行的空间控制场。当导弹偏离控制场中心时，光电信号接收器可以测出偏离的大小和方向，导弹的信号处理系统将此偏离信号经处理运算，形成控制信号，校正导弹的飞行方向，直到击中目标。

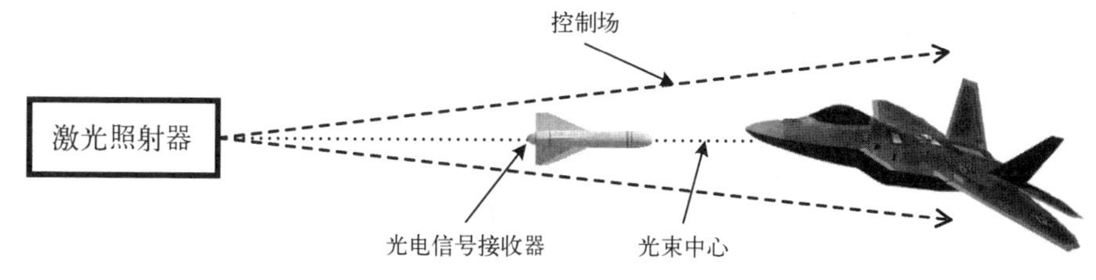

图 7.18 激光驾束制导原理示意图

激光驾束制导系统的信号接收器背对目标安装，直接接收控制站发射的信号，具有很强的抗干扰能力。为保证制导精度，要求制导仪在导弹飞行空间形成一个光束直径一定的空间控制场，这要求制导仪具备改变发射激光束波束角的能力，即要求制导仪具有连续调焦的能力。目前可采用的调焦系统主要有 3 种：机电凸轮调焦、程控步进电机调焦和气体透镜调焦[16]。

激光指令制导是从最原始的一种目视、弹标测角、指令形成传输方式发展到用激光载波来代替其他无线电载波进行导弹和地面通信的形式[18]，其工作原理如图 7.19 所示，控制站发现目标并向目标发射导弹，制导站跟踪目标，并实时量测导弹

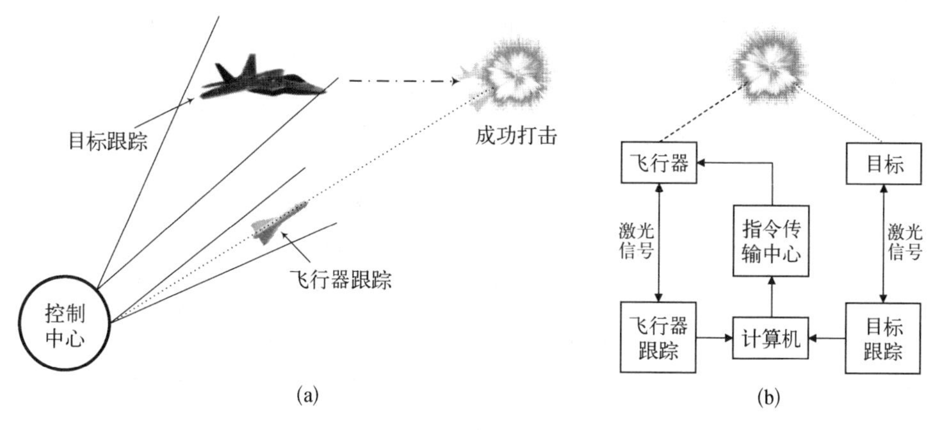

图 7.19 激光指令制导

（a）为工作原理示意图；（b）为工作流程图

相对瞄准线的偏差。制导站根据偏差,形成控制指令,通过激光波束编码传输给导弹,控制其沿瞄准线飞行,直至命中目标。

(2) 激光制导导弹发展

与其他制导武器系统相比,激光制导武器有着极高的命中精度和命中概率,更高的效费比,激光制导武器在现代战争中有着重要的地位。最早的激光制导武器是美国于 1972 年 6 月因成功炸毁越南清化大桥而闻名的宝石路(Paveway)激光制导炸弹,如图 7.20 所示。

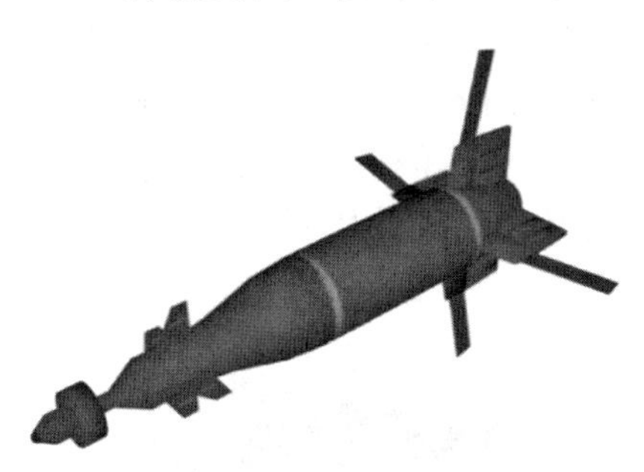

图 7.20 Paveway 激光制导炸弹

1) 激光寻的制导导弹:在几种激光制导方式中,技术最成熟、使用最多的即为激光半主动制导。目前最著名的激光半主动制导导弹为美国的海尔法(Hellfire)导弹[19]和 AGM-65E 玛伐瑞克(Maverick)导弹,二者均为空对地导弹。与 AGM-65E 同系列的产品还有 AGM-65L 空军激光制导导弹和 AGM-65E2 海军及海军陆战队激光制导型导弹。Hellfire 主要装备于 AH-64(Apache)武装直升机,用于攻击各种坦克、战车及雷达站等重要地面军事目标,而 Maverick 具有"一弹多头、一弹多用",精度高、毁伤效果好,使用简便等特点。2019 年,美国国防部与雷神导弹系统公司签署了一份价值 4 790 万美元的合同,购买 AGM-65E2/L 激光制导导弹。下面介绍比较典型的几种激光半主动制导导弹性能[17],如表 7.1 所示。

表 7.1 激光半主动制导导弹性能对比

导弹型号	AGM-114A	AGM65E	AS-30L	拉哈特
导弹类型	反坦克导弹	空地战术导弹	空地战术导弹	反坦克导弹
导引头	陀螺稳定	三军通用	阿里奥	稳定陀螺
最大射程	8 km	43.4 km	12 km	炮射 8 km,机载 13 km
发射平台	车载、旋翼机平台	海/空作战飞机	歼击机、"美洲虎"战斗机	105~120 mm 炮管车辆、直升机、无人机
性能特点	新型数字式自动驾驶仪和抗干扰激光导引头	在城市和近距空中支援任务对地面装甲和移动目标高效可靠	射程 10 km 以上,超出普通高射炮和一般地空导弹的防区	射程远,弹道编程灵活,可直接打击坦克顶装甲

除以上几种激光半主动制导武器外,还有一种专用于将非制导武器转化为精密制导武器的转化套件,比如 APKWS(高级精确杀伤武器系统,如图 7.21 所示)、

DAGR(直接攻击制导火箭弹)和 TALON(激光制导火箭弹),这种转化套件多用于火箭弹武器。APKWS 激光制导套件用于 Hydra 70,将一枚普通的 70 mm 无制导火箭弹转变为激光制导导弹。对此美国海军已经下达了 1.3 亿美元的 APKWS 转换套件订单,APKWS 可用于 Apache 直升机、A-10 疣猪和 F-16 毒蛇等使用 70 毫米火箭的任何飞机。

关于激光主动制导导弹,比较典型的是美国空军的 LOCAAS 计划(图 7.22)和美国陆军的 NetFires 计划。LOCAAS 是一种低成本的自主寻的攻击系统,其导引头部分采用固体激光成像制导技术,利用激光雷达导引头来探测和识别不同类型的目标[20]。NetFires 计划是最新披露的美国陆军关于激光主动成像制导的研究计划,NetFires 的武器研究分为 LAM 和 PAM 两部分[17]。LAM 由洛克希德-马丁公司生产,配有自动目标识别装置和激光雷达导引头,空中巡航时间可超过30 min,能连续扫描直径 500~600 m 的范围,分辨率达 150 mm,可进行目标自动识别、定位和打击[16]。PAM 由 Raytheon 公司生产,采用 GPS+IIR(被动红外成像)导引头,成本较低。

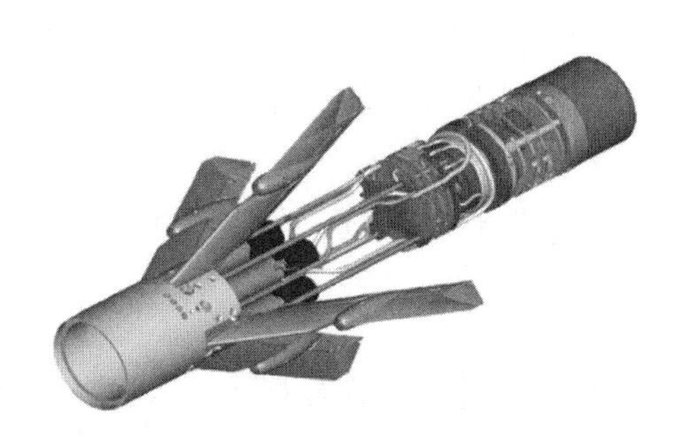

图 7.21　APKWS

图 7.22　LOCAAS 计划

2) 激光遥控制导武器:目前,比较典型的激光驾束制导导弹有瑞典的 RBS-70 近程防低空导弹系统、南非肯特隆公司的“猎豹”(Ingwe)重型远程反坦克导弹、俄罗斯“短号”反坦克导弹和俄罗斯“旋涡”超音速激光驾束空地导弹等,其性能简况如表 7.2 所示[17]。

表 7.2　典型激光驾束制导武器性能对比

导弹型号	RBS-70	猎　豹	短　号	旋　涡
导弹类型	低空防空导弹	重型远程反坦克导弹	反坦克导弹	超音速空地导弹
战术指标	射程: 7 km 升限: 4 000 m 最大速度: 580 m/s	弹径: 127 mm 重量: 28.5 kg 射程: 5 km	弹径: 152 mm 射程: 5.5 km 最大速度: 240 m/s	射程: 10 km 飞行速度: 超音速

续 表

导弹型号	RBS－70	猎 豹	短 号	旋 涡
发射平台	地面兵组发射平台	步兵组、装甲车辆、武装直升机发射平台	地面步兵组、装甲车、坦克	卡－52 武装直升机、苏－25 攻击机
性能特点	射程远，尤其是迎向射程较远；但重量大，战斗使用不便	可手动发射和遥控发射；对反爆装甲目标破甲深度 1 m	使用方便，免维护；采用“即见即射”的发射模式；抗干扰能力好	超音速，减少暴露时间；采用全自动跟踪方式，射手无须干预

激光指令制导武器技术较为成熟，其典型应用有南非 ZT－3“褐雨燕”(SWIFT)反坦克导弹、美国的 LOSAT 视线反坦克导弹和美国瑞士联合研制的“阿达茨”导弹。

2. 红外制导

红外制导是十分重要的技术手段，通过红外探测器对目标自身辐射的能量进行捕获，从而实现对目标的跟踪。红外制导分为红外成像制导技术和红外点源(非成像)制导技术两大类。红外制导因其制导精度高、抗干扰能力强、隐蔽性好、效费比高等优点，在现代武器装配发展中占据着重要的地位。红外制导导弹采用红外制导系统作为末段制导装置，通过红外导引头获取目标的位置及运动信息，控制系统控制导弹飞向目标。

(1) 基本原理

红外制导通过红外引导头获取目标位置以及解算当前状态对于目标位置的偏差，驱动导弹向目标靠近，是一种负反馈调节方式。红外制导的工作过程[21]为：红外探测器将光学系统接收到的目标光辐射转换成电信号，电信号经过滤波、放大，检出目标位置误差信息并传递给陀螺跟踪系统，陀螺带动光学系统进动，使光轴向着目标位置误差方向运动。以上过程构成导引系统的角跟踪回路，实现导引系统跟踪目标，红外制导可以分为红外点源制导和红外成像制导两种。

红外点源制导的基本原理如图 7.23 所示，光学系统接收物体的红外信息，系统将红外辐射调制成交变辐射，将目标方位信息编入交变辐射中转换成带有方位信息的电信号。红外辐射调制使原本恒定的辐射通量转换成随时间断续的辐射通量，其携带的某些特征随着目标信息的改变而改变。

红外成像制导系统使用红外相机对目标和背景进行二维成像，经过图像预处理和图像增强后，根据目标检测算法识别出目标信息，并对获取到的目标点进行判决，选取恰当的阈值在虚警和漏警之间进行平衡，常用 Neyman－Pearson 准则选取阈值。通过红外图像获取的数据计算该点为目标点的概率似然比为 Λ，则有如下规则：

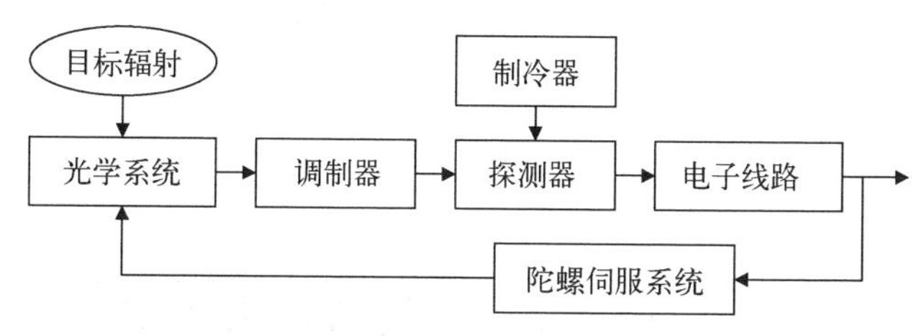

图 7.23 红外点源制导系统框图

若 $\Lambda < \eta_0$，则该次检测不为目标；

若 $\Lambda > \eta_1$，则该次检测为目标；

若 $\eta_0 < \Lambda < \eta_1$，则该次检测不确定。

η_0 和 η_1 由给定的虚警率 α 和漏警率 β 确定：

$$\eta_1 = \frac{1-\beta}{\alpha},\ \eta_0 = \frac{1-\alpha}{\beta} \tag{7.15}$$

确定为目标后，根据当前位置和目标的差值，后续电路驱动伺服电机运动，使探测系统中心对准目标，如图 7.24 所示。

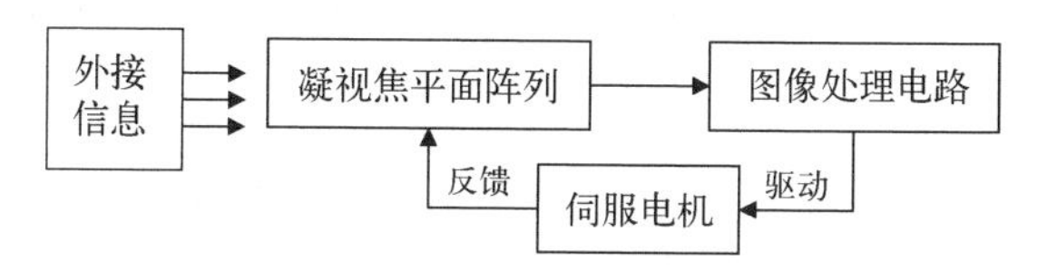

图 7.24 红外成像制导系统框图

这类系统在抗干扰能力、探测灵敏度、空间分辨率等方面有很大提高，能够探测远距离小目标和鉴别多目标，甚至可以实现自动识别目标和选择目标命中点，但其结构复杂、成本高，主要用于巡航导弹、反舰导弹、空地导弹等。

(2) 红外制导武器发展现状

红外制导武器从 1948 年开始投入研究，成名于美军第一代“响尾蛇”空空导弹，也是全世界第一种投入实战并有击落飞机记录的空对空导弹。此后，红外制导武器高速发展，据统计，全球被击落的飞机中，被红外制导导弹击落的占 80%。下面简单介绍部分代表性的红外制导导弹。

1) 美国“响尾蛇”空空导弹：第一代“响尾蛇”导弹代号为 AIM－9A，使用红外点源制导技术，由雷神公司和通用电气作为主要分包商生产。1958 年，“响尾蛇”第一次投入使用，在某战争中成功击落米格 17 轰炸机。第二代“响尾蛇”导弹(AIM－9G/H/J)在 1970 年问世。第三代“响尾蛇”导弹(AIM－9L/M)是全方位导弹。2000 年以后，美军开始使用第四代先进近距“响尾蛇”导弹 AIM－9X，红外制导方式已由原来的点源制导过渡为红外成像制导。

AIM－9X 采用凝视型焦平面阵列技术，作用距离更远，热灵敏度、空间分辨率更高，AIM－9X 引导头和导弹实物图如图 7.25 所示。此外，AIM－9X 具有锁定后发射功能的潜力，允许 F－35、F－22 Raptor 甚至在潜艇发射装置中使用。部分“响尾蛇”导弹参数如表 7.3 所示。

图 7.25　AIM－9X Sidewinder

表 7.3　“响尾蛇”导弹参数表

型　号	AIM－9J	AIM－9L	AIM－9M	AIM－9P－4/5	AIM－9R
探测器	PbS	InSb	InSb	InSb	焦平面阵列
制　冷	Peltier	Argon	Argon	Argon	—
圆顶窗口	MgF2	MgF2	MgF2	MgF2	玻璃
跟踪速率	16.5°/s	—	—	>16.5°/s	—
战斗部	4.5 kg	9.4 kg	9.4 kg	—	—
导引头	红外	激光/红外	激光/红外	激光/红外	激光/红外
长　度	3 m	2.89 m	2.89 m	3 m	2.89 m
质　量	77 kg	86 kg	86 kg	86 kg	86 kg
类　型	Mk.17	Mk.36 Mod.7,8	Mk.36 Mod.9	SR.116	Mk.36 Mod.9

2）俄罗斯 R－73 系列空空导弹：R－73 导弹是苏联 20 世纪 70 年代中后期发展的第 4 代近程导弹，该导弹装有致冷光电探测器的红外寻的制导系统，大大提高了寻的的灵敏度和截获目标的距离，保证了导弹的全方位攻击能力。R－73 系列导弹采用红外成像型制导技术，通过多波段探测，得到二维“彩色”图像。

从 1994 年起，R－73 的生产已升级为 R－73M，具有更远的射程和更宽的导引角。2008 年，俄罗斯空军的 MiG－29 用 R－73 导弹在阿布哈兹上空拦截了一架格鲁吉亚的 ElbitHermes450 无人机。图 7.26 为 MIG29 上的 R－73 导弹实体，R－73 系列主要型号参数如表 7.4 所示。

图 7.26　R－73 导弹实体

表 7.4　R－73 系列主要型号参数

型　号	R－73E	RVV－MD
长　度	2.93 m	3.6 m
直　径	165 mm	200 mm
质　量	105 kg	175 kg
制　导	红外	惯性/雷达/红外
战斗部	7.4 kg	22.5 kg
射　程	30 km	80～100 km
探测器	凝视焦平面	凝视焦平面

3）以色列“怪蛇”系列空空导弹：“怪蛇”（Rafael Python）系列空空导弹由以色列拉斐尔先进防御系统（Rafael Advanced Defense Systems）公司制造。目前，“怪蛇”系列空空导弹已经发展到第五代 Python－5，是以色列功能最强大的空空导弹，也是世界上最先进的空对空导弹之一。图 7.27 为 Python－5 的导弹实物图。

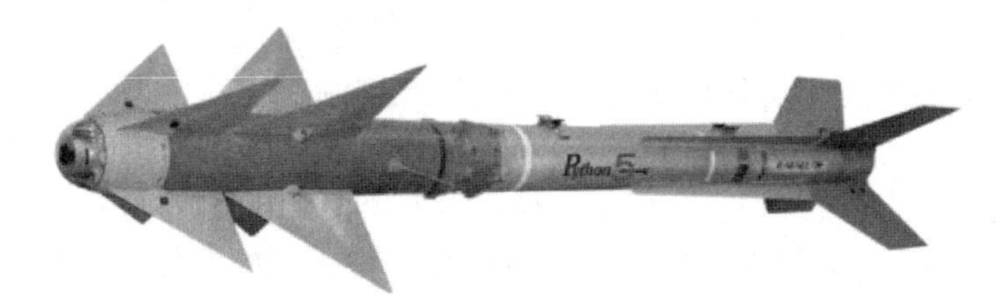

图 7.27　Python－5 导弹实物图

Python－5 采用的是一种双波段制冷凝视焦平面阵列导引头，具有更好的抗红外干扰能力和识别目标图像以及瞄准点选择能力。Python－5 可以实现“发射后锁定”(LOAL),具有全方向(包括后向)攻击能力。Python - 5 首次用于 2006 年的黎巴嫩战争,当时 F - 16 用它摧毁了真主党使用的两架伊朗制造的 Ababil 无人机。“怪蛇”系列导弹参数如表 7.5 所示。

表 7.5 “怪蛇”系列导弹参数

型号	Shafrir - 1	Shafrir - 2	Python - 3	Python - 4	Python - 5
长度	250 m	250 m	295 cm	300 cm	310 cm
直径	14 cm	15 cm	16 cm	16 cm	16 cm
质量	65 kg	93 kg	120 kg	120 kg	105 kg
战斗部	11 kg/30 kg	11 kg	11 kg	11 kg	11 kg
射程	5 km	5 km	15 km	15 km	>20 km
速度			3.5 *Ma*	>3.5 *Ma*	4 *Ma*

3. 光电制导关键技术

精确制导技术的发展趋势是灵敏度、精度、环境适应性不断提高,系统在复杂背景下截获、跟踪目标的能力和对付多目标的能力不断增强,相应的红外制导系统也必须不断发展创新以适应未来的作战需要。

(1) 红外探测器

红外探测器是红外制导系统的核心部件,高性能探测器的发展是红外制导技术发展的前提。主要针对探测器材料、信息处理手段等方面,提高探测器性能,获得更高的系统灵敏度。其中关键技术包括:智能化焦平面阵列、偏振信息获取、超分辨率研究等。

(2) 自动目标识别技术(ATR)

自动目标识别技术是实现导弹“发射后不用管”的核心技术。目前基于模板匹配的方法已经实用化,但是还存在诸如数据集不完整、图像遮掩与畸变等问题。通过各种传感器的数据融合,实现目标的识别、分类是自动目标识别技术发展的关键。如今已经产生了许多智能化的 ATR,但是由于各种限制无法实用化,高性能 ATR 实用化是红外制导发展的重点之一[22]。

(3) 非制冷型红外制导系统

传统的红外探测器必须配备制冷系统,以此抑制系统的热噪声,提高信噪比。但是安装额外的系统必然会造成体积增加、系统复杂化程度加深的问题。随着系统的复杂化加深,系统维护也会更加困难。为了减小引导头体积,并使系统更便于维护,非制冷型红外制导系统越来越受到重视。但是非制冷型红外制导系统在稳定性、可靠性方面还存在不少问题,高可靠性、低噪声的非制冷型红外制导系统已经成为红外制导系统的关键技术之一。

4. 光电制导发展趋势

随着传感器技术、计算机技术、人工智能等方面的发展,红外制导技术也逐渐趋向成熟。从单一波段的红外探测到多波段数据融合,从单模制动到多模融合制导。同时新型信息化战争也对红外制导技术提出了更高的要求,红外制导技术发展主要在以下几个方面。

(1) 智能检测

在现代化信息战争中,战场瞬息万变,必须要求打击武器具有智能决断的能力。红外成像制导的方式可以给引导头提供更多的目标形状、能量信息,导弹可以根据目标的形状或者图像特性,打击要害点,因此在强干扰环境下也能准确地打击目标,从根本上改善系统性能。

(2) 多模信息融合

单一的红外波段制导无法满足各个环境下的制导需求,多模复合制导则是将各个波段获取的信息进行融合,去除冗余信息,提取互补信息,反演出待测目标的全部特征和情况。通过融合各个波段的特点,引导头可以得到完全的信息,从而克服环境的干扰或者人为干扰,克服了单一传感器自身的局限性[23]。

7.2 光电能量转换系统

光电能量系统是指利用光电转换对大功率的光子能量或电能进行产生、控制、利用以及向其他能量形式转换的系统。如激光加工、激光核聚变以及太阳能发电就属于典型的光电能量转换系统。通常该系统由光-电或电-光能量转换系统、能量控制和应用系统三个方面所组成。激光加工就是利用电能转化为光能,利用激光相干性和单色性好的特点,对激光进行聚焦,从而让电能转化而来的光子能量集中聚焦,这样就可以获得高密度能量来进行加工制造。太阳能发电则是一个相反的过程,将太阳辐射到地面上的光子能量直接或者间接地转换为电能,从而可以为我们的生产生活服务。下面我们就以太阳能发电为例介绍一下光电能量转换系统。

通常太阳能发电有两种方式:一种为直接的方式,利用光伏效应直接将光能转化为电能而无须通过热过程;另一种则为间接的方式,通过光能转化为热能,再将热能转化为机械能从而进行发电。

7.2.1 太阳能光伏能量转换系统

太阳能光伏能量转换的原理主要是光伏效应,该系统的关键组件为太阳能电池,也被称为光伏电池。

如图 7.28 所示,太阳光照在半导体 pn 结上。其中,被吸收的光能激发电子,形成电子-空穴对,在内建电场的作用下,空穴由 n 区向 p 区运动,电子由 p 区向 n 区运动。接通电路后就可以形成电流,这就是光伏电池的工作原理。[24]

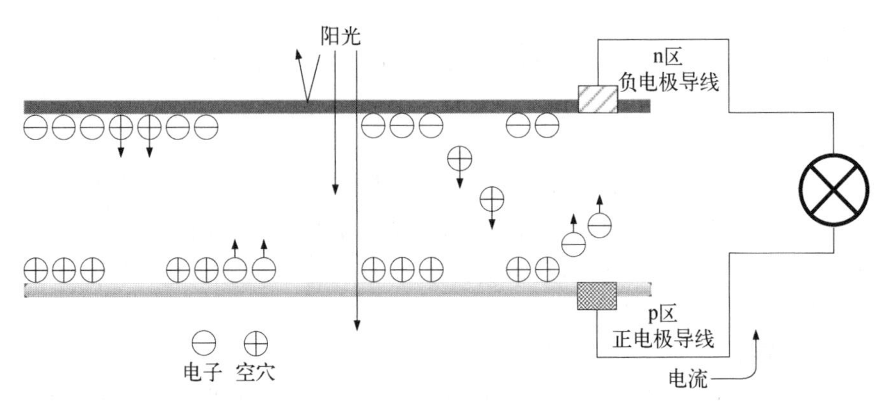

图 7.28 光伏电池原理

光伏电池是典型的非线性原件,为了更好地说明电池的工作状态,这里用等效电路来说明,如图 7.29 所示。

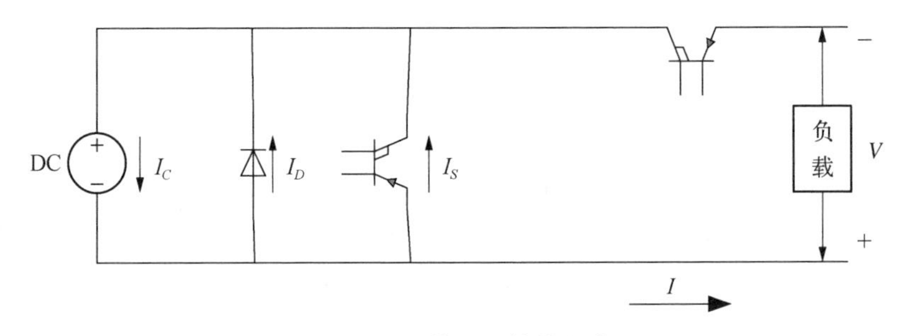

图 7.29 光伏电池等效电路

根据等效模型,应用 Kirchhoff 电流定律,可知负载两端的电压 V 和电流 I 的关系如式(7.16)所示:

$$I = I_c - I_0\left\{\exp\left[\frac{q(V + IR_0)}{(AkT)}\right] - 1\right\} - (V + IR_0)/R_s \tag{7.16}$$

其中,I_0 是反向饱和漏电流;R_0 是光伏电池内阻;R_s 是光伏电池的并联电池;A 是二极管的理想常数;k 是玻尔兹曼常数;T 是电池的工作温度。

MPPT 是对太阳能光伏能量转换系统的最大功率的常见分析方法,其原理是通过调整工作电压,使之逐步接近最大功率点电压。由此,可知当 $\frac{\mathrm{d}P}{\mathrm{d}V} = 0$ 时,系统恰好处在最大功率点 $P_{\max}$,对于 $P = VI$ 两端同时求导得到式(7.17)

$$\frac{\mathrm{d}P}{\mathrm{d}V} = I + V \cdot \frac{\mathrm{d}I}{\mathrm{d}V} \tag{7.17}$$

太阳能光伏能量转换系统可分为并网光伏能量转换系统，和离网光伏能量转换系统。下面就对各种光伏能量转换系统的构成和工作原理进行介绍。

1. 并网光伏能量转换系统

并网光伏能量转换系统由光伏方阵、控制器、并网逆变器组成，按照输送方式的不同可分为集中式并网光伏系统和分散式并网光伏系统。集中式（大型）并网光伏电站一般都是国家级电站，主要特点是由电网统一调配向用户供电，与大电网之间的电力交换是单向的；而分散式（小型）并网光伏系统，发电功率一般在5~50 kW，特点是所发出的电能直接分配到用电负载上，多余或者不足的电力可通过联结大电网来调节，与大电网之间的电力交换可以是双向的。常见的并网光伏能量转换系统一般有下列几种形式，如需要储能，可增加蓄电池装置。

（1）有逆流并网能量转换系统

有逆流并网光伏能量转换系统如图7.30所示。特点是可双向传输，在满足负载使用后，可将剩余电能馈入公共电网（卖电）；当电能不足时，则必须由电网向负载供电（买电）。

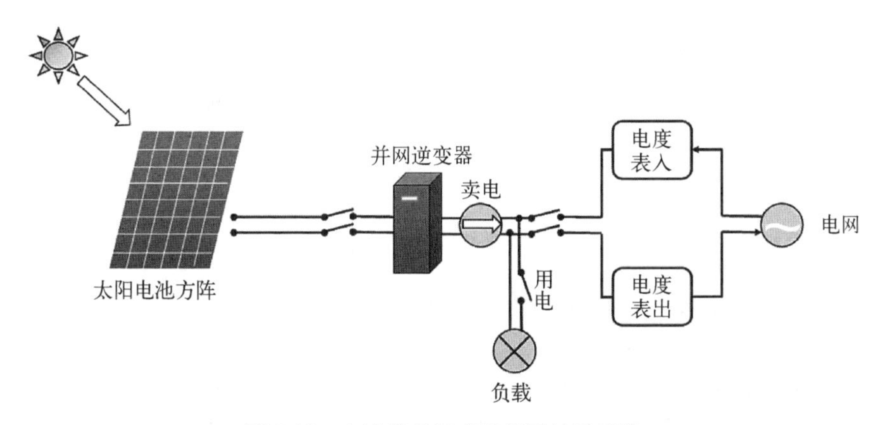

图7.30 有逆流并网光伏能量转换系统

（2）无逆流并网能量转换系统

如图7.31所示，无逆流并网能量转换系统即使电能充裕时也不向公共电网供电，只可能在电能不足时由公共电网向负载单向供电（买电）。

（3）切换型并网能量转换系统

切换型并网能量转换系统如图7.32所示。所谓切换型并网能量转换系统，实际上增加了自动切换的一个功能。这样在所发电能不足时，切换器能够自动切换，公共电网可以及时供电；在必要时，也可为应急负载进行供电。

2. 独立光伏能量转换系统

独立光伏能量转换系统是指不与电网连接的光伏能量转换系统，主要由太阳能电池组件、控制器和蓄电池组成，若要为交流负载供电，还需要配置交流逆变器。

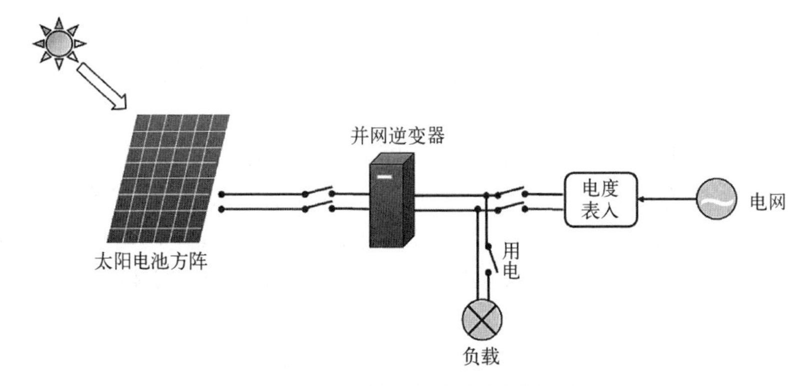

图 7.31　无逆流并网能量转换系统

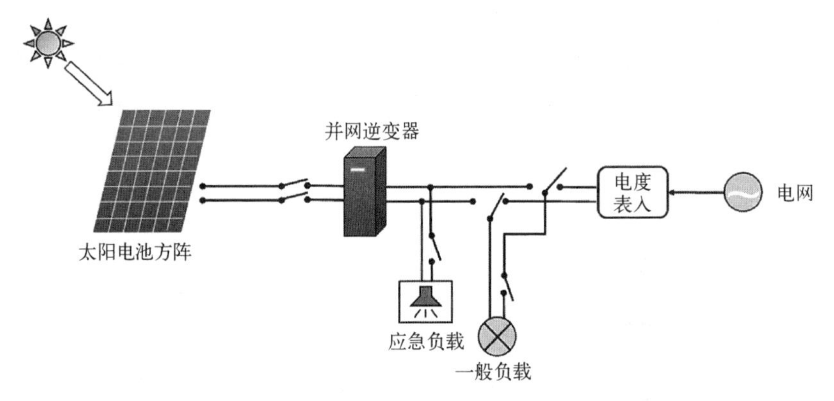

图 7.32　切换型并网光伏能量转换系统

根据用电负载的特点,可以分为以下几种形式。

(1) 直流光伏能量转换系统

直流光伏能量转换系统如图 7.33 所示。该系统的特点是用电负载,是直流负载,对负载的使用时间没有要求。这种系统的应用广泛,小到太阳能草坪灯、庭院灯,大到远离电网的移动通信基站、微波中转站,边远地区农村供电等。

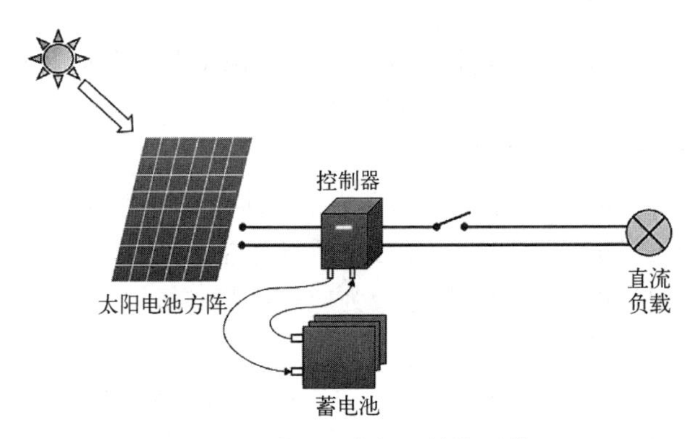

图 7.33　直流光伏能量转换系统

（2）交流或者交、直流混合光伏能量转换系统

交流或者交、直流混合光伏能量转换系统如图7.34所示。与直流光伏能量转换系统相比，交流光伏能量转换系统多了一个交流逆变器；交、直流混合光伏能量转换系统的优点是既能给直流负载供电，也能给交流负载供电。

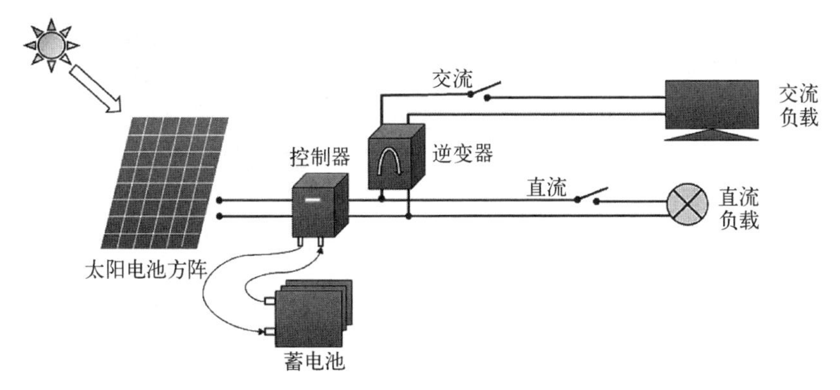

图7.34　交流及交、直流混合光伏能量转换系统

（3）市电互补型光伏能量转换系统

市电互补型光伏能量转换系统如图7.35所示。该系统中以太阳能光伏发电为主，以普通220 V交流电能为辅。在晴天光伏能量转换系统基本可实现自给自足，在遇到阴雨天使用市电作为蓄电池的供应，依旧能满足使用。这种形式既减少了光伏建设的一次性投资，又有显著的节能效果。

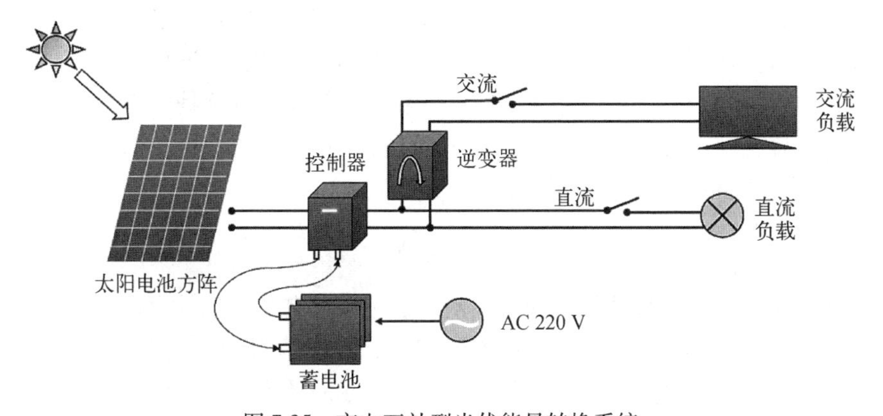

图7.35　市电互补型光伏能量转换系统

（4）风光互补及风光柴互补型能量转换系统

风光互补及风光柴互补型能量转换系统如图7.36所示。风光互补指的是光伏与风力能量转换系统结合，根据各自的气象特征形成互补，但在风力欠缺的地方不宜使用。因此，在比较重要的或供电稳定性要求较高的场合，还可利用柴油发电机与太阳能光伏、风力发电机构成风光柴互补的能量转换系统。

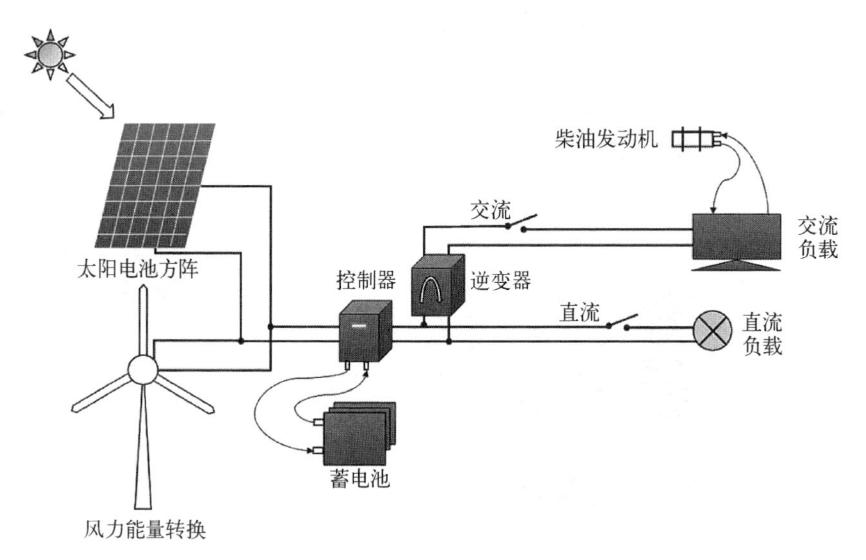

图 7.36 风光互补及风光柴互补型能量转换系统

7.2.2 太阳能光热电能量转换系统

太阳能光热电能量转化系统经过多年的发展,尤其是到了 21 世纪已经成为人类生活的重要电力来源之一,国际能源机构(IEA)也设定了在 2050 年太阳能光热电能量转化系统将发电 630 GW 的目标[25]。

太阳能光热电能量转化系统的基本原理是利用聚光装置将低密度的太阳辐射光能聚集成高密度的能量,然后通过吸热介质转化为热能,并进行热循环做功,带动发电机的转动而发电[26]。此外,热能存储系统(吸热介质)是关键的环节,主要包括油、熔盐、蒸汽、陶瓷和石墨等,其存储的能量值取决于材料的数量(m),比热容(C_p)以及温度变化(ΔT),根据式(7.18)计算。

$$Q = mC_p\Delta T \tag{7.18}$$

光热电能量转化的原理十分清楚,相比于光伏发电系统也具有以下几点优势:成本低,无须价格高昂的硅晶片;效率高,对热能进行直接利用,能量转化过程简单;适应性强,利用自身储能设备,在弱光照或无光照环境也能发电。

对于太阳能光热电能量转化系统来说,最为核心的部分是聚光太阳能(concentrating solar power, CSP)技术。主要可分为抛物碟式系统、抛物槽式系统、塔式太阳能光热系统和线性菲涅尔反射系统[27]。

1. 抛物碟式系统

抛物碟式光热发电系统的结构示意如图 7.37 所示,利用单块或多块旋转抛物面构成的反射镜,将太阳光聚集在镜面焦点处,然后通过斯特林机光热电能量转化系统进行发电。整个系统的关键组成包括抛物面反射镜、跟踪机构、吸热器和转化装置。

抛物碟式光热发电系统具备几个关键的特点：

1）功率小，由于单个旋转抛物面上的聚光器非常小，因此系统的发电功率也十分小，普遍是 5~50 kW 的范围，因此其成本也较高。

2）聚光比高，一般是 1 000~3 000，工作温度可达 1 000℃，峰值光电转换净效率可达到 30%。

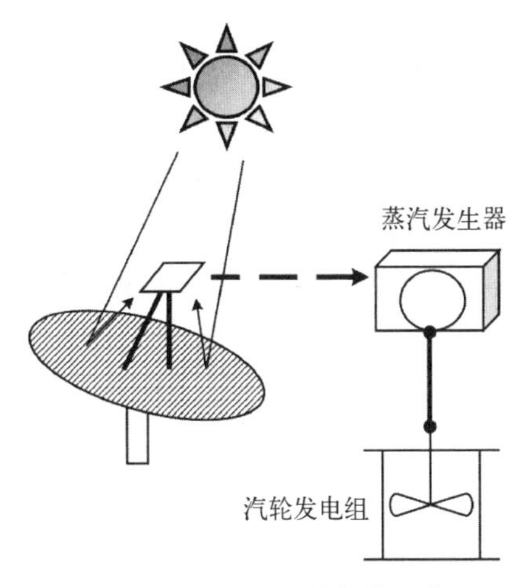

图 7.37　抛物碟式系统结构示意图

2. 抛物槽式系统

抛物面槽式太阳能发电的结构示意如图 7.38 所示，通过多个可跟踪太阳运动的线性抛物面反射镜对太阳辐射光进行聚集，然后将热能集中到真空吸热管，对传热介质进行加热，最后通过热力循环进行太阳能热发电。抛物槽式系统的组成包括抛物面、槽型腔体、吸热管、储能器、热力循环装置以及跟踪机构。

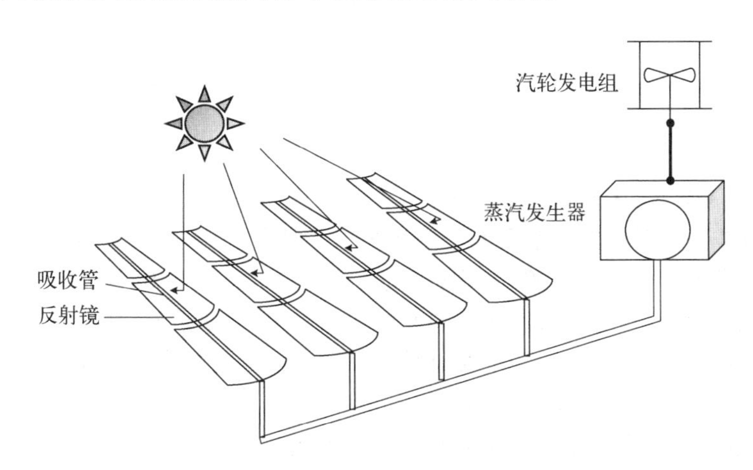

图 7.38　抛物槽式系统结构示意图

抛物槽式光热发电系统具备几个关键的特点：

1）成本低，抛物槽式结构的发电系统结构较为简单，总体造价较低。

2）聚光比低，一般是 50~80，温度较难提高，传热介质温度为 400℃左右。

3）效率低，系统传递的链路较长，过程损耗较大，整体效率大概为 11%~15%。

4）易于大型化，多个聚光吸热装置的串、并联组合，方便构成大型的光热发电系统。

5）商业化程度高，最早实现商业化运行的光热电能量转化电站。

3. 塔式太阳能光热系统

塔式太阳能光热系统的结构示意如图 7.39 所示，通过多个定日镜构成定日场，然后基于定日场的布置，对太阳光辐射进行实时跟踪并将其反射到太阳塔上的吸热器上，将附着在吸热器表面高能量辐射能转化为热能，对传热介质进行加热，最后利用热力循环进行发电。塔式太阳能光热系统构成的电站核心装置有定日镜、太阳塔、吸热器、储能器和热力循环装置以及跟踪机构。

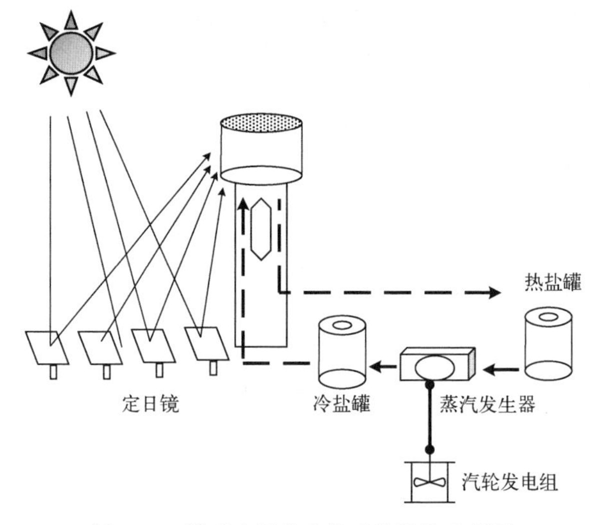

图 7.39　塔式太阳能光热系统结构示意图

塔式太阳能光热发电系统具备几个关键的特点：

1）成本高，整体结构、装置和控制系统十分复杂，一次性投入的资金较大。

2）聚光比高，300～1 000 之间，传热介质温度为 500～1 400℃。

3）效率可控，根据吸热器内不同的传热介质，其效率是不同的。

4）规模大，系统自身结构复杂，总体功率大，也比较适合商业化应用。

4. 线性菲涅尔反射系统

线性菲涅尔太阳能反射系统的结构示意如图 7.40 所示，其工作原理与槽式系统十分类似，区别是将槽式系统中的抛物面反射镜替换为菲涅尔反射聚光镜。线性菲涅尔发电的核心装置包括菲涅尔反射镜、吸热管和跟踪机构。

线性菲涅尔太阳能反射光热发电系统具备几个关键的特点：

1）成本低，系统可以看作简化的槽式系统，用价格相对低的平面镜替代槽式系统的抛物镜，此外，吸热管不经过真空处理，技术难度小，成本进一步降低。

2）聚光比低，因此传热介质温度也低，可达 390℃。

3）体积小，聚光器靠近地面，结构简单，布置紧凑，系统占地面积小。

基于以上分析，对不同太阳能光热电能量转化系统的指标进行归纳总结如表 7.6 所示[28]。

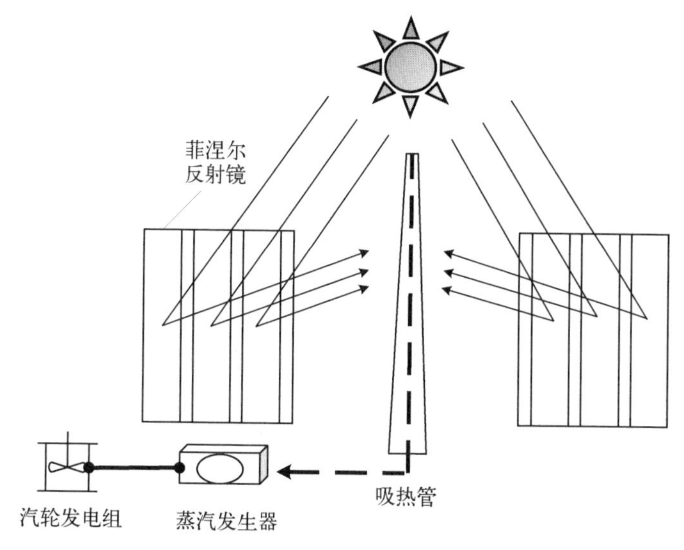

图 7.40　线性菲涅尔反射系统结构示意图

表 7.6　不同太阳能光热电能量转化系统指标对比

	槽　式	塔　式	碟　式	线性菲涅尔
光照要求	高	低	高	高
规模/MW	10~300	10~200	0.01~0.025	10~200
聚光比	50~80	300~1 000	1 000~3 000	25~1 000
传热介质	水、合成油	水、合成油	空气	水、空气、熔融盐
效率/%	11~16	7~20	12~25	13
运行温度/℃	350~550	500~1 400	700~900	390
储能	可储热	可储热	否	可储热
动力循环模式	朗肯循环	朗肯循环布雷顿循环	斯特林循环	朗肯循环
联合运行	可	可	视情况	可
机组类型	蒸汽轮机	蒸汽轮机、燃气轮机	斯特林机	蒸汽轮机
用水/[m^3/(MW·h)]	水冷 3.03 空冷 0.30	水冷 1.89~2.84 空冷 0.34	基本不需要	水冷 3.8
用/(Ha/MW)	2.5~3	2~2.5	2	2.5~3.5
商业化水平	已商业化	试点商业项目	示范项目	试点项目
主要优点	最成熟的 CSP 技术;高温下产生热量	效率高;无光照条件能发电	最高效系统	太阳聚光集中度高;相比于槽式成本低

续 表

	槽 式	塔 式	碟 式	线性非涅尔
主要缺点	油基传热介质的使用限制了蒸汽的输出	占地大；日常维护量大	成本高；传热所需设备多	效率低；存储容量较难集成到系统

参 考 文 献

[1] 张幼文.红外光学工程[M].上海：上海科学技术出版社，1982.

[2] 周树平，杨萍.一种红外热像仪扫描方法研究[J].红外技术，2006，(2)：88.

[3] 陈桂林，栾炳辉.FY-2C 星多通道扫描辐射计及其在轨运行[J].上海航天，2005，(S1)：21.

[4] 侯和坤.红外凝视成像系统辐射定标的研究[D].长春：中国科学院长春光学精密机械与物理研究所，2004.

[5] 李召龙，沈同圣，史浩然，等.基于场景的红外光学系统渐晕效应校正方法[J].红外与激光工程，2015，44(S)：8.

[6] 崔坤.静止轨道超大规模凝视型相机信息处理技术研究[D].上海：中国科学院大学(中国科学院上海技术物理研究所)，2017.

[7] 安毓英，刘继芳，李庆辉，等.光电子技术[M].北京：电子工业出版社，2012.

[8] 齐俊兵.光纤通信的历史与新进展[J].光机电信息，2003，(8)：22.

[9] 浦昭邦.光电测试技术[M].北京：机械工业出版社，2005.

[10] 黄静，王友钊.现代通信光电子技术基础及应用[M].西安：西安电子科技大学出版社，2013.

[11] 李玉权，朱勇，王江平.光通信原理与技术[M].北京：科学出版社，2006.

[12] 缪庆元，舒治安.光纤通信中光接收机的前置放大器电路[J].舰船电子工程，1999，(1)：35.

[13] 张志刚.浅谈通信光缆线路维护的重要性与措施[J].通信世界，2019，26(9)：191.

[14] 胡生亮，贺静波，刘忠，等.精确制导技术[M].北京：国防工业出版社，2015.

[15] 王恒坤，王兵，陈兆兵.对抗激光制导武器的光电装备的发展分析[J].舰船电子工程，2011，31(8)：14.

[16] 王狂飙.激光制导武器的现状、关键技术与发展[J].红外与激光工程，2007，36(5)：651.

[17] 张腾飞，张合新，惠俊军，等.激光制导武器发展及应用概述[J].电光与控制，2015，22(10)：62.

[18] 史瑞玲.激光指令制导光电检测系统的研究[D].南京：南京理工大学，2014.

[19] 耿顺山.美国激光制导武器的发展现状与趋势[J].物理，2008，(4)：260.

[20] 刘勇，鲍敬源，张兵，等.对激光主动成像制导武器告警探测技术分析[J].舰船电子对抗，2009，(6)：49.

[21] 赵善彪，张天孝，李晓钟.红外导引头综述[J].飞航导弹，2006，(8)：42.

[22] 吕洁，罗勇，卿松，等.红外制导技术在空空导弹中的应用分析[J].兵器装备工程学报，2017，(12)：70.

[23] 张肇蓉，高贺，张曦，等.国外红外制导空空导弹的研究现状及其关键技术[J].飞航导弹，2016，375(3)：27.

[24] 张帅.太阳能电池工作原理简介[J].灯与照明，2009，33(3)：49.

[25] 辛培裕.太阳能发电技术的综合评价及应用前景研究[D].保定：华北电力大学,2015.
[26] 金皓.分段式吸热器型塔式太阳能发电性能研究[D].南京：南京理工大学,2018.
[27] Vignarooban K, Xu X, Arvay A. et al. Heat transfer fluids for concentrating solar power systems — A review [J]. Applied Energy, 2015, 146: 383.
[28] Khan J, Arsalan M. Solar power technologies for sustainable electricity generation—A review [J]. Renewable and Sustainable Energy Reviews, 2016, 55: 414.

第8章

光电转换和智慧地球、低碳地球建设

8.1 光电信息获取和智慧地球

当前建设“智慧地球”和“绿色地球”是人类面临的两大任务，也对光电科学技术提出了新的发展要求。智慧地球=物联网+互联网+识别控制，物联网的关键技术之一是信息获取的光电传感器技术；建设绿色地球是解决能源与环境问题的根本出路，其重要途径之一是发展太阳能光伏电池。建设“智慧地球”和“绿色地球”的核心技术是光电信息转换和光电能量转换，都需要进一步提升水平。现代光电技术迎来新的发展机遇。

物联网是信息科学技术的一个新发展。2008年IBM总裁Samuel Palmisano先生，在纽约对外关系理事会做报告，题目为：“智慧地球——下一代领导人的议程”，提出几乎任何事物都可以实现数字化和互联。我们正在迈入全球一体化与智慧的经济、社会和地球的时代。物联网是要把所有物品通过信息传感设备与互联网连接起来，然后进行智能化识别和管理。这也就是把“物”的信息通过传感器接收，形成“物”信息的网络，并与互联网结合。这样就构成一个互联网虚拟大脑：由音频采集器构成虚拟听觉系统，由视频采集器构成虚拟视觉系统，由分子传感器、气体传感器、液体传感器等构成虚拟味觉系统，由空气传感器、水系传感器、土壤传感器等构成虚拟感觉系统，由各种家用设备、办公设备以及生产设备构成虚拟运动系统，等等。这些系统构成的虚拟大脑的神经系统，形成物联网信息网络，信息流进入信息处理中心，基于各类模型，可以进行智能化信息处理与判断，并融入互联网，形成计算机、手机、人，以及各类反应系统的结合互动。作为一个小例子，如果洗衣机内安装有先进传感器，就能够感知放入的衣服是什么质地的材料做成，从而基于事先已经建立好的模型，自动地做出洗涤程序的安排。对于城市的交通系统来说，所有的车辆的时间空间坐标都在感知之中，根据这种感知，红绿灯系统有最佳程序，驾驶员也有最佳判断和安排。通过城市中的监控摄像机、各类传感器、RFID以及各类先进感知工具，可以感知城市各物的信息，这些信息通过宽带、天线和移动通信网络，汇聚于智能化信息处理中心，经过模型分析，可以感知城市的状况，以便做出决策、实行远程管理，以及采取相应措施。人们可以对各类信息进行实时自动获取，再进行传递、在信息中心进行智能化分析处理，做出判断与行动。根据各类社会行为，就形成智慧的交通、智慧的医疗、智慧的物流、智慧的水系统、智慧的电网、智慧的能源、智慧的销售、智慧的食品、智慧的金融、智慧的城市……形成智慧的地球。

各类传感器在物联网技术中具有举足轻重的地位。安置在桥墩里的压力传感器可以感知桥墩的应力、安置在地下岩石中的传感器可以感知岩石内应力情况、安置在身上的传感器可以实时感知身体器官的状况、安置在煤矿里的传感器可以感知矿井中有害气体的浓度。没有各类传感器就不能实现信息的获取，也就不能进一步整合信息，应用信息。例如，1995 年 3 月日本东京地铁站沙林毒气事件、2004 年西班牙马德里火车站炸药爆炸 192 人遇难等案例，如果安装毒气和爆炸物传感器，就可有效设防此类事件发生。传感器是物联网产生信息的源头，是眼睛、鼻子、耳朵、舌头、皮肤，是人体五官的延长和功能扩展。有了先进的传感器，才能对环境、水、空气、土壤和植物等进行实时监控，才能建立无线传感应急监控设备，应用于地铁、商场、车站、园区等人类活动的各类场所。

物联网对于传感器的需求给光电传感材料和器件的发展注入新的驱动力。光电传感器的主要功能是获得目标物的“形像”“热像”和“谱像”。从获取目标物的形像，可以知道目标物是否存在，知道目标物的外部形状；从获取目标物的热像，可以知道目标物的温度分布；从获取目标物的谱像，可以根据事先测量研究并建立的模型知道目标物的物质组成。这些关于目标物的“形像”“热像”和“谱像”的信息，进入物联网的信息流。

光电传感器件具有广阔的发展空间。除了可见光传感器外，要进一步发展紫外、红外波段以及 THz 波段的光电传感材料及其焦平面阵列探测器。当前的研究重点主要是制备更大规模的焦平面阵列器件，提高器件工作温度，发展室温工作的红外探测器，扩展器件工作的波段，制备双波段甚至多波段焦平面阵列器件，发展光、热、电、磁、分子、质量、应力及单光子等多种传感技术等。研究的科学问题涉及光电传感材料的光电激发动力学，解决扩大焦平面规模、提高工作温度、扩展响应波段的新技术及其关键科学技术问题。这些问题的解决，对发展物联网光电传感技术至关重要。

当前有几方面主要研究方向。

（1）发展大规模焦平面探测器

目前，在红外波段最主要的传感材料是以 HgCdTe 为代表的窄禁带半导体。HgCdTe 是一种性能优越的红外敏感材料，其禁带宽度随组分变化。可以选择适当组分使材料响应大气窗口的重要红外波段。该材料已成为制备高性能红外探测器的最佳材料。HgCdTe 体材料晶体生长、薄膜材料的液相外延生长、分子束外延生长都取得良好进展，并发展了大规模红外焦平面阵列制备的新工艺。当前的重要研究热点问题是碲镉汞高性能 pn 结的制备和特性控制研究；硅基碲镉汞薄膜材料制备技术研究；HgCdTe 材料的各种非破坏无接触表征方法研究；材料中杂质缺陷的规律研究及其生长中控制的研究；HgCdTe 材料表面界面的研究；HgCdTe 系列低维结构的制备及其物理特性研究；HgCdTe 中载流子的激发、传输和隧穿规律性研究；以及相关的许多基础物理问题的研究。这些问题与器件物理过程密切相关，是这一领域的研究热点。在大规模碲镉汞焦平面器件研制方面，美国的技术水平最为先进[1,2]。我国近年来也有很好的发展。

(2) 提高光电探测器工作温度，发展室温工作探测器

目前，碲镉汞红外探测器一般都需要在低温(77 K，105 K)制冷下工作，以减小器件噪声电流，得到高的探测率，在应用方面受到了诸多限制。这主要是由于 HgCdTe 晶格、表面和界面的不稳定性，生长工艺中容易出现各种缺陷，通常需要致冷到近液氮温度才能发挥其优良的性能；同时，用这种材料制作的光伏器件在 77 K 时隧道电流大，特别对于 $\lambda c \geqslant 15\ \mu m$ 的长波红外探测器来说，这些问题就显得更加突出。因此，如何提高探测器工作温度已成为当前国内外研究的热点。当前，提高工作温度的研究主要在两方面开展：一是努力提高碲镉汞探测器工作温度至半导体致冷机所能达到的温度；二是寻找替代碲镉汞具有较高工作温度的窄禁带半导体材料。

在第一方面，研究工作主要围绕提高碲镉汞少数载流子寿命和降低探测器噪音。2004 年 8 月举行的 SPIE"红外技术与应用"专题会议上，研究人员发明了一种通过使探测器在接近零偏压下工作消除大部分低频噪声的新方法，使得 HgCdTe 阵列器件在 230 K 温度下的 NETD 达到 60 mK[2]。在第二方面，主要研究 HgZnTe、InAsSb(铟砷锑)、InSbBi(铟锑铋)等Ⅲ－Ⅴ族窄禁带半导体材料，希望能够替代碲镉汞使其响应率高且能在较高温度下工作。除了提高光子型探测器工作温度外，发展室温工作的热电型红外探测技术，也非常重要。热敏材料接收到红外辐射后温度升高，引起电学物理量的变化，如电阻率变化、极化率变化产生热释电效应等。热电型探测技术无须制冷，可室温工作，有着巨大的市场需求，如汽车夜视仪、监控报警系统等。目前非制冷探测包括热释电和微测辐射计型。微测辐射计型集成红外焦平面，所用材料为氧化钒 VO_x 和非晶硅 a－Si 这种焦平面已投入生产。热释电非致冷焦平面工作模式采用混成式，即探测元和读出电路分别在两个片子上。为进一步降低成本和增加焦平面的探测率，当前主要研发集成热释电红外焦平面，其具有更高性能的潜力，是非制冷红外焦平面的一个发展方向。

(3) 扩展传感器工作波段，发展多波段探测器

光电传感器需要扩展到不同的波段以适应不同的需要。可见光探测器和红外探测器相对比较成熟，当前需要进一步发展的主要有 γ 射线探测器、X 线探测器、紫外探测器、近红外探测器、甚长波探测器、THz 探测器。过去高灵敏紫外探测多

采用紫外敏感的光电倍增管和类似的真空器件以及紫外增强型硅光电二极管。真空器件相对固体探测器而言，具有体积大、工作电压高等缺点；而硅器件具有可见光响应的特点在一些紫外应用中会变成缺点。随着宽禁带半导体材料的研究进展，人们开始考虑具有可见光响应极小的本征型紫外光电探测器。其中具有潜力的材料是 GaN 基材料。纤锌矿结构的Ⅲ-Ⅳ族材料是直接带隙材料，随着合金组分的改变，其禁带宽度可以连续变化。对于铝镓氮材料其禁带宽度可以从 GaN 的 3.4 eV 连续变化到 AlN 的 6.2 eV。因此，利用这种材料研制的本征型紫外探测器的截止波长对应地可以连续从 365 nm 变化到 200 nm。对于日盲型紫外探测器，$Al_xGa_{1-x}N$ 材料的组分 x 需要达到 40%以上，也就是需要所谓的高铝组分 AlGaN。GaN 基紫外面阵探测器目前的发展方向主要是朝着大规模日盲型发展。

在近红外波段，主要发展高性 InGaAs 近红外探测器。InGaAs 红外焦平面在 0.5~2.5 μm 波长范围内具有高的量子效率和灵敏度，可以把 60%的近红外辐射光子转换成光电子。InGaAs 可以采用 MBE 和 MOCVD 方法进行外延，比 HgCdTe 更容易生长。因此，InGaAs 红外焦平面，特别是非致冷焦平面技术，在许多民用和国防领域有很大应用前景。

当前，THz 波段传感器的研究是一个很重要的研究领域。

在扩展传感器工作波段方面还包括研制多波段焦平面技术[3]。它对于模糊背景和复杂过程中的目标，或者目标特性在过程中不断发生变化的情况显得尤为重要。大规模、多波段、高速以及远距离红外探测，可以提高对目标的早期发现、复杂目标的识别能力。基于“能带工程”和“波函数工程”的量子阱材料能级结构裁减的随意性，在 20 世纪 90 年代就有量子阱结构的双色探测器 GaAs/AlGaAs 量子阱红外探测器，由于其自身特点特别适合于多波段焦平面，如窄带响应和波长可裁剪性，允许多个量子阱结构沿垂直方向堆垛，每个量子阱结构吸收特定的波段同时允许其他光子透过，通过改变量子阱的阱宽、势垒组分和阱中掺杂浓度实现峰值探测波长和截止波长的连续裁剪。GaAs/AlGaAs 材料体系允许量子阱参数的变化使探测波长覆盖 6~20 μm。由于探测波段的可裁剪性以及材料、器件工艺的相对成熟，国外各大红外焦平面器件研究机构和公司相继推出各自的双色、多色焦平面器件。

(4) 发展多传感多频谱及其融合和集成传感技术

发展多种类信息传感、多频谱信息传感以及它们的融合技术是目前信息获取和处理的热点。当前需要发展多种类信息传感器，如红外、紫外、X 光、γ 射线、压力、震动、声响、磁敏、化学、生物、单光子等传感器，同时要发展多频谱信息传感技术。多传感、多频谱信息融合技术可以采集多种传感器信息，进行综合处理，从多频谱的角度获得目标的各种参数信息，包括构成陆、海、空、天四维广域无线传感系统。多传感、多频谱信息获取和传感以及信息融合技术将在物联网得到实际应用。先进红外探测和传感技术可以获取目标物体的红外光谱和其他特征谱及其图像，而这些信息正可以用来对目标物进行识别、定量分析及监控，既可用于宏观对象，如地面、水域、气象,也可用于微小物体,如生物细胞、单个原子、单个分子;既可用于静止目标,也可用于运动物体。同时还要发展微小压力传感技术。触觉传感器在远程操作系统中将得到实际应用。通过(无线)网络将人类触觉信息进行远程传递和相互作用,可在航空航天、模拟训练、远程诊疗救护、战场和反恐排险等领域得到应用。微型触觉传感器阵列及其反馈系统具有分辨率高、易于集成、适于曲面贴装等特点。未来还有可能开发出单分子和单原子级质量及力分辨的传感器技术。采用高分辨能力的谐振式传感器机理,通过纳机电系统(NEMS)技术,可研制出对微观质量、力或角动量等敏感的传感器,进而可以获取单细胞、单分子、单原子一直到单电子自旋角动量的信息。集成微仪器型传感器也都是重要发展方向。这些方面都是物联网的信息获取和处理系统的关键技术。

8.2 光电能量转换与低碳地球

低碳地球实际上涉及能源与环境问题。今后五十年,地球人类面临的十个难题,包括能源、水、生物、环境、恐怖主义、疾病、教育、民主和人口等。其中能源与环境是两个非常重要的问题。能源危机与环境污染是人类社会发展面临的两大难题。毋庸置疑,建设低碳地球的根本出路就是如何解决好能源和环境这两个与人类生活息息相关的重要问题。太阳能电池是一种利用光伏效应实现光电能量转换的半导体器件,太阳能电池技术是最有大规模应用潜力的一种绿色清洁能源技术。虽然除了太阳能之外,可再生能源还包括核能、风能、生物质能等,但是这些能源在利用上都存在各种问题,比如核能利用存在安全风险,风能使用存在地域限制,生物质能使用会占用耕地面积等。太阳能不但使用潜力无限,而且利用太阳能光伏电池的发电方式非常安全环保。因此,实现低碳地球,大力发展以光电能量转换为主要特征的太阳能电池科学与技术是当前的主要任务。

1. 各种太阳能电池技术

太阳能电池技术经过60多年的发展研究,从最初的单晶硅电池发展到现在包括单晶硅、多晶硅、砷化镓、非晶硅薄膜、碲化镉、铜铟镓硒、染料敏化、有机物、量子点、有机无机杂化钙钛矿等多种材料体系并存的电池大家族。太阳能电池也因此被分成了三代。第一代是以单晶硅和砷化镓等单晶材料制备的太阳能电池为代表。第二代是以非晶硅、碲化镉和铜铟镓硒等半导体薄膜太阳能电池为代表。第三代太阳能电池则有两种提法:一种是把染料敏化、量子点、有机无机杂化钙钛矿、等离子体激元等所有新材料、新技术电池都称为第三代;另一种提法仅指理论上同时具有超高效率和低成本的新概念电池,包括中间带电池、碰撞电离电池、热载流子电池等。

目前,单晶硅和多晶硅太阳能电池由于制备工艺成熟,组件效率高,是应用规模最大的光伏电池,占据了大部分的光伏电池应用市场,预计在未来10年时间里,仍然是太阳能电池应用的主要类型。单晶硅和多晶硅电池的优点是原料来源丰富,无毒,电池及组件效率高,缺点是提纯单晶硅和多晶硅原料成本较高,生产能耗高,占整个电池成本比重大,并且在材料提纯过程中有可能污染环境,反应过程化学原料利用率低,反应产物污染性大,需要闭环回收利用。为了降低晶硅电池的生产成本,目前的研究发展方向是:一方面,尽可能降低单晶硅和多晶硅片的厚度,降低晶硅的原料成本,前提是保证光的充分吸收,不降低电池效率。由于硅是间接带隙半导体材料,理论上 200 μm 厚度的硅片可以吸收大部分的入射太阳光,但是硅片的机械性能随厚度减薄而变脆弱,这就需要在硅棒/锭切片和太阳能电池制备工艺中做大量的技术创新,因此这个方案在技术实现上有很大的挑战性。另一方面,通过采用电池新结构,提高产业化的单晶硅电池效率。例如,2014 年报道了叉指背接触结构电池(IBC)[4]和异质结背接触结构电池(HBC)[5,6]的转换效率都突破了 25%,并且这两种结构的电池都适合产业化,这两种结构的单晶硅电池都有望在产业上实现 25%的转换效率。[7]值得一提的是,2017 年 IBC 结构的 Si 电池效率首次突破 26%,创造了单晶硅电池的新的转换效率世界纪录[8,9]。

高效砷化镓基太阳能电池通常制备成多结叠层电池器件,在实用太阳能电池大家族里具有最高的转换效率。近年来,其转换效率也在稳步提升,例如最新报道的四结砷化镓基太阳能电池,在聚光条件下,转换效率接近 50%。多结叠层砷化镓电池的原材料和设备价格昂贵,主要面向航天领域和地面聚光光伏发电领域的应用市场。

以非晶硅、碲化镉和铜铟镓硒等薄膜太阳能电池为代表的第二代太阳能电池则具有原材料使用量较少,便于大面积生产,外观可视性较好的优点。在实验室研究方面,小面积碲化镉、铜铟镓硒薄膜太阳能电池的最高转换效率上都已突破 22%,超越多晶硅太阳能电池的最高转换效率。因此,相比第一代电池,薄膜太阳能电池具有三个明显优势。第一,薄膜电池组件吸收层次材料用量少,由于薄膜太阳能电池的吸收层材料一般具有较大的可见光吸收系数,只需要几个微米的厚度就可以实现对绝大部分入射光的吸收,因此可以降低材料成本。第二,薄膜太阳能电池具有较好的弱光响应和较小的温度系数。因此相同转换效率的薄膜太阳能电池比晶硅电池有更高的发电功率。第三,薄膜太阳能电池还可以在不锈钢箔、聚合物等衬底上制备成柔性太阳能电池,扩展太阳能电池的使用范围。例如柔性薄膜太阳能电池容易铺设在各种形状建筑的受光面上,更适合光伏建筑一体化(BIPV)应用,又例如柔性薄膜电池重量轻,可弯曲,易携带,更适合应用在便携式或可穿戴设备上。

非晶硅薄膜太阳能电池是最早得到商业化应用的薄膜太阳能电池,但现在非晶硅薄膜电池所占市场份额已低于 5%。非晶硅薄膜电池效率相对较低,并且存在光致衰减效应,这是限制其发展的两个主要障碍。由于技术进步,晶硅材料成本不断降低,非晶硅薄膜电池的成本优势已不再明显,只有解决非晶硅的光致衰减效应,并且不断提升其效率,非晶硅薄膜电池才能迎来更大的发展空间。

碲化镉薄膜太阳能电池是目前产业化做得最成功的薄膜太阳能电池,它在实验室研究(转换效率提升)和产业化发展(大面积电池制备和太阳能电站建设)方面都表现突出,是薄膜光伏电池中的典范。目前大面积碲化镉薄膜太阳能电池组件的工业制程基本成熟,实验室小面积电池最高转换效率达到22.1%,商业组件的最高转换效率达到18.6%。目前,碲化镉薄膜太阳能电池在技术层面上面临两个重要挑战:第一,在现在高效率碲化镉薄膜电池的背景下,如何不断地继续提高电池器件效率,保持甚至增大其在未来光伏市场上的竞争力?第二,迄今为止,铜背接触工艺是实现碲化镉和背电极之间欧姆接触的最佳方式,但在较高温度下的稳定性如何提高?

当前碲化镉薄膜电池效率的提升空间主要是开路电压[10]。开路电压等于光照下准费米电子能级与空穴能级之差,理论上讲,提高开路电压的途径可以通过升高准费米电子能级和降低准费米空穴能级来实现。准费米电子能级的升高意味着少子(电子)浓度的增加,这需要提高少子寿命,降低各种缺陷能级特别是深能级缺陷密度,减少晶界和界面复合等来实现。准费米空穴能级的降低意味着提高p型碲化镉的空穴浓度,但这与提高少子寿命是矛盾的,所以同时实现准费米电子能级的升高和准费米空穴能级的下降并非易事。另外,碲化镉的电子亲和势高达4.5 eV,没有任何一种金属材料和碲化镉能直接形成欧姆接触。铜背接触工艺通过在碲化镉表面形成高空穴浓度的$Cu_{2-x}Te$相,从而实现欧姆接触。但是铜离子的扩散系数大,在较高温度下易迁移运动,破坏电池器件性能。探索新的背接触层材料提高电池的老化性能和高温稳定性是碲化镉薄膜电池的一个重要研究方向。

碲化镉薄膜太阳能电池未来大规模应用还需考虑资源和环境问题,一方面,碲(Te)是地球上稀有元素,储量有限,碲化镉薄膜电池如果大规模得到应用,必然会受到Te原料供应的极大制约。另一方面,镉(Cd)元素有剧毒,在生产和使用碲化镉薄膜电池过程中对人和环境存在潜在威胁。通过加强电池制备过程中Cd元素的管控以及建立碲化镉薄膜太阳能电池的使用回收机制可以部分地打消公众安全顾虑,降低Cd元素流失的风险。

2017年报道的在玻璃衬底制备的铜铟镓硒薄膜太阳能电池实验室最高转换效率达到23.35%[9],超过多晶硅电池的实验室最高效率。2013年报道的在聚酰亚胺衬底上制备的柔性铜铟镓硒电池的最高转换效率也达到20.4%。铜铟镓硒电池的性能已经非常优越,但从发展的角度来看,还需要不断提高效率。CdS缓冲层和铜铟镓硒中晶格缺陷是限制铜铟镓硒电池效率提高的两个主要因素。由于作为缓冲层的n-CdS半导体材料的带隙偏窄(2.4 eV),它的无效光吸收降低了电池器件对于短波光区的光谱响应,减小了电池器件的短路电流。解决途径有两个:一是尽可能减薄CdS薄膜层厚度,在极薄CdS(10 nm)的电池器件制备中如何保证形成高质量的 CdS/CIGS 异质结是一个关键问题，有研究报道利用 KF - PDT 工艺或许是一个可行方法。二是采用更宽带隙半导体材料取代 CdS 薄膜，新材料与 CIGS 必须同时满足合适的能带带阶和界面晶格匹配，目前新型缓冲层 Zn(O,S) 材料具有良好表现，值得深入研究。

众所周知，缺陷对电池性能的影响是不言而喻的，如果能够进一步降低铜铟镓硒的缺陷，必然可以提高电池的短路电流和开路电压。目前 CIGS 缺陷实验研究相对较少，主要以理论计算研究为主，这可能与两个因素有关：第一，由于 CIGS 组分元素较多，CIGS 的缺陷种类和数量与其制备方法密切相关，不同制备方法制备的 CIGS 可能具有不同的缺陷类型，导致一些缺陷的实验研究报道并不相同。第二，对于 CIGS 中晶格缺陷，还缺乏从原子尺度直接观测确认的方法，目前主要通过利用电学或光谱方法测量缺陷激活能，然后和理论计算缺陷能级比对来指认主要缺陷，该方法对于电离能相近的缺陷类型就容易混淆甚至无法区分。尽管研究难度很大，但从研究发展趋势上看，继续深入开展 CIGS 缺陷研究，特别是相关实验研究，寻找缺陷控制的规律和方法对于进一步提高 CIGS 电池效率无疑具有非常重要的意义。

CIGS 薄膜太阳能电池由于组成元素较多，控制难度较大，所以产业化方面稍落后于非晶硅和碲化镉薄膜电池。未来 CIGS 电池如果大规模量产，GW 量级生产原料供应没有问题。但由于组成元素中含稀有元素 In，如果放大到 TW 量级的话，In 元素的地球储量将无法满足需求。因此，从这个角度来看，寻找 In 的替代元素是势在必行的，其中铜锌锡硫硒(CZTSSe)薄膜是最有希望成为下一代 CIGS 电池的候选材料体系，是当前太阳能电池研究的一个热点。

染料敏化(DSSC)太阳能电池不是 pn 结光伏电池，而是一种光电化学电池，所以一般把它归为新型太阳能电池或者广义上的第三代太阳能电池。DSSC 最大的优势在于低成本和制备工艺简单，主要缺点在于转换效率与其他薄膜太阳能电池相比稍低，效率需要进一步提高。未来的研究发展方向上，寻找新型、高效的光敏化剂是提高转换效率的关键，比如近年来将有机钙钛矿 $CH_3NH_3PbI_3$ 纳米颗粒作为光敏化剂取得非常好的效果。另外，大力发展固态电解质 DSSC 也是其重要发展方向，可以提高 DSSC 电池的稳定性，延长其使用寿命，有助于 DSSC 电池的产业化。

有机薄膜太阳能电池与 DSSC 一样，也是属于新型器件结构的太阳能电池。具体而言，它是以有机小分子或聚合物为吸收层的光伏器件。有机太阳能电池的研究目前上处于初级阶段，它的转化效率较低，与无机太阳能电池相比还有较大差距，使用寿命也较短。但是由于有机薄膜太阳能电池具有低成本、制备工艺简单和柔性等突出优点，一旦它的低效率和短寿命问题得到解决或改善，必将在服装、便携式电子设备等领域得到广泛的应用。

有机-无机杂化钙钛矿太阳能电池是新兴太阳能电池的杰出代表，也是太阳能电池领域的前沿研究热点。从 2009 年横空出世，到 2019 年的最高转化效率已超过24%,转化效率提升之快前所未有。钙钛矿太阳能电池利用$CH_3NH_3PbI_3$作为吸光材料,该材料禁带宽度约1.5 eV,光吸收系数大,电子和空穴的扩散长度大,因此特别适合作为太阳能电池吸光材料。钙钛矿太阳能电池结构是由染料敏化电池演化而来,经过研究发展,形成了p－i－n结构平面性异质结电池形式,其中$CH_3NH_3PbI_3$吸光材料作为i层。钙钛矿电池未来发展主要面临两个关键问题:第一,电池的稳定性问题,虽然钙钛矿电池的效率很高,但它在大气环境下衰减非常严重,目前还没有较好的办法解决。第二,有毒重金属元素Pb的替代。吸光材料$CH_3NH_3PbI_3$含Pb,易对环境造成污染,对人构成健康威胁。如何实现Pb元素的有效替换,同时保证电池的高效率?这个问题尚未解决,值得深入研究。

除了染料敏化电池,有机电池和钙钛矿电池外,广义第三代太阳能电池还包括量子点、表面等离子激元,以及中间带、热载流子和碰撞电离等新概念电池技术。量子点太阳能电池目前还是科学研究的前沿热点技术,由于限制其电池效率的一些基本问题尚未解决,已报道电池的转换效率较低,但它的潜在应用前景不可忽视。表面等离子激元不是一种电池器件,而是增强光吸收的一种新型手段,现有实验研究显示,该技术确实能部分增加光的吸收,但还没有达到预期效果,对电池效率提升作用有限。通过加强表面等离子激元的机理研究,期望能够将它更好地运用在太阳能电池技术中。至于中间带、热载流子和碰撞电离太阳能电池都属于新概念电池,它们的结构和工作原理在物理上是可行的,但由于当前制备工艺水平的限制,还没有看到高效率的实体电池器件报道。尽管如此,由于它们具有超高的转换效率(远大于pn结电池极限效率33%),理论上又是可行的,所以,新概念电池的意义更多在于给予人们指明了未来太阳能电池技术发展的大方向,激励科学家们不断探索。

2. 太阳能电池技术与能源互联网

大力发展太阳能电池技术可为大规模应用太阳能清洁能源提供技术储备,是实现低碳地球的基础和前提。另一方面,由于太阳能发电的分散性特点,一旦大规模应用,必须并入现有国家电网然后统一分配使用。并网的过程中,其分散性的特点必然会伴随较高的电力损耗,更重要的是,太阳能并网还具有一个很大的缺点是其发电具有波动性、间歇性和不可预测性,一旦大量并网,将使得电网波动性显著增加,稳定性降低,成本大幅度提高。能源互联网可能是解决上述问题的最有效方法。

美国未来学家杰里米·里夫金的《第三次工业革命》[11]一书详细描绘了新的、充满活力的能源互联网,引起广泛关注。2016年2月,国家发改委、国家能源局和工信部联合发布《关于推进“互联网+”智慧能源发展的指导意见》,给出了能源互联网的定义,并提出了未来十年中国能源互联网发展的路线图。所谓能源互联网是一种互联网与能源生产、传输、存储、消费以及能源市场深度融合的能源产业发展新形态,具有设备智能、多能协同、信息对称、供需分散、系统扁平、交易开放等主要特征。能源互联网的特点之一是低碳化,因此其建设和发展,必然会提高以太阳能为代表的可再生清洁能源的应用比重，改变现有以不可再生能源发电的垄断结构，实现多元化能源结构，甚至引导产生能源革命，从发电源头上减少环境污染，这是在可预见的将来构筑低碳绿色地球的必由之路。

8.3　光电转换研究展望

虽然人们对于第四次工业革命的定义还存在一些争议，但是几乎没人会否认，进入21世纪，第四次工业革命正在朝我们走来。回顾人类社会发展的近代历史，已经陆续出现了三次工业革命，分别是：18世纪诞生了以蒸汽机为代表的第一次工业革命，进入蒸汽时代；19世纪出现了以发电机为标志的第二次工业革命，人类进入电气时代；20世纪出现以半导体、计算机和互联网为基础的第三次工业革命，引领人类进入信息化时代。每次工业革命的出现，都给人们工作和生活的方方面面带来了巨大的冲击和变革，彻底改变了人类的生产和生活方式，使得人类的生产力不断强大，生活变得更美好。这三次工业革命由于已经发生或正在发生发展，其核心内容自然达成共识。第四次工业革命由于尚未真正开始，它的核心内涵应该包括哪些？这是一个见仁见智的问题。但一般普遍认为，第四次工业革命将集合脑科学、机器人、人工智能、物联网和新能源等多个新兴技术领域，而光电转换技术无疑将在这些新兴技术领域中起到至关重要的作用。

1. 脑机接口技术

随着光电转换技术的进步和发展，不久的将来，用思维或意念直接控制物体也许不再是科学幻想。“意念”操控，其实是利用人类的脑波操控机器，实现某种动作。人在思考问题时大脑会产生毫伏级别微弱的电压，如果用科学仪器测量大脑的电位活动，那么在荧幕上就会显示出波浪一样的图形，这就是“脑波”。人脑的大量信息并非不可以被机器理解，通过能够获取脑电波并计算分析大脑状态的介质（传感器），将脑电波转换为高频电磁波信号，机器就会随你所想去行动。所以，意念操控本质上也是一种光电传感和转换的物理过程。意念操控其实是脑机接口技术的应用，所谓脑机接口技术，即将人的大脑和外部传感器相连，传感器读取大脑皮层神经

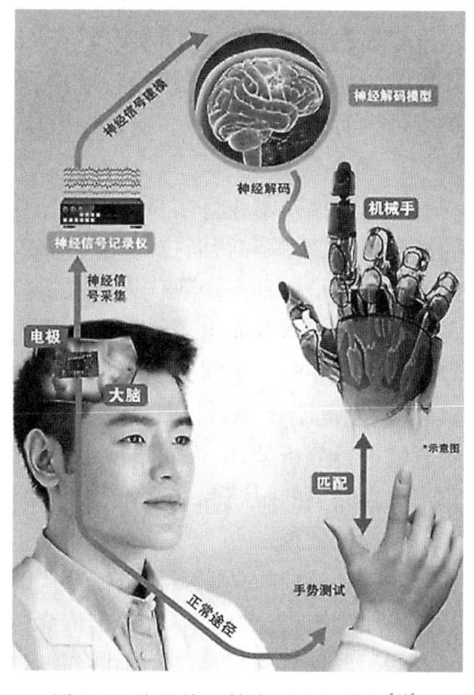

图8.1　脑机接口技术原理示意图[13]

系统活动产生的脑电信号，经过放大、滤波等处理，转换成计算机可以识别的信号，识别人的思维意图，然后将计算机信号通过无线电波向机器发送指令，达到人脑意识对机器的操控。换句话说，通过脑机接口技术，可以将大脑电波转换成机器指令，从而实现意念对机器的直接控制（图 8.1）。

21 世纪被很多科学家称为“脑科学的百年”，2013 年，美国、欧盟先后宣布开展人脑研究计划，同年，作为“事关我国未来发展的重大科技项目”之一的“中国脑计划”也正式启动。脑机接口技术已经成为脑科学领域极具应用潜力的前沿研究方向之一[12]。2015 年，中国国防科技大学脑控机器人研制成功，该机器人可以按照人的思维进行行走、拐弯或执行某项动作。随着该技术的发展，脑控可能成为一种新兴的操纵手段，在医疗器械市场上有巨大潜在应用。比如残疾人可以用脑控轮椅代替拐杖，用脑控指挥机器臂或机械假肢实现正常行走等（图 8.2）。甚至有人认为，一旦脑机接口技术成熟，脑控驾车未来也不再是梦。但是目前该技术尚处于初级阶段，当前面临的最大挑战之一是如何方便快捷地获取稳定的脑电波信号。脑电波信号微弱，且被人的坚固头颅屏蔽，在不进行损伤性植入电极的情况下，仅仅依靠穿戴式的外部设备（如头罩等），要从外界嘈杂的电磁干扰信号里面，准确、稳定地读取和识别各种不同的脑电波信号，难度可想而知，这也是当前脑机接口技术亟待解决的重要前沿科学技术问题之一。

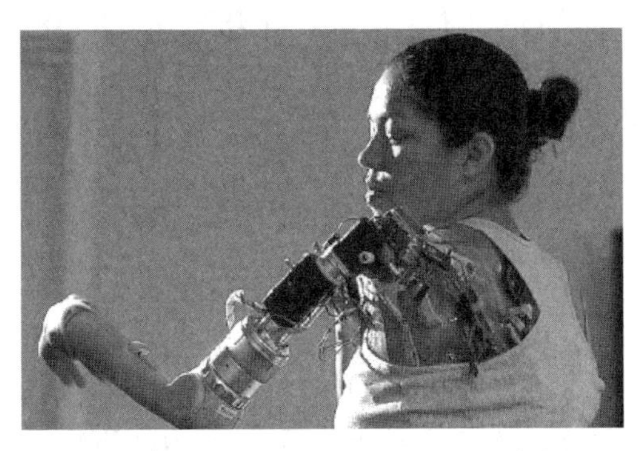

图 8.2　人脑控制机械假肢的运动[14]

2. 无人驾驶技术

光电转换技术在许多科技前沿研究领域具有非常广泛的用途，除了上面提到的意念操纵，谷歌和特斯拉的无人驾驶/自动驾驶汽车也是典型的应用例子。无人驾驶技术的目标是完全取代人类来操控和驾驶汽车，显然它也属于人工智能技术。无人驾驶技术涉及光电子、通信、计算机、自动控制等多个领域，其中光电传感器技术在无人驾驶汽车上得到了重要应用。无人驾驶汽车通过布满全身的各种光电传感器（激光测距仪、摄像头、雷达）来精确感知周围的环境，并将实时信息传输给车载电脑进行分析处理，进而给出停车、转向和加速等驾驶指令。这些光电传感器就相当于驾驶员的眼睛和耳朵，负责收集汽车周围不断变化的环境信息，为汽车的自动行驶提供依据。

谷歌和特斯拉两家高科技巨擘同时关注无人驾驶技术，虽然各自独立研发，但从技术原理来讲，大同小异，都是依靠传感器加上软件分析处理实现自动驾驶。但两者的研发理念和目标却又不同[15]。谷歌的目标是实现完全的无人驾驶，为了实现这点，谷歌的无人驾驶汽车上没有方向盘和刹车，全部靠传感器和软件自动驾驶,无须人的参与(图8.3)。因此,谷歌研发的无人驾驶技术是终极的、激进的,一旦取得成功,也将是革命性的技术。相比之下,特斯拉的无人驾驶技术比较务实,目前来看,其实是有人监督的自动驾驶技术,可以根据实际情况,随时从自动驾驶切换到人工驾驶模式。自动驾驶取代人工驾驶还面临很多障碍需要突破,车载各种传感器对障碍物的精确识别度不够,以及大雾、雨雪等极端灾害天气环境下传感器失效等,都是未来发展和完善自动驾驶技术需要解决的难点问题。

图8.3　谷歌发布的最新无人驾驶汽车[16]

3. 物联网中的光电转换技术

得益于互联网的高速发展和应用,当今社会已经进入信息化时代,或者叫“互联网+”时代。人们的工作和生活中已经离不开互联网,因此,我们的地球也变成了“数字地球”[17]。伴随着物联网的概念和技术兴起,预计在不远的将来,我们将逐步进入“智慧地球”时代。简言之,“数字地球”和物联网的结合将造就“智慧地球”。显而易见,物联网作为新兴事物和技术,它的建设和发展将极大程度上决定“智慧地球”建设的成败。物联网的概念最早于20世纪90年代末被提出,2005年,国际电信联盟(ITU)在《ITU互联网报告2005:物联网》中正式提出了物联网的定义:通过射频识别(RFID)、红外感应器、全球定位系统、激光扫描器等信息传感设备,按约定的协议把任何物品与互联网连接起来,进行信息交换和通信,以实现智能化识别、定位、跟踪、监控和管理的一种网络。简单地说,物联网就是将传感器嵌入各种装备和物品中并连入互联网。通过超级计算机和云计算来对物联网的海量信息进行存储、分析和管理,使得我们的工作和生活更加智能化,实现“智慧地球”的目标。

传感器是建设物联网所需的关键核心器件之一,目前的传感器技术在低成本、低功耗、检测精度和检测类型等方面距离大规模应用还有不小距离[18],因此,传感技术是发展物联网过程中的一个急需解决的重要技术瓶颈。基于光电转换原理的传感器是最重要和应用最广泛的传感器,针对物联网建设的对传感器大规模和多样化的需求,未来研发多功能、多频谱响应的高灵敏的光电型传感器,以及降低成本、功耗的规模化生产等目标将大大促进光电转换技术的发展。

4. 第三代太阳能电池

传统的单结太阳能电池的能量损失主要有三种: ① 能量小于带隙的光子不能激发产生光生载流子;② 能量大于带隙的光子只能激发产生一个电子-空穴对,高于带隙的这部分能量转变为晶格振动的能量;③ 存在不可避免的辐射复合。上述能量损失导致了传统单结太阳能电池存在一个33%的肖克利-奎伊瑟理论极限效率,使得电池转换效率偏低,间接提高了生产成本,阻碍了其大规模应用。为了减少或避免上述三种能量损失,突破33%的理论转换效率,科学家提出了第三代太阳能电池的概念,这类电池具有不同于pn结的新颖电池结构,理论分析表明,新概念电池的理论极限转换效率在60%~90%之间,具体数值取决于各种电池的结构和类型,但无论哪种第三代电池的理论极限效率,都远超传统单结电池的33%理论极限效率,因此具有非常重要的研究价值。

第三代电池目前还主要停留在理论和材料研究阶段,鲜有实际电池器件报道。已报道的第三代电池实际器件效率也都较低,其技术潜力尚未充分表现出来。比如研究较为成熟的量子点中间带太阳能电池器件的最高转换效率虽然达到18.7%[19],但仍远低于33%的肖克利-奎伊瑟理论极限效率,甚至低于单晶硅电池26.6%的最高转换效率。主要原因在于: 第三代电池的理论和器件结构设计超越了当前的材料制备科学技术,受制于材料制备科学技术水平,目前还很难实现真正的第三代太阳能电池器件。

在各种潜在的实现第三代太阳能电池的技术方案中,低维量子结构可能是最有希望实现第三代太阳能电池的技术之一。譬如,量子点中的量子束缚效应有利于实现多激子产生效应电池、热载流子电池、光上转换和下转换、中间带电池、多结电池等技术,突破肖克利-奎伊瑟经典极限效率,成为第三代太阳能电池的有力竞争者。同时低量子结构的溶液法制备方法,有利于降低量子结构太阳能电池的制造成本。

尽管,在突破传统太阳能电池的肖克利-奎伊瑟极限效率和降低生产成本两个方面,低维量子结构太阳能电池都具有非常大的优势,但是,当前的各种低维量子结构太阳能电池的效率仍远低于传统晶体硅电池的效率,还没有显示出潜在的第三代电池技术的优势。低维量子结构太阳能电池尚面临一些关键问题需要得到解决。首先,量子点的制备工艺尚不成熟。量子点的制备方法大体分为物理和化学方法两类,利用电子束刻蚀、离子束注入、纳米压印等微加工方法属于物理法,该类方法制备的量子点分布和形貌可控,重复性好,但不适合制备大面积的量子点材料,不满足大规模工业化生产的要求,而且在微加工过程中容易引入微观缺陷。异质结外延自组装生长法是制备量子点的常见化学方法,异质外延自组装方法简单,形成的量子点理论上没有晶体缺陷,但由于量子点的生长通过应力驱动,点的分布随机性较大,形貌和尺寸也存在一定的离散性。其次,以量子点为代表的低维量子结构虽然拥有巨大的表面积对体积比,但这也不可避免地提高了表面缺陷态的密度,实验上发现,低维结构表面上的缺陷态已经成为占支配地位的光生载流子复合中心,严重影响了电池效率的提升。为了充分发挥低维量子结构拥有的潜在效率,我们必须深入研究各个潜在物理机制。例如,量子束缚效应是低维量子结构具有的最重要性质,它对太阳能电池的某些方面具有正面的作用,但是对激子分离和载流子输运等过程又成为不利因素,这就需要有效平衡各个物理过程,充分优化电池的能量转换效率。总之,低维量子结构太阳能电池的理论概念和工艺实现方法是当今光伏电池研究领域的最前沿科学问题,若能获得成功将会对整个光伏电池科学技术的发展起到里程碑式的贡献[20]。

参考文献

[1] Johnson S M, Radford W A, Buell A A, et al. Status of HgCdTe/Si technology for large format infrared focal plane arrays [J]. Proceedings of the SPIE-The International Society for Optical Engineering, 2005, 5732: 250 - 258.

[2] Chuh T. FPA technology advancements at Rockwell Scientific [J]. Proceedings of the SPIE-The International Society for Optical Engineering, 2005, 5783: 907 - 922.

[3] Stafeev V I, Boltar' K O, Burlakov I D, et al. Midand far-IR focal plane arrays based on $Hg_{1-x}Cd_xTe$ photodiodes [J]. Semiconductors, 2005, 39: 1063 - 7826.

[4] David D S, Peter C, Staffan W, et al. Toward the practical limits of silicon solar cells [J]. IEEE Journal of Photovoltaics, 2014, 4 (6): 1465 - 1469.

[5] Junichi N, Naoki A, Takeshi H, et al. Development of hetero junction back contact Si solar cells [J]. IEEE Journal of Photovoltaics, 2014, 4(6): 1491 - 1495.

[6] Keiichiro M, Masato S, Taiki H, et al. Achievement of more than 25% conversion efficiency with crystalline silicon heterojunction solar cell [J]. IEEE Journal of Photovoltaics, 2014, 4 (6): 1433 - 1435.

[7] 邓庆维,黄永光,朱洪亮.25%效率晶体硅基太阳能电池的最新进展[J].激光与光电子学进展,2015,(11): 15 - 22.

[8] Kunta Y, Hayato K, Wataru Y, et al. Silicon heterojunction solar cell with interdigitated back contacts for a photoconversion efficiency over 26% [J]. Nature Energy, 2017, 2 (5): 17032 1 - 8.

[9] Nakamura M, Yamaguchi K , Kimoto Y, et al. Cd-Free Cu(In,Ga)(Se,S)$_2$ Thin-Film Solar Cell With Record Efficiency of 23.35% [J]. IEEE Journal of Photovoltaics, 2019, 9 (6): 1863 - 1867.

[10] 肖旭东,杨春雷.薄膜太阳能电池[M].北京: 科学出版社,2014.

[11] 杰里米・里夫金.第三次工业革命[M].张体伟,孙毅宁,译.北京: 中信出版社,2012.

[12] 南山牧笛.脑机接口技术综述[EB/OL].https://blog.csdn.net/u012556077/article/details/47358575 [2015 - 08 - 08].

[13] 余建斌.我国首次将电极植入人体颅内让"意念"控制机械手[EB/OL].http://sn.people.

com.cn/BIG5/n/2014/0828/c340887 - 22135436.html [2014 - 08 - 28].
[14] 浪漫沙丁鱼.首位女仿生人戴上机械“仿生臂”[EB/OL]. http://boaby. blog. sohu. com/13474907.html. [2006 - 09 - 15].
[15] 特迷网.谷歌和特斯拉的自动驾驶技术差别在哪?[EB/OL]. http://tech. sina. com. cn/zl/post/detail/it/2014 - 12 - 23/pid_8467517.htm [2014 - 12 - 23].
[16] 老马.自动驾驶：汽车业的老树新花[J].小康·财智,2016,(2):60 - 63.
[17] 李德仁,龚健雅,邵振峰.从数字地球到智慧地球[J].武汉大学学报：信息科学版,2010,35(2):127 - 132.
[18] 孙其博,刘杰,黎羴,等.物联网：概念、架构与关键技术研究综述[J].北京邮电大学学报,2010,33(3):1 - 9.
[19] Tanabe K, Guimard D, Bordel D, et al. High-efficiency InAs/GaAs quantum dot solar cells by metalorganic chemical vapor deposition [J]. APPLIED PHYSICS LETTERS, 2012, 100: 193905 1 - 3.
[20] 褚君浩,李永舫.太阳能电池科学技术发展战略研究.国家自然科学基金委员会-中国科学院学科发展战略研究项目(内部资料):80 - 81.